无线传感器网络路由协议及应用

龚本灿 汪祥莉 任 顺 著

科学出版社

北京

内 容 简 介

在无线传感器网络中，路由协议负责将传感器节点采集的数据逐跳转发至汇聚节点，其性能至关重要。传感器节点依靠电池供电，计算、存储和通信能力十分有限，资源的局限性给路由协议的设计带来了巨大挑战，需要研究与之相适应的路由协议。本书分为 10 章。第 1 章介绍无线传感器网络的基本知识；第 2 章介绍当前典型的无线传感器网络路由协议；第 3 章介绍非均匀密度的节点部署方案与分簇路由协议；第 4 章介绍基于蚁群算法的无线传感器网络 QoS 路由协议；第 5 章介绍基于地理位置的无线传感器网络多播路由协议；第 6 章介绍基于小世界特性的异构传感器网络优化路由算法；第 7 章介绍传感器网络中自适应汇聚路由算法；第 8 章介绍基于动态规划的传感器网络路径选择算法；第 9 章介绍无线传感器网络在现代农业中的应用；第 10 章介绍无线传感器网络在智能电网中的应用。

本书细致而全面地展示了无线传感器网络路由领域的研究进展和作者研究团队的最新成果，可用于无线传感器网络路由研究的教学，也可供科研人员以及工程技术人员参考。

图书在版编目 (CIP) 数据

无线传感器网络路由协议及应用/龚本灿，汪祥莉，任顺著.
—北京：科学出版社，2017.4
ISBN 978-7-03-052537-6

Ⅰ．①无… Ⅱ．①龚… ②汪… ③任… Ⅲ．①无线电通信－传感器－通信网－路由协议 Ⅳ．①TP212

中国版本图书馆 CIP 数据核字 (2017) 第 079354 号

责任编辑：王 哲 霍明亮 / 责任校对：郭瑞芝
责任印制：徐晓晨 / 封面设计：迷底书装

科学出版社 出版
北京东黄城根北街 16 号
邮政编码：100717
http://www.sciencep.com

北京京华虎彩印刷有限公司 印刷
科学出版社发行 各地新华书店经销
*
2017 年 4 月第 一 版 开本：720×1 000 1/16
2018 年 1 月第二次印刷 印张：16 3/4
字数：315 000

定价：89.00 元
（如有印装质量问题，我社负责调换）

本书编委会

主要著者（以姓氏笔画排序）

王纪华　王少蓉　任　东　任　顺

李尚宇　李　雨　汪祥莉　陈　鹏

龚本灿　董方敏　潘立刚

前　言

随着传感器技术、嵌入式技术、分布式信息处理技术和无线通信技术的发展，无线传感器网络逐渐成为社会的研究热点，在军事、环境监测、家用、医疗卫生和商业等领域，具有广泛的应用前景。由于无线传感器网络资源的局限性，许多成熟的路由技术不再适合于它，因此，迫切需要根据其自身特点研究合适的路由协议。本书对无线传感器网络高能效路由技术及其在农业和智能电网中的应用进行了研究，并在以下六个方面取得了一定的研究成果。

（1）非均匀密度的节点部署方案与分簇路由协议。由于传感器节点有着严格的能量限制，并且难以进行能量补充，如何合理地利用网络能量是设计无线传感器网络路由协议所面临的首要问题。将传感器节点组织成簇的形式有利于降低节点的能耗和提高网络的可扩展性，但分簇路由协议存在"热区"问题。本书提出了一种非均匀密度的节点部署方案及相应的分簇（unequal density based node deployment and clustering，UDNDC）路由协议，在数据转发量较大的区域部署更多的节点，以提供足够的能量供簇间转发时使用，并从理论上分析了不同网络区域最优的节点分布密度。

（2）基于蚁群算法的无线传感器网络 QoS（quality of service）路由协议。近年来，无线传感器网络中对时延敏感的应用越来越多，这些应用要求从网络得到的信息是连续的、实时的，服务质量成为系统设计者必须考虑的因素之一。本书提出了一种基于蚁群算法的按需驱动的 QoS 路由（ant colony algorithm based QoS routing，ACQR）协议，并设计了相应的状态转移规则和信息素更新规则。

（3）基于地理位置的无线传感器网络多播路由协议。多播能够最大限度地节省网络带宽、降低能量消耗。现有的启发式算法主要存在以下问题：①需要网络的全局信息，这在大型无线传感器网络中是不现实的；②计算的时间和空间复杂度大，难以在普通传感器节点上实现；③依靠预先建立的路径，通信开销大。本书提出了一种基于地理位置的无线传感器网络多播路由协议（geographic multicast routing protocol，GMRP），该协议不需要预先建立路径，计算简单，通信开销小。

（4）基于小世界特性的异构传感器网络优化路由算法。针对异构无线传感器网络中异构节点的最优部署和节点的路由问题，提出了一种基于混合整数规划的异构网络分簇路由算法（clustering heterogeneous network based on mixed integer programming，CHNMIP）。它克服了传统异构传感器网络路由算法中异构节点部署优化程度不高、普通节点传输路径单一的缺陷，降低了网络能耗，使节点能量消耗更加均匀，延长了网络生存时间。

（5）传感器网络中自适应汇聚路由算法。针对汇聚开销和传输开销相当的传感网络，提出了一种综合考虑汇聚开销和传输开销的最小能耗自适应汇聚路由算法（compressing MEAAT，CMEAAT）。它解决了现有汇聚算法汇聚次数过多的问题，并且对汇聚后的节点数据利用第二代小波零树编码算法（embedded zerotree coding based on second generation wavelets，EZC-SGW）进行压缩，以降低传输能耗。

（6）基于动态规划的传感器网络路径选择算法。根据无线传感器网络多跳传输的特点，利用动态规划思想分别提出了最小能耗、能耗均衡和最小时延的优化路由算法。它克服了传统优化路由算法计算复杂度较高的不足，在能耗、能量均衡和时延等方面优于传统路由算法。

本书作者的研究工作得到了"十二五"农村领域国家科技计划课题（863 子课题）——农田小生境监测无线传感器网络开发（2013AA10230207）、国家自然科学基金项目——面向水电机组维护的增强现实云数据获取与虚实融合方法研究（61272236）、新能源电力系统湖北省协同创新中心项目——微电网能量管理系统关键技术（SDKJ-0001）、国家重点研发计划项目"城镇安全风险评估与应急保障技术研究"子课题"城市多部门协同的网格化安全监测和保障技术装备及集成信息平台（2016YFC0802503）"的资助，在此表示感谢！

由于作者水平所限，加之无线传感器网络路由技术的研究仍处于不断发展和变化之中，书中不足之处在所难免，恳请专家、读者批评指正。

本书编写分工如下：任顺、任东主要撰写第 1～2 章，董方敏、陈鹏、龚本灿主要撰写第 3～5 章，汪祥莉（武汉理工大学）、王少蓉主要撰写第 6～8 章，李雨、李尚宇、王纪华、潘立刚主要撰写第 9～10 章。全书由龚本灿统稿。

著　者

2016 年 10 月于三峡大学

目　　录

第 1 章　无线传感器网络简介

1.1　无线传感器网络的基本概念

无线传感器网络是由大量多功能、低功耗、廉价的传感器节点组成的智能专用网络系统，节点间采用自组织的无线通信方式相互传递信息，协同完成特定功能。它集成了传感器技术、嵌入式计算技术、微电子制造技术、无线电通信技术和软件编程技术等，可以实时采集监控区域中感知对象的各种信息（如温度、湿度、光照、地震波、声音和视频等），并经过处理后传递给观察者。无线传感器网络具有获取信息精度高、部署灵活、扩展方便、价格低廉、性能可靠等优点，在工业、农业、军事侦察、环境监测、反恐抗灾、火灾预警、交通管理、医疗卫生、空间探测等众多领域都有着广阔的应用前景[1-3]。

现代网络技术的发展已使世界变成了"地球村"，人与人之间可以随时随地进行沟通和交流，但人与物的交流则相对困难，人们对物理世界的感知需要通过传感器来获取。微机电技术的发展使得传感器的尺寸越来越小，甚至可以集成到一块芯片中，而功能却越来越强，可以完成数据的感知、采集、融合和通信，从而极大地扩展了传感器的应用领域。无线传感器网络将从根本上改变人类和自然界的交互方式，把人类的交流领域从虚拟的网络世界延伸到具体的物理世界。使人们随时随地都能够从物理世界获取到大量真实、可靠的信息，真正实现"普适计算"的理念。可以预计，无线传感器网络的广泛应用是一种必然趋势，是信息感知和采集的一场革命，将给人类的生产和生活带来深远的影响[4]。

无线传感器网络是一个多学科高度交叉、知识高度集成的前沿热点研究领域，受到军事界、工业界和研究机构的高度重视。美国《商业周刊》和《技术评论》在有关未来技术发展的研究报告中，分别将其列为 21 世纪将掀起新的产业浪潮的四大高新技术之一和将要改变世界面貌的十大新兴技术之一。无线传感器网络广阔的应用前景和巨大的商业价值引起了世界各国的广泛关注。2000 年，美国国防部将无线传感器网络列为国防部门五个尖端领域之一，并提出了 C4ISRT 军事计划，强调战场信息的采集、处理和运用能力。2002 年欧盟设立了 EYES 无线传感器网络行动方案。2002 年美国 Intel 公司提出了基于微型传感器网络的新型计算发展规划。2003 年美国自然科学基金委员会投资 3400 万美元进行无线传感器网络基础理论的研究。2004 年日本成立了无线传感器网络调查研究会。2005 年美国计算机学会开始出版 *ACM Transactions on Sensor*

Networks，专门刊登无线传感器网络方面的最新研究成果。许多重要的国际学术会议也设立了无线传感器网络方面的专题。

我国一直非常重视无线传感器网络的发展，清华大学、北京大学、中国科学技术大学等国内知名高校和中国科学院等研究机构已全面展开了无线传感器网络的研究，并已取得了丰硕的研究成果。中国国家自然科学基金委员会已经批准了多个无线传感器网络方面的重点项目。在《国家中长期科学和技术发展规划纲要（2006—2020 年）》中，确定了两个与无线传感器网络直接相关的研究方向，突出体现了对无线传感器网络的高度重视。

1.2　无线传感器网络的结构

无线传感器网络一般由传感器节点、汇聚节点（sink）、控制台、Internet 和卫星通信链路组成[5]，如图 1-1 所示。传感器节点部署在监测区域，实时采集覆盖区域内各种感兴趣的数据，并采用无线多跳通信方式将数据发送到汇聚节点，汇聚节点经Internet 和卫星链路与控制台相连，最终把数据传递给用户。用户也可以通过控制台对无线传感器网络进行配置和管理，发布数据采集指令。

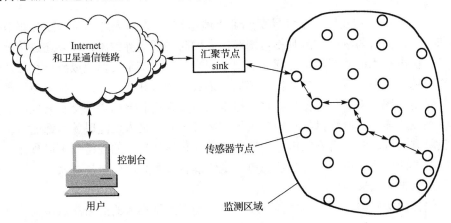

图 1-1　无线传感器网络结构

上述结构中，传感器节点是一个微型嵌入式系统，依靠电池供电，其存储容量和通信处理能力都很弱，通常与汇聚节点无法直接通信，需要依靠其他传感器节点的转发。从网络功能上看，传感器节点具有终端和路由器的双重功能，除了进行本地的数据收集和处理，还要对来自其他传感器节点的数据进行存储、融合和中继等操作。

汇聚节点既可以是一个具有增强功能的传感器节点，有足够的能量供给和更多的内存与计算资源，也可以是没有监测功能仅带有无线通信接口的特殊网关设备。它连接无线传感器网络和 Internet，实现两种协议栈之间的协议转换。

1.3 传感器节点的结构

传感器节点由硬件系统和软件系统两大部分组成,硬件系统的结构如图 1-2 所示,主要包括:数据采集单元、处理单元、通信单元和能量供应模块[6]。

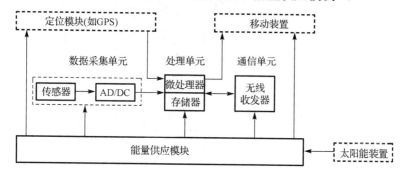

图 1-2 传感器硬件系统的结构

数据采集单元由传感器与 AD/DC 转换器组成,传感器负责采集区域内的数据,AD/DC 转换器负责将模拟量转换成数字量。传感器的能量消耗与单次采集能耗和采集次数有关,可以采用低功耗器件和降低采样频率来减少节点的能耗。由于无线传感器网络节点部署密度大,不同传感器节点的监测区域会有一定的重叠,因此,适当降低采样频率不会影响监测数据的有效性。

处理单元主要由微处理器和存储器构成,是节点的功能控制中心和数据计算中心,负责执行通信协议、处理节点采集的数据和转发来自其他节点的数据。微处理器一般采用微型、低功耗的嵌入式 CPU。

通信单元负责与其他传感器节点交换控制消息和收发数据,其发射能耗与距离的 $n(2<n<4)$ 次方成正比,通常采用短距离的多跳通信方式以节省能量。另外,相邻传感器节点采集的数据具有较大的冗余,采用数据融合技术有利于减少网络流量。

能量供应模块为传感器的正常运行提供能量,通常采用电池供电。随着集成电路工艺的进步,数据采集单元和处理单元的能耗已经变得很低,绝大部分的能量消耗在无线通信模块上。图 1-3 给出了传感器节点的能量消耗情况[7]。

通信模块有四种状态:发送、接收、空闲以及睡眠。从图 1-3 可以看出:发送状态的能耗最大,接收状态和空闲状态的能耗相差不大,而睡眠状态下的能耗远低于空闲能耗。这是因为空闲状态下节点也要监听信道,看是否有数据发给自己,而在睡眠状态下节点完全关闭了通信模块,能量消耗很少。因此,在执行监控任务时,应尽可能采用节点调度算法使节点更多地转入睡眠状态。

软件系统是无线传感器网络的重要组成部分,主要包括嵌入式操作系统(如

uClinux、TinyOS）和通信协议等，其性能直接影响网络的生命周期。除了上述几大部分，个别功能强大的传感器节点可能还包括定位模块（如 GPS）、移动装置（如小电机驱动的小车）以及太阳能装置等。

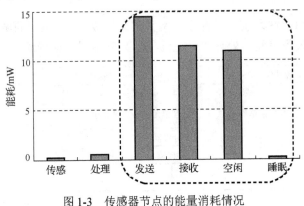

图 1-3　传感器节点的能量消耗情况

1.4　无线传感器网络的特点

无线传感器网络独特的网络结构和应用背景使其具有不同于其他网络的特点[4-6]。

1. 资源有限

首先，传感器节点是一种微型嵌入式设备，具有成本低、体积小、功耗少等特点，使得其能量有限、计算和通信能力弱、存储容量小、不能够处理复杂的任务。其次，传感器节点的通信带宽窄，易受高山、建筑物、障碍物等地势地貌以及风雨雷电等自然环境的影响，通信断接频繁。最后，传感器节点个数多、分布范围广而且部署区域环境复杂，在很多应用中通过更换电池来补充能量是不现实的。因此，如何充分利用有限的资源去完成数据的采集、处理和中继等多种任务是设计无线传感器网络面临的主要挑战。在研制无线传感器网络的硬件系统和软件系统时，必须充分考虑资源的局限性，协议层不能太复杂，并且要以节能为前提。

2. 自组织

无线传感器网络的部署不需要借助任何预设的网络基础设施，通常采用飞机抛撒在人迹罕至的监测区域内，无法预先设定节点的位置和节点之间的邻居关系。另外，由于节能的需要，传感器节点可以交替运行在工作与睡眠两种状态，节点随时可能因为各种情况而发生故障，这些都会引发网络拓扑结构的动态变化。因此，传感器节点必须具有自组织能力，能够通过路径发现、拓扑控制和分布式算法相互协调自动完成网络的配置、运行和维护。

3. 大规模

无线传感器网络可以分布在很广的地理区域内，为了获取精确信息，传感器节点通常密集部署，数量成千上万。大量冗余节点的存在，降低了对单个传感器的性能要求，使得无线传感器网络具有较强的容错性和抗毁性，且具有较高的监测精度。在大规模无线传感器网络中，人们更加关心网络的整体可靠性和使用寿命，而不是强调单个传感器节点的作用。

4. 多跳路由

无线传感器网络中节点的功率有限，通信距离只有几十米到几百米，不足以覆盖整个网络区域，如果希望与其射频范围之外的节点通信，则需要经过中间节点的转发。无线传感器网络中没有专门的路由设备，多跳路由是由普通传感器节点完成的。

5. 网络动态性强

无线传感器网络中节点虽然很少移动，但其拓扑结构会随着时间的推移而发生改变。主要原因如下。

（1）节点可能因能量耗尽而死亡，也可能因其他故障而失效。

（2）传感器节点、汇聚节点和监测对象本身可能具有移动性。

（3）环境条件的改变可能引起无线通信链路带宽的变化，甚至时断时续。

（4）为了提高精度或延长网络寿命可能向网络中加入新的节点。

因此，无线传感器网络必须具有可重构性，能够适应网络的动态变化。

6. 应用相关性

不同应用的无线传感器网络在工作模式（分周期报告模式、查询模式或事件驱动模式）上各不相同，在关心的物理量、网络规模和构成上也千差万别。例如，有的应用要求传感器节点或汇聚节点是移动的，而有的应用则要求它们是静止的；有的应用具有单个汇聚节点，而有的应用则具有多个汇聚节点。不同的无线传感器网络应用虽然存在一些共性问题，但是不可能像 Internet 一样，有一个统一的通信协议平台，必须根据每一个具体应用的需求，设计与之适应的无线传感器网络技术。

7. 以数据为中心

传统的计算机网络是以地址（MAC 地址或 IP 地址）为中心的，数据的接收、发送和路由都按照地址进行处理。而无线传感器网络是任务型的网络，用户通常不需要知道数据来自于哪一个节点，而更关注数据及其所属的空间位置。例如，在目标跟踪系统中，用户只关心目标出现的位置和时间，并不关心是哪一个节点监测到目标。因此，在无线传感器网络中不一定按地址来选择路径，而可能根据感兴趣的数据建立起从发送方到接收方的转发路径。另外，传统的计算机网络要求实现端到端的可靠传输，传输过程中不会对数据进行分析和处理；而无线传感器网络要求的是高效率传输，需要尽量减少数据冗余，降低能量消耗，数据融合是传输过程中的重要操作。

8. 安全性差

由于采用无线信道、有限电源、分布式控制等技术，传感器节点更容易受到网络攻击。主要攻击形式包括：①修改路由。通过发布虚假的路由信息，攻击者能够达到更改路由表、延长转发路径、割裂网络，增加端到端延时的目的。②选择性转发。节点收到数据包后，可以部分转发或者根本不转发收到的数据包，导致数据包丢失。③Sinkhole 攻击。攻击者假称自己有足够的能量、数据转发高效和可靠，从而吸引大量的邻居节点将其作为下一跳，而攻击者收到数据包后可以采用部分转发或者更改数据包内容的方式，以达到攻击的目的。④拒绝服务攻击。攻击者找到网络中的瓶颈节点，不断地请求它转发数据，耗尽其能量，造成网络分割。此外，还有 Wormhole 攻击、Sybil 攻击、HELLO flood 攻击等。

1.5　无线传感器网络的应用

无线传感器网络在众多领域得到了广泛的应用，主要表现在以下方面。

1. 军事应用

采用飞机将传感器节点播撒到敌方阵地，就能够非常隐蔽地收集战场信息。无线传感器网络具有的高密度、自组织和容错性等特征使其不会因为少数节点的损坏而导致整个系统的崩溃，非常适合在恶劣的战场环境中完成各项监测任务。无线传感器网络已成为 C4ISRT 系统重要的组成部分，受到军事发达国家的普遍关注。美国陆军先后确立了"灵巧传感器网络通信""无人值守地面传感群""战场环境侦察与监视系统"等一系列军事研究项目。美国海军最近又提出了协同交战计划，利用传感器从多方面对目标进行探测，以提高测量精度和对目标的命中率[2,4]。

2. 环境科学

无线传感器网络可用于监控森林火灾、防治洪水、跟踪候鸟等[7-9]。ALERT 系统[10]采用无线传感器网络来收集降雨量和土壤含水率等方面的数据，当发生暴雨时可以预测爆发山洪的概率。美国加州大学采用无线传感器网络系统来监测大鸭岛上海燕的生活习性[11]，研究人员在大鸭岛上部署了 32 个由温度、湿度、气压和红外线传感器组成的节点，并将它们接入 Internet，从而可以实时获取岛上的气候信息，评价海燕筑巢的环境条件。此外，无线传感器网络也可以应用在精细农业中，通过监测土壤的温度、湿度、酸碱度、含水量、光照强度等数据，并借助专业模型来获得农作物生长的最佳条件。

3. 医疗健康

无线传感器网络在医疗系统和护理方面的应用包括：监测患者的各种生理数据、跟踪医生和患者的行为、药品的存储管理等。例如，在患者身上安装心跳、体温和血压等传感器节点后，医生就可以随时了解患者的病情，及时处理异常情况[12]。爱尔兰和英国的无线传感器网络研究小组设计了一个可穿戴的身体监控系统，可以对患者进行持续的医学观察[13]。在研制新药的过程中可以利用安装在实验对象身上的传感器持续采集监测者的生理数据。在 SSIM 人工视网膜计划中，将由几百个微型传感器组成的人工视网膜植入人眼，就可使失明者重见光明。

4. 空间探索

人类一直渴望了解月球、火星等外部星球的生存环境，为人类登陆和定居提供科学依据。现在借助航天器将传感器节点撒播在外部星球上，就可以对星球表面进行大范围、长时间、近距离的监测。美国国家航空航天局喷气推进实验室已成功研制了 Sensor Webs 系统[14]，准备用于火星的探测，已在佛罗里达肯尼迪航天中心周围的环境监测项目中进行了试验。

5. 智能家居

传感器节点可以内置在冰箱、电视机、录像机、空调等家用电器中，并组建成一个家庭智能化网络，采用无线通信方式与 Internet 连接，借助远程监控系统，用户可以完成对家中电器设备的远程遥控，这将为人们提供更加便利、舒适和人性化的家居环境[15]。例如，用户可以在回家之前半小时打开空调，这样到家的时候就可以享受到合适的温度。用户也可以遥控家中的电视机、录像机、计算机等电器设备，使它们按照自己的意愿进行工作。

6. 其他应用

无线传感器网络还被应用于其他一些领域。例如，美国交通部提出的"国家智能交通系统项目"将有效地使用无线传感器网络进行交通管理，该项目不仅可以实时监测高速公路上的交通场景，而且还可以提供有关道路堵塞的最新信息，推荐最佳的行车路线[16]；美国加州大学的 CITRIS（Center of Information Technology Research in the Interest of Society）项目中，科学家采用传感器网络搜集大楼、桥梁和其他建筑物的震动幅度、被侵蚀程度等数据，并将这些信息处理后报告给管理部门，从而可以及时了解建筑结构的安全情况[17]。德国的一家研究机构利用无线传感器网络为足球裁判研制了一套辅助判决系统，以减少比赛中越位和进球的误判率。在安全生产方面，可以采用无线传感器网络实现矿井瓦斯浓度监控、安全开采预测等功能。

1.6　　无线传感器网络的性能指标

无线传感器网络的性能直接影响其可用性。如何评价一个无线传感器网络的性能？无线传感器网络的优化目标是什么？这是一个需要深入研究的问题。根据无线传感器网络的特点，在设计时需要认真考虑的性能指标如下[2,18]。

（1）能量效率。无线传感器网络是一个能量极其受限的系统，尽量减少节点的能量消耗并维持节点间的能量平衡是无线传感器网络的重要性能指标。目前提高能量效率的关键技术包括：动态关闭无关节点，在保证通信质量的前提下尽量降低发射功率，采用能量感知路由算法和数据融合技术。

（2）生命周期。影响无线传感器网络寿命的因素很多，既包括硬件因素，也包括软件因素。如数据处理部件和通信部件的功耗、路由协议的性能等。能量效率与网络寿命密切相关，在设计传感器软、硬件时必须节约能量以最大化网络的生命周期。

（3）时延。不同的应用对网络时延的要求不同。周期性数据采集系统对时延的敏感度较低，而紧急事件触发系统（如森林火灾监测）和目标跟踪系统则要求在设定的时间内将数据报告给用户。

（4）感知精度。传感器的精度、部署密度和网络通信协议等都对感知精度产生影响。感知精度与能量消耗有关，精度要求越高则能耗越大。

（5）可扩展性。具体是指无线传感器网络在节点数量、感知精度、覆盖范围、网络寿命等方面的可扩展程度。对已经部署的无线传感器网络，随着时间的推移，用户对网络性能的要求可能发生变化。因此，在设计网络协议时必须充分考虑可扩展性。

（6）容错性。传感器节点经常受到外界环境的破坏，也可能因能量耗尽而死亡。因此，无线传感器网络必须具有很强的容错性，当部分节点失效时，系统能够隔离故障并自动重构，保证网络的正常运行。

（7）安全性。安全性对军事应用的无线传感器网络来说极其重要，需要防止监测数据被盗取或伪造。即使民用系统也应具有一定的安全性要求，否则像拒绝服务这样简单的攻击方式，都可能造成整个网络系统的瘫痪。传统的网络安全解决方案需要消耗大量的计算、存储和通信资源，不适合于无线传感器网络，需要为它设计一种新的安全保障策略。

以上性能指标涉及无线传感器网络软硬件的各个层面，各指标之间又相互影响、此消彼长，设计时必须结合具体的应用需求进行综合权衡。

1.7　　无线传感器网络的协议栈

传统的计算机网络体系结构都是基于分层思想设计的，如 OSI 参考模型和 TCP/IP 模型。层次结构将网络系统分解成许多可以单独开发的部分，具有结构清晰、实现方

便、各层独立性强等优点。应用该思想，研究人员将无
线传感器网络的协议栈分为五层，即物理层、数据链路
层、网络层、传输层和应用层。此外，无线传感器网络
协议栈还包括能量管理平台、移动管理平台和任务管理
平台[19]，如图1-4所示。

　　各层协议和管理平台的功能如下。

1. 物理层

　　物理层是通信协议的第一层，是整个开放系统的基
础。其功能包括：对感知数据的采样量化、信号的调制、
发送和接收等。物理层的设计目标是：以尽可能少的能
量消耗获得较高的信道容量和较稳定的传输效果。

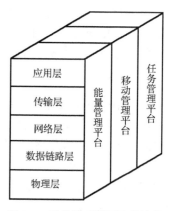

图 1-4　无线传感器网络协议栈

　　物理层的关键技术包括：低阶调制技术、低能耗超宽带机制的设计、无线电收发
器件的研制、无线射频识别技术、自适应速率控制、新型传感器材料和传感器装置的
研究等[20,21]。其中超宽带技术是一种极具潜力的无线通信技术，它具有对信道衰落不
敏感、发射功率低、系统复杂度小、定位精度高等优点，非常适合于无线传感器网络。

2. 数据链路层

　　数据链路层负责数据成帧、帧检测、媒体访问控制（media access control，MAC）
和差错控制。数据链路层的研究主要集中在 MAC 协议方面，MAC 协议规定了无线信
道的使用方式，是构建无线传感器网络系统的底层基础结构，对无线传感器网络的性
能有较大影响。无线传感器网络的 MAC 协议首先要考虑节省能量和可扩展性，其次
才考虑吞吐量、带宽利用率、公平性和时延等。研究者已经提出了很多的建议方案，
主要包括：基于竞争的 MAC 协议（如 IEEE 802.11、802.15.4、S-MAC、T-MAC 和
Sift 等）和基于信道划分的 MAC 协议（如 TDMA、TRAMA 等）。

　　IEEE 802.11[22]通过虚拟载波侦听来确定无线信道的状态，无线接收模块一直监测
信道，始终处于开启状态，消耗了大量的能量。文献[23]对其进行了改进，通信完毕
后，传感器节点进入睡眠状态。802.15.4 是针对低成本、低功耗的低速无线个人通信
网开发的，具有网络能力强、适应性好、可靠性高等优点，许多研究机构将其作为无
线传感器网络的 MAC 层协议。S-MAC[24]中节点工作在周期性侦听/睡眠模式，以降低
能量消耗；节点之间相互交换调度时间表，形成虚拟簇，以减少空闲侦听时间；通过
流量自适应侦听机制，减少因节点周期性睡眠而导致的通信时延的累加效应；当检测
到邻居节点处于通信过程中时，节点自动转入睡眠状态，以避免碰撞；通过消息分割
来提高数据传输的成功率。T-MAC[25]协议对 S-MAC 协议进行了改进，通过动态调整
节点的活动时间来适应网络流量的变化，通过数据突发传送方式来减少节点的空闲侦
听时间。文献[26]提出了一种基于事件驱动的 MAC 协议 Sift。文献[27]提出了一种基

于 TDMA 的 MAC 协议。文献[28]提出了一种流量自适应的协议 TRAMA，将系统的工作时间划分为一系列时隙，节点间通过相互交换控制信息以检测两跳内的邻居节点，并采用分布式选举机制来决定各个节点的发送时隙。

3. 网络层

网络层协议负责寻找从发送方到接收方的最优路径，并将数据分组沿着优化路径进行转发。在进行协议设计时，主要考虑的问题有：能量高效、可扩展性、鲁棒性和快速收敛性等。在无线传感器网络中，路由协议与应用高度相关，目前已经提出了多种类型的路由协议，如能量感知的路由协议，定向扩散和谣传等基于查询的路由协议，GEAR和 GPSR 等基于地理位置的路由协议，SAR 和 EQR 等支持服务质量的路由协议[29,30]。

4. 传输层

传输层主要负责数据流的传输控制，是保证通信服务质量的重要部分。它为传感器节点提供建立、维护和取消传输连接的功能，并负责数据的可靠传输和错误恢复[31]。当无线传感器网络需要与外部网络连接时，传输层就显得尤为重要。目前对无线传感器网络传输层的研究还很少，如何在网络结构动态变化的情况下，为用户提供节能、可靠和实时的数据传输服务是今后研究的重点。

5. 应用层

应用层的主要功能是提供面向用户的各种应用服务，包括一系列基于监测任务的应用软件，如战场监控系统、环境监测系统、灾难预防系统、野生动物跟踪系统等。应用层管理协议主要有：任务分配和数据公告协议（TADAP）、传感器管理协议（SMP）、传感器查询和数据分发协议（SQDDP）。

6. 管理平台

与各层网络协议相关的管理平台有能量管理平台、移动管理平台和任务管理平台。能量管理平台对传感器节点如何使用能量进行管理，在各个协议层都需要考虑节省能量。移动管理平台用于检测传感器节点的移动，动态跟踪和判别其邻近节点，维护到汇聚节点的路由。任务管理平台负责在一个给定的区域内平衡和调度监测任务。这些管理平台使得传感器节点能够相互协调、低功耗地工作，在节点移动的情况下实现数据转发。国内外的研究工作者为无线传感器网络的各个层次都提出了一些解决方案，但目前还没有形成被广泛认可的标准。

1.8　无线传感器网络的关键技术

1. 拓扑控制

拓扑控制是指在满足区域覆盖度和网络连通度的条件下，通过节点发送功率的控制和网络关键节点的选择，删掉不必要的链路，生成一个高效的网络拓扑结构，以提高整个网络的工作效率，延长网络的生命周期[19,32]。拓扑控制能提高 MAC 协议和路由协议的效率，为数据融合、时间同步和节点定位等创造条件，可分为节点功率控制或层次拓扑控制两个方面。功率控制机制用于在满足网络连通度的条件下，尽可能减少发射功率，它是一个 NP 难问题[33]，已经提出的算法有：CBTC[34]基于邻近图的近似算法、COMPOW[35]统一功率分配算法、LINT/LILT 和 LMN/LMA[36]基于节点度数的算法。层次拓扑控制采用分簇机制实现，在网络中选择少数关键节点作为簇首，由簇首节点实现全网的数据转发，簇成员节点可以暂时关闭通信模块，进入睡眠状态。这样既实现了区域覆盖范围内的数据采集和传输，又在一定程度上节省了能量。已经提出的成簇算法有：GAF 虚拟地理网格分簇算法、LEACH 和 HEED 自组织成簇算法等。

2．时间同步

时间同步是需要协同工作的无线传感器网络的一个关键机制。每个传感器节点都有自己的本地时钟，由于不同节点的晶体振荡器频率不完全相同，即使在某个时刻所有节点的时钟都达到了同步，但随着时间的推移，它们的时钟也会逐渐出现一些偏差。在某些特定的应用中，传感器节点需要彼此协作去完成复杂的监测任务。如在分簇结构中，簇成员节点需要按 TDMA 时隙在空闲的时候睡眠，在需要的时候被唤醒，完成数据的采集和传输，这就要求网络中的所有节点实现时间同步。

NTP 协议是 Internet 上普遍采用的网络时间协议，它实现复杂，只适用于网络结构比较稳定、链路比较可靠的有线网络系统。2002 年 8 月，Elson 在 HotNets-I 国际会议上首次提出了无线传感器网络的时间同步问题，并设计了一种简单实用的时间同步机制。其基本思想是：节点按自己的时钟记录事件发生的时间，再用第三方广播的基准时间进行修正。设计高精度的时间同步机制是无线传感器网络设计和应用中的一个技术难点，目前已经提出的时间同步机制有：RBS[37]、TPSN[38]、TINY/MINI-SYNC[39]等。RBS 的原理是：网络节点定期向相邻节点广播时间参考分组，接收方采用本地时钟记录参考分组的到达时间，节点之间通过交换时间记录来实现时间同步。TPSN 采用层次结构实现全网络节点的时间同步，其机制是：所有节点按照层次结构进行逻辑分级，各节点分别与上一层的某个节点进行同步，最终实现所有节点与根节点的同步，根节点安装有 GPS 系统之类的复杂硬件，用以获取外部时间，作为整个网络的时钟源。TINY/MINI-SYNC 是一种轻量级的时间同步算法，它假设每个节点的时钟漂移是按线性规律变化的，则节点间的时间偏移也呈线性波动，可通过交换时间分组来估算两个节点间最佳的匹配偏移量[19]。

3．定位技术

在某些特定的无线传感器网络应用（如目标跟踪）中，位置信息是一个不可缺少的部分，没有位置信息的数据几乎没有意义，所以节点定位是无线传感器网络的关键技术之一。早期常用的定位方法是采用 GPS，但 GPS 结构复杂，成本较高，因此，需要研究适合于无线传感器网络的定位算法。在无线传感器网络中，根据定位时是否测量节点间的距离或角度，将定位方法分为：基于距离的定位方法和与距离无关的定位方法两类。

基于距离的定位方法通过测量相邻节点间的实际距离或角度，使用三角测量、多边计算、极大似然估计等方法来确定节点的位置。主要有如下四种：测量无线电信号的到达时间（TOA）[40]、测量无线电信号强度（RSSI）[41]、测量普通声波与无线电到达的时间差（TDOA）[42]、测量无线信号到达的角度（AOA）[43]。由于要实际测量节点间的距离或角度，基于距离的定位方法具有较高的精度，对节点硬件的要求也较高。

与距离无关的定位机制主要有：APIT 算法[44]、质心算法[45]、DV-Hop 算法[46]、Amorphous 算法[47]等。它不必实际测量节点间的距离和角度，降低了对节点硬件的要求，且该机制的定位性能受环境因素的影响较小。虽然其定位误差高于基于距离的定位方法，但定位精度能够满足无线传感器网络中大多数应用的要求，目前受到极大关注。

4. 网络安全

无线传感器网络是任务型的网络，需要保证任务执行的机密性、数据产生的可靠性和数据传输的安全性。传统加密算法对运算次数和速度都有比较高的要求，而传感器节点在存储容量、运算能力和能量等方面都有严格的限制，需要在算法计算强度和安全强度之间进行权衡，如何设计更简单的加密算法并实现尽可能高的安全性是无线传感器网络安全面临的主要挑战。攻击者可以使用性能更好的设备发起网络攻击，使得传感器网络的安全防御变得十分困难，很容易受到各种恶意的攻击。文献[48]列出了几种常用的网络攻击方式。例如，攻击者可以采取频率干扰的方法来影响传感器的信号接收；可以更改 MAC 层机制来抑制网络中的数据传输。

目前，无线传感器网络安全研究主要集中在密钥管理、身份认证、数据加密方法、攻击检测与抵御、安全路由协议等方面。在密钥管理、身份认证和数据加密方面，目前采用的技术主要有两种：①基于密钥预分配的对称加密技术；②基于汇聚节点管理密钥的非对称加密技术[49,50]。在攻击检测与抵御方面，文献[51]采用向多条独立路径发送验证数据的方法来发现异常节点。文献[52]和[53]提出了一种对抗定位欺骗的技术。文献[54]设计了一种网络恶意节点检测方法。当前多数无线传感器网络路由协议都没有考虑安全性，很容易因恶意节点的攻击而造成网络瘫痪。文献[55]论述了常见的路由协议攻击方式并提出了相应的对策。文献[56]采用认证方式抵御恶意路径的注入。无线传感器网络安全的研究才刚刚起步，目前 SPINS 安全体系是所有安全机制中比较流行和实用的设计方案，它考虑了数据的机密性、可认证性、完整性、新鲜性等问题，并提出了相应的解决方法。

5. 数据融合

无线传感器网络通常采用高密度部署方式，使得相邻节点采集的数据存在很大的冗余，如果每个节点单独传送将会消耗过多的能量，并且会增加 MAC 层的调度难度，容易造成冲突，降低通信效率。因此，通常要求一些节点具有数据融合功能，能够尽量利用节点的本地计算能力和存储能力对来自多个传感器节点的数据进行综合处理。数据融合技术能减少数据冗余、节省能量、提高信息准确度，但也会增加传输的时延。

根据操作前后信息含量的不同，数据融合分无损融合和有损融合两种[57,58]。在无损融合中，所有有效的信息将会被保留。无损融合的两个例子是时间戳融合和打包融合。在时间戳融合中，如果一个节点在一定的时间间隔内发送了多个分组，每个分组除了发送时间不同，其余内容都相同，则中间节点转发时可以丢弃缓冲区中旧的分组，只传送时间戳最新的分组。在打包融合中，多个数据分组被拼接成一个分组，合并时不改变各个分组所携带的内容，打包融合只能节省分组的首部开销。有损融合通过删除一些细节信息或降低信息质量来减少数据的传输量。文献[59]和[60]提出了一种建立数据融合树的方法，在分枝节点上实现数据融合，并将最大融合时延合理地分配到各个融合节点上。

1.9　本　章　小　结

本章介绍了无线传感器网络的基本知识，包括：无线传感器网络的基本概念、结构、特点、应用、性能指标、协议栈、关键技术以及传感器节点的结构。

第2章 无线传感器网络路由协议综述

2.1 无线传感器网络路由协议的特点

路由协议用于寻找从源节点（通常为传感器节点）到目的节点（通常为汇聚节点）的优化路径，并将分组沿选定的路径正确转发，是无线传感器网络的核心技术之一，一直是众多学者研究的主要内容。无线传感器网络与传统有线网络相差很大，与之最为相似的是 Ad Hoc，两者具有许多共同的特点。例如，都是无线多跳自组织网络、拓扑变化都比较频繁等。对 Ad Hoc 路由技术，人们已经进行过深入的研究，并且提出了一系列经典的路由协议，如 DSDV、AODV、DSR、TORA 等。虽然这些协议在 Ad Hoc 中表现良好，但它们不适合于无线传感器网络，这是因为无线传感器网络路由协议具有一些不同于 Ad Hoc 路由协议的特点，主要表现在以下方面[29]。

（1）Ad Hoc 中节点的移动性很强，而无线传感器网络中在通常情况下节点都是静止的，很少移动。因此，没有必要花费很大的代价频繁更新路由表。

（2）无线传感器网络中数据包更小，因而数据包的首部开销更大。

（3）无线传感器网络一般属于一次性使用的网络，为了节省成本，节点的计算能力、存储容量和通信带宽更加有限，使得节点不能存储大量的路由信息，不能进行复杂的计算，路由协议必须简单、高效。

（4）无线传感器网络经常部署在山区、沙漠、战场等恶劣或危险的环境中，无法更换电池或对电池进行充电，节能是路由协议设计的首要任务，其次才是服务质量。而 Ad Hoc 虽然也需节能，但能源是可以补充的，路由协议考虑的重点是：寻找从源节点到目的节点的最优路径，同时尽可能实现高的带宽利用率和服务质量。

（5）无线传感器网络一般独立成网，所关注的是监测区域的感知数据而不是节点，是以数据为中心的，节点不一定具有全局唯一的地址。而 Ad Hoc 主要为各种应用提供网络互联和计算功能，每个节点都有一个唯一的地址，以地址作为节点的标识和路由的依据。

（6）为了提高网络的覆盖度和有效工作寿命，无线传感器网络中节点部署比较密集，数量上远大于 Ad Hoc，使得全局信息的获取极为困难，只能依靠局部信息来选择路由。

（7）无线传感器网络中网络流量具有"多对一"和"一对多"的特点，相邻节点采集的数据相关性很大，可以通过数据融合来节省通信能量；而 Ad Hoc 则遵循"端到端"的边缘论思想，数据在传输过程中不能被修改。

上述特点为无线传感器网络路由协议的研究提出了新的技术问题，需要制定与之相适应的路由协议。

2.2　无线传感器网络路由协议的性能指标

无线传感器网络路由协议的设计目标包括：建立能量高效的路径、尽可能延长网络的生命周期、提高路由的容错能力、形成可靠的数据转发机制。在路由协议的设计过程中，主要考虑以下性能指标[2,19]。

（1）正确性。各节点根据路由协议能够生成路由表，且分组沿着路由表所指引的路径，最终一定能够到达目的地。

（2）路由开销。路由开销分为计算开销、存储开销和通信开销三部分。路由协议通常需要在节点间交换一定数量的路由控制信息，占用部分网络带宽。资源的局限性要求无线传感器网络路由协议必须简单、易实现，以尽可能少的路由开销，提供尽可能高效的路由服务。

（3）能源效率。无线传感器网络路由协议应尽量延长网络的生存期，设计时不仅要选择一条低能耗的路径进行数据传输，而且要从整个网络的角度考虑，使网络的能量消耗均衡分布，避免"热区"。

（4）分布式设计。无线传感器网络中，由于资源有限，节点无法进行复杂的路由计算和存储大量的路由信息，只能根据相邻节点的局部拓扑信息来选择路径，要求路由协议采用分布式设计。

（5）可扩展性。可扩展性是指路由协议适应网络规模变化的能力。在无线传感器网络运行的过程中，根据实际需要，检测区域范围可能扩大，节点密度可能增加，这些都会造成网络规模的变化。在设计路由协议时要充分考虑可扩展性要求，保证系统能够迅速适应新的网络环境，性能不会明显下降。

（6）鲁棒性。鲁棒性是指网络具备自适应性和容错性，不会因拓扑结构的变化而影响其应用功能。在无线传感器网络中，节点可能因为能量耗尽、物理损伤或是环境干扰等因素而失效，要求路由协议具有一定的容错能力，能够实现链路检测和自动重构，迅速找到替代路径，保证网络的正常运行。

（7）支持数据融合。在无线传感器网络中，节点采集的数据具有较大的冗余。为了降低通信量，在传输过程中通常会根据一定的标准（如求最大最小值、取平均等）对数据进行合并和压缩。因此，路由协议应尽量选择有利于数据融合的路径。

（8）满足服务质量要求。近年来，无线传感器网络中图像、声音和视频等多媒体信息急剧增加，这就要求设计路由协议时应充分考虑应用的服务质量需求，将感知数据在规定的时间内传输到汇聚节点。

另外，根据不同的应用背景，可能还有一些其他的设计要求，如网络安全性、可靠性等。对于无线传感器网络来说，要设计一种能够满足以上所有性能指标的完美的路由协议是不现实的，应根据具体的应用需求，在各个性能指标之间进行折中，选择一个最能满足应用要求的平衡点。

2.3　无线传感器网络路由协议的分类

无线传感器网络路由协议具有应用相关性强的特点，针对不同的网络应用环境，研究人员提出了许多各具特色的路由协议。文献[29]和文献[61]～[63]从拓扑结构、服务质量、路径多少、通信模式等方面对无线传感器网络路由协议进行了分类，具体分类方法如下。

（1）按拓扑结构分为：平面路由协议和分簇路由协议。在平面路由协议中，所有节点为对等结构，具有相同的功能。其优点是：结构简单，不会产生网络瓶颈，健壮性好，易维护。其缺点是：没有中心管理节点，不能对网络资源进行优化管理，传输跳数较多，仅适合于小规模网络。分簇路由协议的优缺点则与平面路由协议相反。

（2）按是否考虑服务质量分为：QoS（quality of service）路由协议和非 QoS 路由协议。QoS 路由协议需要找到一条满足 QoS 要求（如带宽、时延、抖动、丢包率等）的从源节点到目的节点的路径。多媒体信息的传输对时延、网络吞吐量和带宽等都有较高的要求，当需要获取监测区域连续、实时的音频或视频信息时，应采用 QoS 路由协议。

（3）根据路径的多少分为：单路径路由协议和多路径路由协议。单路径路由协议数据通信量少，资源消耗量低，但丢包率高；多路径路由协议将一个分组沿几条不同的路径同时传输，可靠性好，但网络能量消耗大，仅适用于对传输可靠性要求很高的应用场合。

（4）根据通信模式的不同可分为：时钟驱动型、事件驱动型和查询驱动型。在时钟驱动型中，传感器节点以固定的时间间隔采集数据，并周期性地向汇聚节点报告。在事件驱动型中，仅当监测区域内发生用户感兴趣的事件时，传感器节点才向汇聚节点发送数据。在查询驱动型中，仅当传感器节点收到数据请求时才上传数据。

（5）根据路由建立的时机可分为：主动路由协议和按需路由协议。主动路由协议必须事先建立并始终维持到达目的节点的路径，路由开销大，资源要求高，但响应速度快；按需路由协议只在需要发送数据时才建立路径，路由开销小，但临时建立路径需要较长的时间。

（6）根据目的节点的个数可分为：单播路由协议和多播路由协议。单播路由协议只有一个目的节点，而多播路由协议有多个目的节点，信息以并行方式沿多播树传输，并在树的分叉处复制和转发数据包。多播路由协议减少了数据包发送的次数，提高了网络带宽的使用效率。

（7）根据是否考虑位置信息可分为：基于位置的路由协议和非基于位置的路由协议。无线传感器网络中很多应用都和节点的位置有关，在某些应用（如目标跟踪、森林火灾预警等）中必须知道位置信息后，传感器节点采集的数据才有意义。

（8）根据是否进行数据融合可分为：融合路由协议和非融合路由协议。融合路由协议能在数据传输过程中对多个数据包的相关信息进行合并和压缩，从而减少网络通信量，节省能量，但会增加传输时延。

在对当前无线传感器网络路由协议进行深入研究后，我们选取了几种典型的路由协议，对其路由机制和优缺点进行了分析，下面分别对平面路由协议、分簇路由协议和 QoS 路由协议三种类型进行介绍。

2.4　无线传感器网络平面路由协议

1. Flooding 泛洪协议和 Gossiping 闲聊协议

Flooding 泛洪协议是一种传统的路由协议，它不要求维护网络的拓扑结构和计算路由。收到数据的节点以广播形式向所有的邻居节点转发，直到数据包到达目的节点或者达到预先设定的最大跳数为止。泛洪法具有实现简单、路径容错性好、时延短等优点，但存在消息内爆、重叠和盲目使用资源的问题，数据传输时能量消耗巨大、资源浪费严重。

Gossiping 闲聊协议[64]是对 Flooding 泛洪协议的改进，为了节省能量，节点收到数据后随机选取一个相邻节点进行转发，而不采用广播形式，避免了消息的内爆，但随机选取节点的机制导致了路径质量较差，增加了端到端的传输时延，并且无法解决消息重叠和盲目使用资源的问题。

2. SPIN 协议

SPIN[65]是第一个以数据为中心的自适应路由协议，节点在传输数据之前先进行协商，保证了数据传输的有效性，避免了盲目传播。协议提供了 3 种类型的消息：ADV、REQ 和 DATA。ADV 消息用于通知邻节点有数据要发送，REQ 消息用于邻节点请求数据，DATA 用于发送原始数据到邻节点。ADV 消息采用元数据（即节点采集的数据的属性）进行协商，元数据的长度要远小于实际采集的数据。因此，能量消耗较少。SPIN 协议的工作原理如图 2-1 所示，当传感器节点有数据要发送时，先广播 ADV 消息，邻节点收到 ADV 消息后，如果愿意接收该数据，就向发送节点发出 REQ 请求消息，最后发送节点向请求的邻节点发送 DATA 数据包。

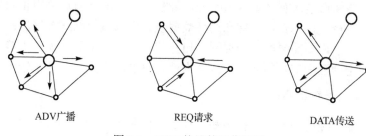

ADV广播　　　　　　REQ请求　　　　　　DATA传送

图 2-1　SPIN 协议的工作原理

该协议的优点是：简单，不需要进行路由维护；通过数据协商机制保证了只向需要的节点发送数据，提高了转发效率。但 ADV 消息采用广播方式传输，开销比较大；每次发送数据包之前都要进行协商，数据传输延迟较大。

3. DD 协议

DD 协议[66]是一种以数据为中心的基于查询的路由协议，该协议对网络中的数据用一组特定的属性值来命名，属性值主要包括：查询的对象类型、数据发送间隔、持续时间、发送速率、目标区域的位置等。当汇聚节点对某事件发出查询命令时就启动了定向扩散过程，它分为查询扩散、梯度场的建立和数据传输三个阶段，图 2-2 描述了定向扩散的原理。在查询扩散阶段，汇聚节点采用洪泛方式发出查询，收到查询的节点对查询消息进行缓存，并进行局部数据融合，当查询消息传遍全网后，便在传感器节点和汇聚节点之间建立起一个梯度场（即邻节点指定的数据发送率），从而生成了多条指向汇聚节点的路径。在数据传输阶段，指定区域内的节点按要求周期性上报数据。DD 协议通过正向加强机制向最新发来数据的邻居节点发送路径加强消息，最后形成一条梯度值最大的路径，数据沿最优路径以较高的速率传送，其他梯度值较低的路径则作为备份路径使用。

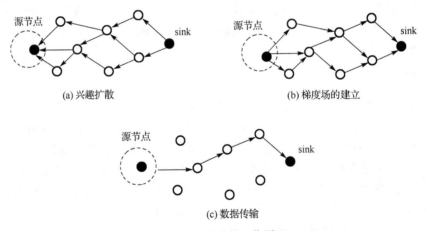

(a) 兴趣扩散　　　　　　　　　　(b) 梯度场的建立

(c) 数据传输

图 2-2　DD 协议的工作原理

DD 协议的优点是：有多条备用路径，健壮性好；汇聚节点采用正向加强机制能快速优化传输路径；使用查询驱动和局部数据融合可以减少网络数据流；只靠邻居节点的信息进行路由，不需要维护全局网络拓扑信息。但查询驱动模式不能工作在需要将数据持续传送到汇聚节点的应用中；查询消息以洪泛方式传送开销较大。

4. Rumor 谣传路由协议

DD 协议需要经过兴趣洪泛传播和路径增强机制才能找到一条优化路径，在某些应用场合，如果对汇聚节点的查询只需要传输少量的数据，则 DD 协议的路由建立开销太大。因此，Boulis 等提出了适合于少量数据传输的 Rumor 谣传路由协议[67]。该协议采用查询消息的单播随机转发机制来减少路由建立的开销。

当节点监测到感兴趣的事件后，创建一个代理消息，消息中包括：事件名称、至事件发生地的跳数、至事件发生地的下一跳等。代理消息沿随机路径在网络中转发，中间节点收到该代理消息后在节点的事件列表中建立一个表项，从而生成了一个从本节点指向事件发生地的指针。网络中的任何节点都可以发出针对某一事件的查询请求，中间节点沿随机路径转发查询消息，并保存查询消息的相关信息，当查询消息经过的路径与代理消息的路径在某一节点相交时，就产生了一条从查询节点到事件区域的完整路径。

Rumor 协议的优点是减少了路由建立开销，但采用随机方式生成路径，延时很大，仅适合于对延时要求不高且网络事件很少的应用场合。

5. GBR 协议

GBR 协议[68]是在定向扩散协议的基础上改进而成的，其目的是减少数据传输的总跳数。当查询请求消息在网络中传播时，每个节点都会从自己的多个邻居节点收到来自汇聚节点的同一请求消息，其中包含有请求消息从汇聚节点到当前节点的跳数，该跳数又称为高度，两个相邻节点之间的高度差称为梯度，每个节点都将其高度值和到所有邻居节点的梯度保存起来，数据传输时总是选择梯度最大的路径转发，从而保证了数据传输的总跳数最少。高度值可以进行调节，当节点的剩余能量低于额定值时，节点可以增加其高度，从而减少了自己与邻居节点之间的高度差，降低了自己转发数据的概率。

GBR 协议中每个节点至汇聚节点都有多条路径，请求消息在传输过程中能够进行融合处理，并且考虑了网络中所有节点间的能量平衡以延长网络寿命。

6. GPSR 协议

GPSR 协议[69]是一个基于位置的路由协议，网络中所有节点都知道自己的位置和邻居节点的位置，并根据数据包中目的节点的位置信息作出转发决定，不需要全局的网络拓扑信息。数据传输采用贪婪转发和周边转发两种方式，当邻居节点到目的节点的距离小于当前节点到目的节点的距离时采用贪婪转发方式,否则采用周边转发方式。贪婪转发时节点将数据包转发给距离目的节点最近的下一跳邻居，贪婪转发可能产生"路由空洞"问题，即当所有邻居节点中没有一个节点比自身更接近目的节点时，数据将无法继续传送，如图 2-3 所示。

节点 x 需要向 sink 转发数据，而邻居节点 A 和 C 离 sink 的距离都大于节点 x 离 sink 的距离。当出现这种情况时，GPSR 协议采用周边转发方式，先对网络进行平面化处理，删除交叉边生成 GG 或 RNG 子图，再采用"右手规则"沿空洞周围传输来绕过空洞。当数据包到达某节点，其与目的节点的距离小于空洞起始节点至目的节点的距离时，重新恢复到贪婪转发方式。

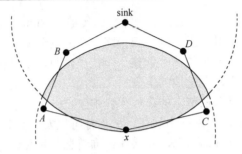

图 2-3　路由空洞示意图

GPSR 协议仅根据邻居节点的位置信息进行转发，不需要维护全局网络拓扑信息和路由表；协议的容错性和可扩展性好。缺点是数据转发时没有考虑中继节点的剩余能量，容易导致部分节点使用过多；需要节点的位置信息；当网络中存在空洞时，周边转发模式传输距离较远。

7. GEAR 协议

GEAR 协议[70]是一个基于地理位置且具有能量感知能力的路由协议。GEAR 协议中，每个节点都知道自己及其邻居节点的位置和剩余能量，汇聚节点根据事件区域的位置信息发送查询请求，查询请求最终被传递给事件区域内的每个节点，传感器节点沿查询请求的反向路径向汇聚节点报告数据。查询消息的传播分为两个阶段：在第一阶段，将查询消息传送到事件区域内离汇聚节点最近的节点；在第二阶段，该节点将查询消息传播到事件区域内的所有其他节点。在第一阶段的数据传输过程中，GEAR 根据到邻居节点的代价来选择下一跳。代价分为初始代价和修正代价，起初两者相等。初始代价综合了节点到事件区域的距离和节点的剩余能量，其计算方法如下：

$$\text{cost}(N, R) = \alpha d(N, R) + (1-\alpha)e(N) \tag{2-1}$$

其中，N 表示传感器节点，R 表示事件区域，α 为权重因子，d 表示距离，cost 表示节点 N 到区域 R 的初始代价，e 表示节点的剩余能量。

和 GPSR 协议相同，汇聚节点将查询请求发送到事件区域的过程采用贪婪算法，节点总是从邻居节点中选择初始代价最小的节点作为下一跳，如果当前节点周围不存在任何邻居节点到事件区域的代价比自己小时，则陷入了路由空洞，GEAR 采用反馈机制来绕开空洞，并修正路由代价，如图 2-4 所示。G、H 和 I 为失效节点，当前节点为 S，目的节点为 T，S 选择到目的节点 T 代价最小的邻居节点 C 作为下一跳，由于 C 陷入了路由空洞，C 选取邻居节点 B 作为下一跳，并将 C 的修正代价设为 B 的修正代价加上 B 到 C 的代价，同时 C 将新的修正代价通知 S。当 S 再次发出到 T 的查询命令时，由于 B 的修正代价小于 C 的修正代价，所以 S 会选择节点 B 作为下一跳，从而绕开空洞。

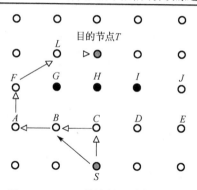

图 2-4　GEAR 协议的反馈机制原理

在第二阶段，当查询消息到达目标区域后，根据节点的密度来确定目标区域内查询消息的传输方式。如果密度大于预设的阈值，则采用递归地理转发策略，否则采用受限洪泛策略。GEAR 协议根据修正代价来寻找路由，并采用了反馈机制对路由进行优化，有利于形成能量高效的数据传输路径，其性能优于 GPSR 协议；缺点是需要节点的位置信息。

上述平面路由协议的比较如表 2-1 所示。

表 2-1　平面路由协议比较

协议	提供最短路径	支持节点移动	通信模式	基于位置	路由开销	支持元数据	可扩展性	多路径	时延
Flooding	√	√	事件驱动	×	大	×	差	√	小
Gossiping	×	√	事件驱动	×	小	×	较差	×	大
SPIN	可能	√	事件驱动	×	较大	√	较差	√	较小
DD	可能	×	查询	×	较大	√	较好	√	较小
Rumor	×	×	事件驱动	×	小	√	较差	×	大
GBR	可能	×	查询	×	较大	√	较好	√	小
GPSR	可能	√	事件驱动	√	较小	×	好	×	小
GEAR	可能	√	查询	√	较小	×	好	×	小

2.5　无线传感器网络分簇路由协议

1. LEACH 协议

LEACH 协议[71]是由 Heinzelman 等提出的第一个基于数据聚合的自适应分簇路由协议。该协议的特征有：簇首动态选举、簇结构由本地协调产生、簇内实现数据融合等。LEACH 将一个工作周期称为一“轮”，每轮分为簇形成阶段和数据采集阶段两部分。在簇形成阶段，每个节点根据最近担任簇首的历史记录自行决定本轮是否成为簇首，为此每个节点按随机函数产生一个位于[0, 1]的随机数，并根据式（2-2）得到一个门限值 $T(n)$，如果产生的随机数小于 $T(n)$，那么这个节点就成为簇首。$T(n)$ 的计算公式如下：

$$T(n) = \begin{cases} \dfrac{K}{1 - K \times \left(r \bmod \dfrac{1}{K} \right)}, & n \in S \\ 0, & \text{其他} \end{cases} \tag{2-2}$$

其中，K 为预设常量，其值为网络中簇首的数量与总节点数之比；r 为当前的轮数；S 表示最近的 $1/K$ 轮中还没有当选过簇首的节点集。

在簇首产生后，簇首向全网广播其当选为簇首的消息，其他节点收到该消息后根据接收到的信号强度选择它要加入的簇，信号强度越强表示它与该簇首的距离越近，普通节点向与之最近的簇首发送加入簇的申请。当簇加入完成后，根据簇成员的数量，簇首生成一张 TDMA 时间调度表，并发送给簇内的所有成员。在数据采集阶段，簇成员按已设置的 TDMA 时隙持续监测环境数据，并发送给簇首，簇首将从各成员节点接收到的数据进行融合处理后直接传输给汇聚节点。在数据采集达到规定的次数后，网络开始新一轮的工作周期，重新选举簇首。

该协议的优点是：简单，开销小；采用周期性簇首轮换的方式避免了簇首过分消耗能量，延长了系统的生命周期；簇内通过数据聚合技术大大地减少了通信流量，节省了能量。该协议的缺点是：各节点根据本地信息自行决定是否成为簇首，簇首的位置是随机的，分布不均匀，每轮簇首的个数和不同簇所包含的节点数相差很大，容易导致网络负载整体不均匀；选取簇首时没有考虑节点的剩余能量，有可能选择剩余能量很少的节点作为簇首；簇首通过一跳通信将聚合后的数据传输到汇聚节点，如果汇聚节点远离监测区域，将会消耗大量的能量；协议假设每个节点有较大的通信功率，能够直达汇聚节点，仅适合于小规模网络。

2. LEACH_C 协议

LEACH_C 协议[72]由汇聚节点集中产生簇首，它改进了 LEACH 协议中簇首个数不稳定、位置分布不均匀的问题。每轮分簇开始时，所有网络节点都把自己的位置和剩余能量发送给汇聚节点，汇聚节点选出部分能量较大的节点作为候选簇首，再根据节点到簇首的距离平方和最小的原则，采用模拟退火算法选出最终簇首，最后汇聚节点把分簇结果发送给所有的网络节点。

LEACH_C 协议的优点是：由汇聚节点基于全局信息作出簇首选择决定，每轮选出的簇首数量稳定、位置分布均匀，并且考虑了节点的剩余能量，因此，性能明显好于 LEACH 协议。缺点是：它需要网络的全局信息，并由汇聚节点进行集中运算，协议开销较大，可扩展性差；另外，它假设所有节点能够直达汇聚节点，汇聚节点与簇首之间采用一跳通信方式，能量消耗大，不适合于大规模网络。

3. PEGASIS 协议

PEGASIS 协议[73]采用以下两种方式来降低能耗：①缩短每个节点的传输距离；

②减少与汇聚节点直接通信的节点数量。PEGASIS 协议中，每个节点都知道其他节点的位置信息，并选择一个与之较近的节点作为下一跳，采用贪婪算法将所有网络节点连接成一条总长度较小的链，并挑选出一个节点作为头节点，只有头节点才能与汇聚节点直接通信，如图 2-5 所示。在数据采集阶段，从链的两端开始，节点采集的数据沿链传输给下一跳，下一跳节点将接收到的数据与自身数据融合后继续向头节点转发，最后由头节点将数据直接传输给汇聚节点。

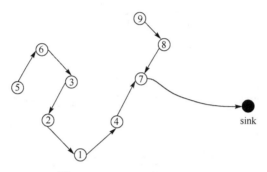

图 2-5　PEGASIS 协议结构图

　　PEGASIS 协议的优点是：每个节点到下一跳的距离近似最短，能以较小的功率发送数据；所有节点采集的数据融合后只生成一个数据包，只有一个头节点与汇聚节点直接通信，当汇聚节点离监测区域距离较远时，能显著地减少通信能耗。PEGASIS 协议的缺点是：要求网络具有很强的数据融合能力，仅适合于获取监测数据的最小值、最大值或平均值之类的应用情况；它需要全局的地理位置信息来构建链，而全局信息的获取非常困难；网络节点的数量决定了链的长度，当网络规模很大时，数据沿一条链传输，具有很大的时延，不适合于实时应用；当链中一个节点出现故障时会造成大量的数据丢失，容错性较差；要求所有节点都具有与汇聚节点直接通信的能力，仅适合于区域范围较小的网络。

　　为了减少传输时延，文献[73]还提出了一种对 PEGASIS 进行改进的方法，将网络中的所有节点连接成多个链，并且不同链在空间上相距较远，可以同时传输。本层的多个簇首能进一步组织起来，形成层次化结构，如图 2-6 所示。

$$sink$$
$$\uparrow$$
$$c_{18}$$

$$c_{18} \leftarrow c_{68}$$

$$c_8 \rightarrow c_{18} \leftarrow c_{28} \leftarrow c_{38} \leftarrow c_{48} \qquad c_{58} \rightarrow c_{68} \leftarrow c_{78} \leftarrow c_{88} \leftarrow c_{98}$$

$$c_0 \rightarrow c_1 \rightarrow c_2 \rightarrow c_3 \rightarrow c_4 \rightarrow c_5 \rightarrow c_6 \rightarrow c_7 \rightarrow c_8 \leftarrow c_9 \leftarrow c_{10} \leftarrow c_{11} \cdots c_{18} \leftarrow c_{19} \cdots c_{90} \leftarrow c_{91} \cdots c_{98} \leftarrow c_{99}$$

图 2-6　PEGASIS 协议层次化结构图

4. HEED 协议

HEED 协议[74]是一种混合式的分簇路由协议，它以节点的剩余能量作为竞争簇首的主要依据，以簇内通信费用作为竞争簇首的次要参数。簇内通信费用通常使用"平均最小可达能量"（average minimum reachability power，AMRP）来衡量，AMRP 的计算方法如下：

$$AMRP = \frac{\sum_{i=1}^{M} MinPwr_i}{M} \tag{2-3}$$

其中，M 为簇范围内的节点数，$MinPwr_i$ 为簇范围内节点 i 和簇首通信所需要的最小能耗。每个节点都可以计算出自己成为簇首时的簇内通信费用，协议开始时，节点将自己的簇内通信费用广播给其邻居节点，并设置自己成为簇首的概率 CH_{prob}，其计算方法如下：

$$CH_{prob} = \max\left(C_{prob} \times \frac{E_{residual}}{E_{max}}, P_{min} \right) \tag{2-4}$$

其中，C_{prob} 为簇首的最优百分比，是常量；$E_{residual}$ 为节点的剩余能量；E_{max} 为节点的初始能量；P_{min} 为概率的门槛值，是常量，该值是为了确保协议能够在 $O(1)$ 次迭代内终止。

根据式（2-4）可知，具有较多剩余能量的节点将有较大的概率成为候选簇首，每迭代一次 CH_{prob} 都加倍，当 CH_{prob} 为 1 时，节点成为簇首。因此，节点最终是否成为簇首主要取决于它的剩余能量是否明显高于邻居节点。当两个候选簇首相距较近且剩余能量相差不大时，使用簇内通信费用作为确定最终簇首的依据，落在多个簇范围内的普通节点选择加入簇内通信费用最小的簇，以平衡簇首之间的负载。

HEED 协议的优点是：它是完全分布式的簇首产生方式，簇首选举能在有限次迭代内完成，簇首分布均匀；在簇首选举时考虑了节点的剩余能量，并引入了簇内通信费用，有利于能量平衡；但是该协议在簇形成阶段需要进行多次迭代，带来了较大的控制开销。

5. TEEN 协议

TEEN[75]是第一个事件驱动的响应型路由协议。依照工作方式的不同，无线传感器网络可以分为主动型和响应型两种。主动型网络用于持续感知周围的环境信息，并周期性地向汇聚节点报告；而响应型网络只有在节点监测到某个特定的事件（如森林火灾）发生时，才向汇聚节点报告。

TEEN 协议设计了两个重要参数：硬阈值和软阈值，这两个阈值决定了节点何时能够发送数据。硬阈值设置了检测值的绝对大小，只有监测到的数据值大于硬阈值时，节点才能向汇聚节点上传数据。软阈值规定了检测值的变化幅度，只有当检测数据的改变量大于软阈值时，节点才会再次向汇聚节点上传数据。TEEN 协议的工作过程如下：当检测值首次大于硬阈值时，传感器节点向汇聚节点报告，并将检测值保存起来；以后当检测值大于硬阈值且相对于上次检测值的变化量大于软阈值时，传感器节点才会再次向汇聚节点报告。另外，TEEN 协议采用了多级分簇结构，如图 2-7 所示。

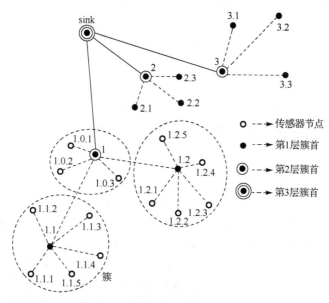

图 2-7　TEEN 协议多级分簇结构

TEEN 协议的优点是：可以根据应用需要设置合适的硬阈值和软阈值，使节点仅仅发送用户关心的数据，极大地减少了系统的通信流量，降低了网络能耗；硬阈值和软阈值的大小影响节点上报数据的频率，通过改变两者的值，可以在监测精度和网络能耗之间达到一个折中；响应速度快，非常适合于时间敏感的应用场合。TEEN 协议的缺点是：多层次簇的构建非常复杂；不适合按固定时间间隔向汇聚节点上报数据的应用；与 LEACH 相同，协议假设每个节点有较大的通信功率，能够直达汇聚节点，仅适合于小规模网络。

6. TTDD 协议

TTDD 协议[76]是一个基于网格的路由协议，能够处理网络中存在多个汇聚节点和汇聚节点移动的问题。TTDD 协议中每个节点都知道自己的位置，其工作过程分为三个阶段:网格构建阶段、查询发送阶段和数据传输阶段。网格构建阶段是 TTDD 协议的核心，当源节点检测到某一特定事件发生时，以自身作为网格的一个交点构造一个虚拟的网格，如图 2-8 所示。

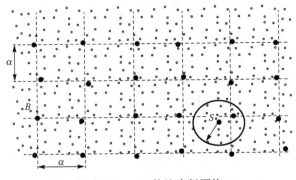

图 2-8　TTDD 协议虚拟网格

图 2-8 中 B 是源节点，S 是汇聚节点，α 是网格的宽度。网格的构建过程如下：源节点根据自己的坐标位置和网格的宽度计算出网格中所有交叉点的坐标。假设源节点的坐标为 (x, y)，则其他交叉点坐标的计算方法如下：

$$L_k = (x_i, y_j), \quad x_i = x + i \cdot \alpha, \quad y_j = y + j \cdot \alpha, \quad i, j = \pm 0, \pm 1, \pm 2, \cdots \quad (2\text{-}5)$$

由于传感器节点不一定正好位于交叉点上，离交叉点最近的节点称为分发节点，相当于簇首，所有的分发节点构成了一个虚拟网格，网格线上的节点承担数据转发任务。源节点检测到事件后，先将数据公告消息沿网格线发送给上下左右四个方向的分发节点，分发节点收到数据公告消息后，再采用相同的方法进行传播，直至传遍所有的分发节点，每个分发节点都保存了源节点的位置和数据公告消息。

当汇聚节点需要数据时，在一个网格的范围内广播查询分发节点的请求，并找到一个离汇聚节点最近的分发节点，该节点称为直接分发节点；然后汇聚节点向直接分发节点发送数据请求报文，直接分发节点会将数据请求转发给离源节点更近的上游分发节点，直至源节点。源节点收到请求报文后，将采集到的数据沿反方向传给直接分发节点。为了将数据转发给汇聚节点，避免因汇聚节点的移动造成数据丢失，在网格内汇聚节点设置了两个代理节点：主代理和直接代理。在发送数据请求时汇聚节点选取一个邻居节点作为主代理，并在请求包中封装了主代理的位置，直接分发节点将数据发给主代理，由其转发给汇聚节点，最初主代理和直接代理是同一个节点。当汇聚节点移出主代理的通信范围后，汇聚节点会重新选择一个邻居节点作为直接代理，并将直接代理的位置发送给主代理，以后主代理收到数据后会交给直接代理，由其转发给汇聚节点，如图 2-9 所示。

图 2-9 中 D_S 为直接分发节点，S_1 为移动汇聚节点，PA 为主代理，IA 为直接代理。当汇聚节点移动较远的距离（如一个网格）时，汇聚节点会发布更新消息，选择一个新的直接分发节点和新的主代理，旧的主代理和直接分发节点则会超时删除。

TTDD 协议的优点是：采用代理机制很好地解决了汇聚节点的移动性问题；数据公告消息只沿网格线扩散，而非洪泛方式，提高了网络的生存时间。TTDD 协议的缺点是：构建网格、查询请求和数据传递过程都会带来延迟，不适合监测目标快速移动和实时性要求高的应用；节点必须具有位置信息。

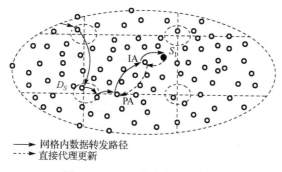

图 2-9　TTDD 协议代理示意图

7. EECS 协议

EECS 协议[77]的分簇过程分为簇首选举和簇形成两个阶段。在簇首选举阶段，节点以一定的概率成为候选簇首，并广播簇首竞争消息，同时接收其他候选簇首的消息，在簇竞争半径内，能量最大的候选簇首当选为最终簇首。在簇形成阶段，簇首广播簇公告消息，普通节点根据以下两个因素选择簇首：①节点离簇首的距离；②簇首到汇聚节点的距离。普通节点以费用作为依据，总是加入费用最小的簇，费用的计算方法如下：

$$\begin{cases} \text{cost}(j,i) = w \times f(d(P_j, \text{CH}_i)) + (1-w) \times g(d(\text{CH}_i, \text{sink})) \\ f = \dfrac{d(P_j, \text{CH}_i)}{d_{f\_\max}}, \quad g = \dfrac{d(\text{CH}_i, \text{sink}) - d_{g\_\min}}{d_{g\_\max} - d_{g\_\min}} \\ d_{f\_\max} = \max\{d(P_j, \text{CH}_i)\}, \quad d_{g\_\max} = \max\{d(\text{CH}_i, \text{sink})\} \\ d_{g\_\min} = \min\{d(\text{CH}_i, \text{sink})\} \end{cases} \tag{2-6}$$

其中，w 为权重因子，d 为距离函数，P_j 为普通节点，CH_i 为簇首，sink 为汇聚节点。f 子函数表明普通节点总是选择加入离自己较近的簇，以节省自身能量。g 函数表明普通节点尽可能加入离汇聚节点近的簇，从而构造出大小非均匀的簇。簇首离汇聚节点的距离越远，则其簇内成员数越少。EECS 协议中簇首到汇聚节点采用直接传输方式，对远离汇聚节点的簇首而言，簇首传输数据的能耗较大，但由于其簇内成员数较少，簇内处理能耗较小，这样在一定程度上保持了不同簇首间的能量平衡。

EECS 协议的优点是：采用分布式工作方式，节点仅需要局部信息即可完成分簇；分簇时考虑了节点的剩余能量及簇首间的负载平衡。缺点是：簇首到汇聚节点采用直接传输方式，能耗很大，仅适合于小规模网络；EECS 协议的能量平衡措施只能缓解簇首间的能量消耗不均匀现象，无法从整体上解决"热区"问题。

8. EEUC 协议

EEUC 协议[78]是一种新颖的基于非均匀分簇的无线传感器网络多跳路由协议。协议中簇首的能耗分为簇内能耗和簇间能耗两部分。由于簇首间采用多跳通信方式，靠近汇聚节点的簇首需要转发外层簇首的数据，因而能量消耗大于远离汇聚节点的簇首，容易过早死亡。为了平衡不同网络区域内簇首的能耗，分簇时各候选簇首采用互不相等的簇竞争半径来构造大小不等的簇，候选簇首 i 的簇竞争半径的计算方法如下：

$$R_i = \left(1 - c \times \frac{d_{\max} - d(i, \text{sink})}{d_{\max} - d_{\min}}\right) \times R^0 \qquad (2\text{-}7)$$

其中，$c \in [0, 1]$，为簇半径取值范围的控制参数；$d_{\max}$ 和 $d_{\min}$ 分别表示簇首到汇聚节点的最远距离和最近距离；d 表示簇首 i 到汇聚节点的距离；sink 为汇聚节点；R^0 为候选簇首的簇竞争半径的最大值，是预设常量。从以上公式可以看出，簇竞争半径与簇首到汇聚节点的距离有关，靠近汇聚节点的簇首具有较小的簇竞争半径，簇内成员数相对较少，因而簇内能耗较小，这样簇首可以节省出部分能量供簇间数据转发时使用。

EEUC 协议的优点是：簇间采用多跳通信，节省了网络能量；考虑了簇首能量消耗不均衡的问题，保持了节点的能量平衡，延长了网络的存活时间。缺点是：离汇聚节点距离不同的簇具有不同的簇半径，并且每个簇的数据融合后仅生成一个数据包，因而不同的簇在数据采集精度上存在差异，离汇聚节点近的簇精度更高；簇生成过程控制较复杂。

上述分簇路由协议的比较如表 2-2 所示。

表 2-2 分簇路由协议比较

协议	分簇方式	基于位置	簇分布均匀性	簇间传输方式	通信模式	路由建立开销	可扩展性	节能性	能耗均衡性	网络生存期
LEACH	分布式	×	差	单跳	周期性	小	较差	差	差	短
LEACH_C	集中式	√	好	单跳	周期性	大	差	差	较差	较短
PEGASIS	分布式	√	差	单跳	周期性	大	差	较好	较好	较长
HEED	分布式	×	较好	单跳	周期性	较大	较差	差	较差	较短
TEEN	分布式	×	较好	多跳	事件驱动	小	好	好	一般	长
TTDD	分布式	√	好	多跳	事件驱动	较小	好	好	一般	长
EECS	分布式	×	较好	单跳	周期性	较小	较差	差	较好	较短
EEUC	分布式	×	较好	多跳	周期性	较小	好	好	好	长

2.6 无线传感器网络 QoS 路由协议

1. SAR 协议

SAR 协议[79]是第一个具有 QoS 意识的无线传感器网络路由协议。SAR 中，汇聚节点的每个直接邻居都以自己为根构造一棵生成树，在构造生成树时考虑了每条路径上节点的剩余能量、时延、丢包率等服务质量因子，从而建立了从汇聚节点到每个传感器节点的具有不同服务质量约束的多条路径。数据传输时源节点根据路径评价和数据的优先级选择一条或多条路径进行发送。

它的优点是：综合考虑了路径能耗与多种服务质量参数，能够满足用户的服务质量要求；采用多路径保证了数据传输的可靠性。缺点是：大量的冗余路由占用了存储资源，且维护每个节点的路由表和状态信息需要较大的开销，不适合于大型网络。

2. SPEED 协议

SPEED 协议[80]是一种实时路由协议，它提供了网络拥塞避免和负载均衡功能。SPEED 协议首先在相邻节点之间交换信息，以得到传输时延；再利用节点的位置信息计算出到邻居节点的传输速率，进而选出适合的下一跳节点；并且借助邻居反馈机制确保数据传输速率能够满足用户要求；最后通过反向压力路由变更机制来避免网络拥塞和绕开路由空洞。SPEED 协议分为四部分，如图 2-10 所示。

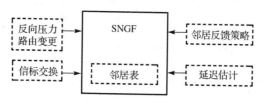

图 2-10　SPEED 协议的组成

延迟估计（delay estimation）机制。节点间通过周期性交换 Hello 报文来获得邻居节点的位置和到邻居节点的时延。为了节省开销，延迟可以通过数据包捎带的方法计算出来。具体过程如下：发送方在发送数据时加上时间戳，当收到邻节点发回的 ACK 报文时，计算出往返时延；ACK 报文中捎带了邻节点的处理时间，用往返时延减去处理时间即可得到一跳通信时延。

SNGF（stateless non-deterministic geographic forwarding）机制。实现满足传输速率要求的下一跳节点的选择。SPEED 将所有离目标的距离比自己近的节点称为候选节点，并计算出候选节点集中每个节点的传输速率。设当前节点为 i，候选节点集中的任一节点为 j，则从 i 到 j 的传输速率的计算方法如下：

$$\text{Speed}_i^j = \frac{L_i - L_j}{\text{Delay}_i^j} \tag{2-8}$$

其中，L_i 和 L_j 分别表示节点 i 和节点 j 到目标的距离，Delay_i^j 表示 i 和 j 之间的延迟。如果候选节点集中包含传输速率大于规定阈值的节点，则从这些节点中根据速率大小按概率选出下一跳节点；否则，按小于 1 的概率转发分组，转发概率由邻居反馈策略计算出来。另外，当候选节点集为空时，说明分组陷入了路由空洞，此时节点应丢弃分组，并向上一跳节点报告。

邻居反馈（neighborhood feedback loop，NFL)策略。邻居反馈策略是当候选节点集中没有满足速率要求的节点时采取的一种补偿机制，节点转发数据的概率如下：

$$
\begin{cases}
p = 1 - C \cdot \dfrac{\sum\limits_{i=1}^{N} e_i}{N}, & \forall e_i > 0 \\
p = 1, & \exists e_i = 0
\end{cases}
\tag{2-9}
$$

其中，C 表示比例常数，N 表示候选节点集中的节点数，e_i 为差错率。当节点将数据包发送到转发速率小于阈值的节点或发生了数据包丢失时，节点都认为是传输差错。如果候选节点集中存在速率满足要求的节点，则转发概率为 1；只有当候选节点集中所有节点的转发速率都小于阈值时，才按上述概率发送数据。SPEED 邻居反馈机制如图 2-11 所示。

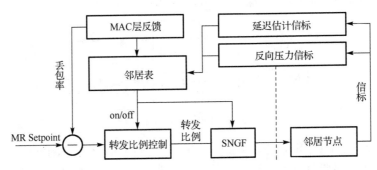

图 2-11　SPEED 协议邻居反馈机制

反向压力路由变更（back-pressure rerouting）机制。当某个网络区域的数据传输量突然加大，使得传输速率不能满足规定要求时，拥塞节点用反向压力消息通知上游节点，报告新的传输时延，上一跳节点收到报告后会重新选择转发节点。当遇到路由空洞时，当前节点将反向压力消息中的时间延迟设为无穷大，以绕开空洞。

SPEED 协议的优点是：支持实时服务，能够提供端到端的速率保障，适合于对传输速率有一定要求的应用；具有拥塞控制及负载均衡功能。SPEED 协议的缺点是：要求节点具有位置信息。

3. MMSPEED 协议

MMSPEED 协议[81]是对 SPEED 协议的改进，提供了多路径、多速率服务。MMSPEED 协议的速率保障机制如图 2-12 所示。当 MAC 层从网络中收到数据包后交给上一层的包分类器，包分类器根据数据包的速率限制将其加入到相应的发送队列中，最后通过对应优先级的 MAC 层将数据发往下一跳节点。

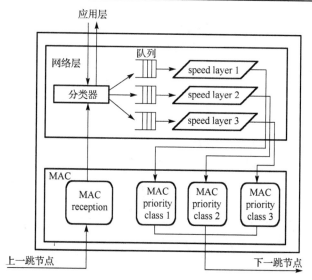

图 2-12　MMSPEED 协议的速率保障机制

使用多路径传输是提高数据可靠性的关键措施。MMSPEED 协议中，通过周期性的信标交换，每个节点都知道到邻居节点的丢包率。假设节点 i 到节点 j 的丢包率为 $e_{i,j}$，则节点 i 将数据包从节点 j 转发至目的地 d 的可靠性计算如下：

$$\mathrm{RP}_{i,j}^{d} = (1-e_{i,j})(1-e_{i,j})^{\lceil \mathrm{dist}(j,d)/\mathrm{dist}(i,j) \rceil} \qquad (2\text{-}10)$$

其中，$\mathrm{dist}(j,d)$ 表示节点 j 和目的地 d 之间的距离。当 RP_{ij}^{d} 大于数据包的可靠性要求 P^{req} 时，数据包沿 j 转发即可，否则节点 i 必须选择多个邻居节点同时转发以保证数据的可靠性要求，数据包沿 j_1 和 j_2 两个邻居节点同时转发所能达到的可靠性如下：

$$\mathrm{TRP} = 1 - (1-\mathrm{RP}_{s,j_1}^{d})(1-\mathrm{RP}_{s,j_2}^{d}) \qquad (2\text{-}11)$$

可靠性计算示例如图 2-13 所示，源节点 s 向目的节点 d 传输数据所要求的可靠性为 $P^{\mathrm{req}}=0.8$，邻居节点 j_1 和 j_2 的可靠性估计值分别为 $\mathrm{RP}_{s,j_1}^{d}=0.7$ 和 $\mathrm{RP}_{s,j_2}^{d}=0.6$，则经 j_1 和 j_2 同时转发所能达到的可靠性为 TRP=1-(1-0.7)(1-0.6)=0.88，其值高于可靠性要求，于是数据包沿 j_1 和 j_2 转发。因为 1-(1-0.6)(1-0.5)=0.8，所以到 j_1 的数据包和到 j_2 的数据包所设置的新的可靠性要求分别为 $P^{\mathrm{req}}=0.6$ 和 $P^{\mathrm{req}}=0.5$。对于 j_1 而言，收到数据包后，因为它到邻居节点 j_3 的可靠性估计值 $\mathrm{RP}_{s,j_3}^{d}=0.9$，高于数据包的可靠性要求 $P^{\mathrm{req}}=0.6$。因此，数据包采用单路径转发到 j_3。对于 j_2 而言，收到数据包后，因为到邻居节点 j_4 和 j_5 的可靠性估计值分别为 $\mathrm{RP}_{s,j_4}^{d}=0.3$ 和 $\mathrm{RP}_{s,j_5}^{d}=0.3$，而 TRP=1-(1-0.3)×(1-0.3)=0.51，其值高于可靠性要求 $P^{\mathrm{req}}=0.5$，于是数据包沿 j_4 和 j_5 转发，到 j_4 和 j_5 的数据包所设置的新的可靠性要求都为 $P^{\mathrm{req}}=0.3$。

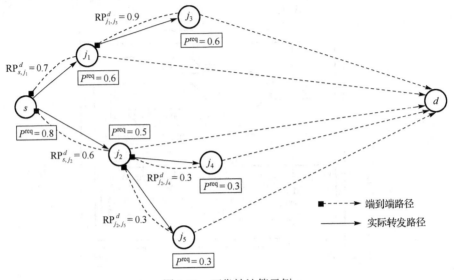

图 2-13　可靠性计算示例

MMSPEED 协议的优点是：综合考虑了不同网络流量的实时性和可靠性两方面的需求，通过控制数据包转发的路径数量来保证可靠性，通过设置优先级队列来保证实时性。缺点是：算法相对复杂，多路径传输能量消耗较大。

4. EQR 协议

EQR 协议[82]是一种基于簇的能量感知的服务质量路由协议，它根据到邻节点的距离、邻节点的剩余能量和链路的误码率等因子来计算链路的费用，从节点 i 到节点 j 费用的计算如下：

$$\text{cost}_{ij} = \sum_{k=0}^{6} \text{CF}_k = c_0 \times (\text{dist}_{ij})^k + c_1 \times f(\text{energy}_j) + c_2 / T_j + c_3 + c_4 + c_5 + c_6 \times f(e_{ij}) \quad （2\text{-}12）$$

其中，CF_0 表示通信费用；CF_1 表示节点的剩余能量；CF_2 表示能量消耗速率；CF_3 表示节点从睡眠状态转为发送状态的开销；CF_4 表示传感开销；CF_5 表示每个中继节点的最大连接数，当连接数超过门槛值时，会增加一个额外的费用 c_5；CF_6 表示差错因子；$c_0 \sim c_6$ 为权重因子，是常量；dist_{ij} 为 i 和 j 之间的距离；energy_j 为节点 j 的剩余能量；T_j 表示按照当前的能耗速率节点 j 耗尽能量所需要的时间；e_{ij} 为差错率；k 的取值依赖于环境条件，通常取 2。

EQR 协议采用 k-Dijkstra 算法来寻找 k 条费用最小的路径，并从中选出一条满足 QoS 要求的路径。EQR 协议中每个节点设置了两个队列：非实时队列和实时队列，如图 2-14 所示。实时队列对应延时敏感的应用，非实时队列对应普通的数据传输服务。当节点收到数据包时，首先包分类器根据数据包的类型，将其放入到相应的队列中；

然后节点计算所有可选路径的延迟，以确定实时流与非实时流所占用的带宽比例 r；最后包调度器根据带宽比例 r 从两个队列中按序取出数据分组并发送。

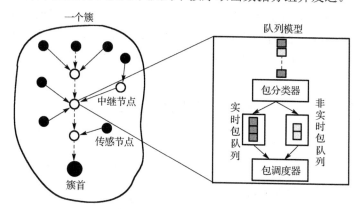

图 2-14　EQR 协议分类排队模型

EQR 协议的优点是：能够满足实时业务的 QoS 要求；考虑了节点的剩余能量及能量消耗速率，能够延长网络的生命期。缺点是：属于集中式路由策略，每个节点需要保留全网的拓扑和路径代价等状态信息，不适合于大型网络；所有节点中实时流和非实时流的带宽分配比例 r 都是相同的，缺乏灵活性；采用 k-Dijkstra 算法，计算开销大。

5. ReInForM 协议

ReInForM 协议[83]是一个提供可靠保证的多路径数据转发协议。源节点根据应用的可靠性要求、本地信道差错率和传感器节点到汇聚节点的跳数，计算出所需要的路径数，然后从邻居节点中选出多个合适的下一跳节点进行转发。每个数据包首部都包含有可靠性要求字段，并随着数据包的传输不断更新。ReInForM 协议主要包括以下三部分。

（1）传输路径数的计算。

设可靠性需求为 r_s，本地信道差错率为 e_s，当前节点到汇聚节点的跳数为 h_s。h_s 可采用如下机制来获得：汇聚节点按固定的时间间隔广播路由更新包，包头携带有当前节点到汇聚节点的跳数字段，节点从多个邻居节点收到路由更新消息后，选出一个跳数最少的数据包，该数据包中的跳数值即为当前节点到汇聚节点的跳数 h_s；然后当前节点将数据包中的跳数值加 1 后广播给邻居节点，如此重复，直到路由更新消息传遍整个网络，这样每个节点都获得了自己到汇聚节点的跳数 h_s。根据 r_s、e_s 和 h_s 即可计算出当前节点转发数据所需的路径数，计算方法如下：

$$P(r_s, e_s, h_s) = \frac{\lg(1-r_s)}{\lg(1-(1-e_s)^{h_s})} \tag{2-13}$$

（2）下一跳节点的选择。

根据邻居节点到汇聚节点的跳数的不同，可以将邻居节点分为三类：①比当前节点到汇聚节点的跳数小 1 的邻居节点，记为 H^-；②与当前节点到汇聚节点的跳数相同的邻居节点，记为 H^0；③比当前节点到汇聚节点的跳数大 1 的邻居节点，记为 H^+。应优先选择 H^- 中的节点作为下一跳，只有当 H^- 中的节点数小于所需路径数 P 时，才选择 H^0 中节点，路径数还不够时，最后才选择 H^+ 中的节点。由于 H^0 和 H^+ 中的节点转发数据包时比 H^- 中的节点分别多 1 跳和 2 跳，因此，路径数的分配比例按式（2-14）确定：

$$P(H^-) = \frac{P(H^0)}{1-e} = \frac{P(H^+)}{(1-e)^2} \tag{2-14}$$

（3）可靠性更新。

数据包头部包含有 r_s、e_s 和 h_s 字段，节点 i 收到数据包后，重新计算数据包的可靠性要求，r_i 的计算方法如下：

$$r_i = 1 - (1 - (1-e_s)^{h_s - 1})^P \tag{2-15}$$

ReInForM 协议的优点是：采用多路径传输能保证源节点的可靠性要求；多路径的计算仅需要本地信道差错率和到汇聚节点的跳数，不需要全局知识和节点的位置信息；路由的选择由节点临时确定，不需要维护多条路径。缺点是：节点需要依靠汇聚节点周期性的洪泛消息来获得到汇聚节点的跳数，开销较大；没有考虑带宽、时延等其他服务质量参数。

上述 QoS 路由协议的比较如表 2-3 所示。

表 2-3　QoS 路由协议比较

协议	拓扑结构	路径计算方式	支持节点移动	路由开销	可扩展性	基于位置	多路径	QoS 要求
SAR	平面	集中式	×	较大	差	×	√	时延、可靠性
SPEED	平面	分布式	√	较小	好	√	×	时延
MMSPEED	平面	分布式	√	较小	好	√	√	时延、可靠性
EQR	分层	集中式	×	大	差	√	×	时延
ReInForM	平面	分布式	×	较大	较差	×	√	可靠性

2.7　本章小结

本章对无线传感器网络路由协议进行了综述。首先，介绍了无线传感器网络路由协议的特点，说明已有的 Ad Hoc 路由协议不适合于无线传感器网络；然后，提出了无线传感器网络路由协议的性能指标，并对无线传感器网络路由协议进行了分类；最后，对当前典型的无线传感器网络路由协议进行了分析和比较，为设计新的性能优良的路由协议奠定了基础。

第 3 章　非均匀密度的节点部署方案与分簇路由协议

3.1　分簇路由协议概述

3.1.1　无线传感器网络拓扑结构

无线传感器网络按拓扑结构可分为平面结构和分层结构。平面结构中所有节点功能一致、地位平等，不存在瓶颈节点，网络结构简单、健壮性好。但平面结构中所有节点都需要生成到达汇聚节点的路由，随着网络规模的扩大，会带来大量的控制开销，因此，可扩展性差。分层结构将网络分为上下两层，上层为中心骨干节点，下层为普通传感器节点。骨干节点和普通传感器节点具有不同的功能，骨干节点的功能包括：网络路由、节点管理、数据融合和网络安全等，而普通传感器节点只能进行数据的采集和传输。分层结构通常采用分簇算法将网络划分为多个簇，每个簇包含一个簇首（即骨干节点）和多个簇成员（即普通传感器节点），如图 3-1 所示。

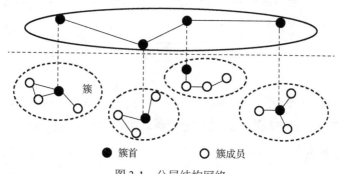

图 3-1　分层结构网络

分簇路由协议具有下面的优点[84]。

（1）由簇首对整个网络进行集中管理，能够动态适应网络拓扑结构的变化，可扩展性好，非常适合于规模比较大的网络系统。

（2）由簇首构成一个骨干网完成远距离的数据转发，簇成员可以按 TDMA 时隙轮流采集数据，在空闲时可以关闭通信模块，节省了能量。

（3）簇成员仅需要将数据传输到簇首，缩短了传输距离；簇首可以对簇内数据进行必要的融合后再转发，减少了网络的通信量。

（4）分簇路由只由簇首参与路径计算，极大地减少了路由节点的数目，降低了路由开销。

分簇路由协议的缺点如下。

（1）分簇算法复杂，簇首选举过程中节点间需要交换大量的控制消息，带来一定的开销。

（2）簇首是网络中的关键节点，一旦簇首出现故障，容易造成较大面积的网络瘫痪。

（3）簇首的能耗远大于其他成员节点，如果没有较好的能量平衡措施，容易造成簇首节点过早耗尽能量而死亡。

3.1.2　分簇算法的评价标准

分簇算法的优劣直接影响网络的性能，评价分簇算法好坏的主要标准有以下几方面。

1. 簇首数量合适

簇首数量决定了分簇网络系统的结构和特性，不宜太多或太少，应根据应用要求以尽量减少控制开销和降低能耗为原则来确定。另外，在每轮分簇过程中，簇首数量应该相对稳定，以保证应用系统的数据采集精度。

2. 簇首位置分布均匀

簇首是网络的关键节点，要负责簇内数据的融合处理和成员节点的协调，实现簇间数据转发。因此，簇首应均匀分布在整个监控区域。簇首的分布情况可以用簇间重叠度来评价，其计算方法如下：

$$K = \frac{\sum_{i=1}^{n} x_i}{N} \tag{3-1}$$

其中，n 为簇首数，x_i 为第 i 个簇的成员节点数，N 为网络节点总数。K 为簇间重叠度，其值大于或等于 1，其值越小，则簇首分布越均匀。

3. 簇首负载均衡

簇首负载分为簇内负载和簇间转发负载两部分，簇间转发负载与节点的位置有关，而簇内负载与簇内节点的数量有关。实现簇内负载均衡要求各个簇具有相近的节点数，其负载均衡程度的计算方法如下：

$$B = \sqrt{\frac{\sum_{i=1}^{n} (x_i - \bar{x})^2}{n}}, \quad \bar{x} = \frac{\sum_{i=1}^{n} x_i}{n} \tag{3-2}$$

其中，n 为簇首数，x_i 为第 i 个簇的成员节点数，B 为负载均衡程度，其值越小，负载均衡程度越好。

4. 节点能量平衡

节约能量是无线传感器网络路由协议设计的首要目标，簇结构的生成和维护必须具有较小的通信开销，尽量减少节点的能量消耗。另外，保持节点间的能量平衡也是设计路由协议时需要考虑的关键因素，它直接影响网络的有效工作时间。节点能量平衡程度的计算方法如下：

$$EB = \sqrt{\frac{\sum\limits_{i=1}^{N}(E_i - \overline{E})^2}{N}}, \quad \overline{E} = \frac{\sum\limits_{i=1}^{N}E_i}{N} \tag{3-3}$$

其中，N 为网络节点总数，E_i 为第 i 个节点的剩余能量，EB 表示能量平衡程度，其值越小，意味着网络的能量消耗越能均匀地分配到各个传感器节点上。

3.1.3　分簇算法的分类

1. 按组织方式分

根据组织方式可分为：固定分簇和动态分簇。在固定分簇中，预先设置好节点是簇首还是簇成员，并且其身份始终保持不变，适合于异构无线传感器网络。网络中簇首通常具有较高的硬件配置、较强的处理能力和较充足的能量资源。固定分簇不需要复杂的分簇算法，控制开销小，但节点部署比较困难，并且一旦簇首出现故障会造成大面积的网络瘫痪，容错性较差。

动态分簇中，簇首通过分簇算法选举产生，簇首和簇成员的身份动态变化，适合于同构无线传感器网络。由于所有节点配置相同，可以采用飞机播撒，网络部署更容易，组网更灵活，是当前主要采用的分簇方式，但分簇过程会带来一定的控制开销。

2. 按簇内跳数分

根据簇内成员节点到簇首的跳数可以分为：单跳分簇和多跳分簇。在单跳分簇算法中，簇成员采用一跳传输将数据发送到簇首。其优点是：簇结构简单，但簇首的数量较多，簇内传输距离较远，能量消耗较大。在多跳分簇算法中，节点采集的数据需要经过其他成员节点的多跳转发才能到达簇首，簇覆盖范围大，簇首数量少，节点的发送距离短，但是簇生成算法复杂。

3. 按分簇时机分

根据分簇时机可分为：主动分簇和被动分簇。主动分簇算法中每隔固定的时间间隔就要对簇首进行轮换，重新选举簇首，有利于保持节点间的能量平衡，避免簇首消耗过多的能量。被动分簇算法中，簇结构相对稳定，只有在异常情况（如簇首死亡或簇首能量小于额定值）发生时才重新分簇。被动分簇算法开销较小，但簇结构变化慢，容易导致部分节点能量消耗过度。

在上述分簇算法中，动态、单跳和主动分簇算法是目前研究的主流，本章所提出的分簇路由协议也属于该类型。

3.2　节点均匀分布情况下的热区问题

在无线传感器网络中，如果所有节点均匀分布在监测区域，采用多跳通信方式向汇聚节点发送数据，那么在汇聚节点周围的传感器节点由于需要转发来自外围节点的数据，容易过早地耗尽能量而死亡。受通信功率的限制，离汇聚节点较远的传感器节点采集的数据将无法继续传输，网络中虽然仍有大量存活的节点，但网络的生命周期已提前结束，这一现象称作"热区"问题。

文献[85]的仿真实验表明：在均匀部署的无线传感器网络中，由于部分转发节点的过早死亡导致网络能量的利用率不足 10%。文献[86]提出采用异构传感器节点的方法来解决"热区"问题，在不同的网络区域，节点的初始能量各不相同，汇聚节点周围的传感器节点具有更多的初始能量，以预留一部分能量供数据转发时使用，从而保证所有网络节点具有相近的生存时间。文献[87]证明了当网络节点均匀部署时，必然存在"热区"问题，且无法避免。文献[88]作者提出了采用非均匀部署方式，在平面结构网络中内层圆环部署更多的节点，实验表明该方法能够显著地延长网络的生命周期。文献[89]将中继节点在网络区域内移动，该方法可以在一定程度上缓解网络节点能耗不均衡的问题。文献[90]将汇聚节点沿网络的边缘移动，这样承担数据转发任务的节点在不停地变化，从而达到了负载分担的效果。

以上文献说明了平面路由协议中的"热区"问题及其常见的解决方法，在分层路由协议中，"热区"现象同样存在。当簇首以多跳通信的方式将数据传输至汇聚节点时，靠近汇聚节点的簇首需要转发远离汇聚节点的簇首的数据，能量消耗较大，容易过早地死亡，造成网络分割。LEACH[71]、PEGASIS[73]、HEED[74]等协议通过簇首轮转的方式来维持节点的能量平衡，但这种平衡只是局部的，从全局的角度看，靠近汇聚节点的簇首仍然具有更多的能耗。为了解决"热区"问题，UCS[91]、EECS[77]和 EEUC[78]采用了大小不同的簇来平衡簇首的能量消耗。

UCS 首次提出了非均匀分簇的思想，它假设传感器节点均匀分布在一个圆形区域，汇聚节点位于圆心，整个监控区域被分为两层同心圆环，内层圆环中的簇首由于靠近汇聚节点，需要承担外层簇首的数据转发任务，因此，具有较小的簇竞争半径和较少的簇成员数。UCS 是一个异构无线传感器网络分簇算法，簇首为超级节点，具有较多的能量和较强的处理能力，簇首的位置也是事先计算好的，无需动态分簇。

EECS 中簇首到汇聚节点采用单跳通信，普通节点在选择簇首时不仅要考虑自身离簇首的距离，而且要考虑簇首到汇聚节点的距离，从而构造出大小非均匀的簇。但EECS 的能量平衡措施只能缓解簇首间的能量消耗不均衡现象，无法从整体上实现节点间的能量平衡。

EEUC 中簇间采用多跳通信，处于不同区域位置的候选簇首具有不同的簇竞争半径，靠近汇聚节点的候选簇首的簇竞争半径较小，簇内数据接收和处理所消耗的能量也较少，因此，簇首可以节省出一定的能量供簇间数据转发时使用，从而使得不同网络区域内簇首的簇内能耗和簇间能耗之和近似相等。EEUC 簇间采用多跳通信，节省了网络能量，并考虑了簇首能量消耗不均衡的问题。

上述非均匀分簇算法存在一个共同的缺点，即离汇聚节点距离不同的簇具有不同的簇半径和簇成员数，并且每个簇的数据融合后仅生成一个数据包。因此，不同的簇在数据采集精度上必然存在差异，簇成员数多的精度高，反之精度低。

在已有研究工作的基础上，我们提出了一种非均匀密度的节点部署方案与相应的分簇路由协议。该协议具有以下特点：①簇内进行数据融合处理，并采用单跳直传方式，而簇间数据不能融合，采用多跳转发方式，以节省能量；②为了平衡节点的能量消耗，采用非均匀的节点部署策略，外围区域具有较小的节点分布密度，并且根据节点能量消耗模型计算出了不同网络区域内节点的合理密度；③分簇过程中不需要全局信息，采用分布式工作方式；④簇首周期性轮转，簇首选举基于节点的剩余能量；⑤分簇算法能保证簇首数量稳定，位置分布均匀。

3.3　非均匀密度的节点部署方案

3.3.1　网络模型

无线传感器网络是一个面向应用的系统，不同的应用环境需要不同的网络模型。假定：

（1）网络监控区域为圆形，传感器节点采用非均匀密度方式随机部署，持续向位于区域中心的一个汇聚节点上报数据。

（2）所有传感器节点是同构的，并且不具有位置信息。

（3）簇首能实现簇内数据的完全融合，但簇间数据不能融合。

（4）簇间采用多跳转发方式传输数据到汇聚节点。

（5）节点可以根据发送距离的远近，灵活地改变发射功率以达到节能的目的。

与文献[88]类似，整个网络区域被划分成若干个圆环，总计 k 层，C_i 表示第 i 层圆环，每个圆环的宽度相等，其值为 w，如图 3-2 所示。假设簇内成员节点的通信半径为

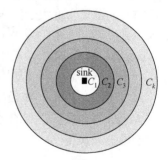

图 3-2　节点部署方案示意图

r_c，且 $r_c=w$；为了保证簇首间的连通性，簇首的最大通信半径设为 $r_h=2r_c$。因此，第 1 层和第 2 层圆环中的簇首可直达汇聚节点，而 $C_i(i\in3,\cdots,k)$ 层中簇首产生的数据需要经过其内层簇首的逐层转发，直至第 2 层后再传给汇聚节点。

直观上看，C_k 和 C_1 层中的簇首不需要转发簇间数据，其部署密度最小，从 C_{k-1} 到 C_2 层数据转发量逐渐增大，部署密度也逐渐增加。

采用与文献[72]相同的节点能量消耗模型。传感器节点的发送能耗与传输距离有关，当传输距离较近时，采用自由空间模型，传输路径损耗指数为 2；当传输距离较远时，采用多路衰减模型，传输路径损耗指数为 4。设发送的数据量为 l，传输距离为 d，则发射机消耗的能量为

$$E_s(l,d) = \begin{cases} l \cdot E_{\text{elec}} + l \cdot \varepsilon_{fs} \cdot d^2, & d < d_0 \\ l \cdot E_{\text{elec}} + l \cdot \varepsilon_{mp} \cdot d^4, & d \geq d_0 \end{cases} \tag{3-4}$$

其中，$d_0 = \sqrt{\varepsilon_{fs} / \varepsilon_{mp}}$ 是距离常数；E_{elec} 是每比特数据的发射能耗，ε_{fs} 和 ε_{mp} 与功率放大模型有关，是常量。

接收机消耗的能量为

$$E_r(l) = l \cdot E_{\text{elec}} \tag{3-5}$$

节点进行融合处理所消耗的能量为

$$E_f(m,l) = m \cdot l \cdot E_{DA} \tag{3-6}$$

其中，m 为融合的数据包个数，E_{DA} 表示每比特数据的融合能耗。

3.3.2 相关定义

定义 3-1 工作节点的密度：根据采集精度要求，单位面积内需工作的节点数。整个网络区域工作节点的密度相同，用 D_w 表示。假设圆环 C_i 的区域面积为 S_i，则该圆环中需工作的节点数为 $W_i = D_w \cdot S_i$。

定义 3-2 部署节点的密度：单位面积内部署的节点数。不同网络区域节点的部署密度不同，第 1 层和最外层圆环中节点的部署密度等于工作节点的密度，其他圆环中节点的部署密度大于工作节点的密度。用 D_i 表示第 i 层圆环中节点的部署密度，S_i 表示圆环 C_i 的面积，N_i 表示第 i 层圆环中部署的节点数，则 $N_i = D_i \cdot S_i$。

定义 3-3 节点的工作概率：在一轮数据采集中，节点开启的概率，不工作的节点处于睡眠状态，第 i 层圆环中节点的工作概率为 $P_i = D_w / D_i$。不同圆环中节点的工作概率不同，第 1 层和最外层圆环中节点的工作概率为 1，其他圆环中，节点的工作概率小于 1。虽然节点的部署密度不同，但节点按概率工作，保证了整个网络具有一致的数据采集精度。

3.3.3 节点部署方案的理论分析

定理 3-1 在节点均匀部署的情况下，分簇网络中不同圆环内的节点能量不可能均衡消耗。

证明　在无线传感器网络中，当所有节点的能量同时消耗完时，能量的利用率最高，网络的工作时间最长，此时网络的生存时间为

$$\frac{N_1 e}{E_1} = \frac{N_2 e}{E_2} = \cdots = \frac{N_i e}{E_i} = \cdots = \frac{N_k e}{E_k} \tag{3-7}$$

其中，e 为节点的初始能量，N_i 为第 i 层圆环中部署的节点数，E_i 为采集一帧数据时第 i 层圆环中各节点的能耗之和。要证明定理 3-1，等价于证明式（3-7）不可能成立，仅需证明第 k 层和第 k–1 层的能量不可能均衡消耗即可。采用反证法，假设：

$$\frac{N_{k-1} e}{E_{k-1}} = \frac{N_k e}{E_k}$$

则

$$\frac{N_{k-1} e}{p(E\_ch_{k-1} + E\_mem_{k-1})} = \frac{N_k e}{q(E\_ch_k + E\_mem_k)} \tag{3-8}$$

其中，E_ch 表示簇首的能耗，E_mem 表示簇内成员节点的能耗之和，p 和 q 分别为第 k–1 层和第 k 层的簇个数。因为网络中的节点均匀分布，因此，第 k 层和第 k–1 层中各簇的节点数应相等，设 m 为簇内节点数，则

$$\frac{N_{k-1}}{p} = \frac{N_k}{q} = m \tag{3-9}$$

设 E_{DA} 表示融合 1 位数据的能耗，d_{ch} 为簇成员至簇首的距离，d_{hh} 为相邻簇首间的距离，则

$$E\_mem_{k-1} = E\_mem_k = lE_{elec} + l\varepsilon_{fs} d_{ch}^2 \tag{3-10}$$

当 $d_{hh} > d_0$ 时

$$E\_ch_{k-1} = lE_{elec}(m-1) + lE_{DA} m + lE_{elec} + l\varepsilon_{mp}(d_{hh})^4 + (q/p)[2lE_{elec} + l\varepsilon_{mp}(d_{hh})^4] \tag{3-11}$$

$$E\_ch_k = lE_{elec}(m-1) + lE_{DA} m + lE_{elec} + l\varepsilon_{mp}(d_{hh})^4 \tag{3-12}$$

将式（3-9）～式（3-12）代入式（3-8）并化简，得

$$(q/p)[2lE_{elec} + l\varepsilon_{mp}(d_{hh})^4] = 0 \tag{3-13}$$

当 $d_{hh} \leq d_0$ 时

$$E\_ch_{k-1} = lE_{elec}(m-1) + lE_{DA} m + lE_{elec} + l\varepsilon_{fs}(d_{hh})^2 + (q/p)[2lE_{elec} + l\varepsilon_{fs}(d_{hh})^2] \tag{3-14}$$

$$E\_ch_k = lE_{elec}(m-1) + lE_{DA} m + lE_{elec} + l\varepsilon_{fs}(d_{hh})^2 \tag{3-15}$$

将式（3-9）、式（3-10）、式（3-14）和式（3-15）代入式（3-8）并化简，得

$$(q/p)[2lE_{elec} + l\varepsilon_{fs}(d_{hh})^2] = 0 \tag{3-16}$$

显然式（3-13）和式（3-16）都不可能成立，证毕。

定理 3-2　设圆环 C_i 的区域面积为 S_i，簇内通信半径为 r_c，则圆环 C_i 中簇首的数量为 $H_i = \left\lceil \dfrac{4 \cdot S_i}{3\sqrt{3} \cdot r_c^2} \right\rceil$。

证明　由于无线传感器网络中生成的簇应覆盖整个网络区域，且簇间相互重叠，当簇间重叠最大时，网络中簇首数量最多；而当簇间重叠最小时，网络中簇首数量最少[92]。图 3-3 所示的网络具有最多的簇首数。簇首 A 所覆盖的区域为正六边形，其边长为 $r_c / \sqrt{3}$，面积为 $\sqrt{3} \cdot r_c^2 / 2$。因此，圆环中最大的簇首数为

$$H_{\max} = \left\lceil \frac{2 \cdot S_i}{\sqrt{3} \cdot r_c^2} \right\rceil$$

图 3-4 所示的网络具有最少的簇首数。簇首 A 所覆盖的区域为正六边形，其边长为 $\sqrt{3} \cdot r_c$，面积为 $3\sqrt{3} \cdot r_c^2 / 2$。因此，圆环中最少的簇首数为

$$H_{\min} = \left\lceil \frac{2 \cdot S_i}{3\sqrt{3} \cdot r_c^2} \right\rceil$$

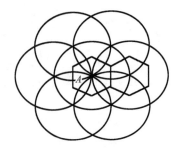
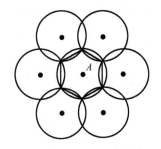

图 3-3　簇首数量最多的情况　　　　　　图 3-4　簇首数量最少的情况

所以，圆环 C_i 中簇首数量的期望值为

$$H_i = \frac{H_{\max} + H_{\min}}{2} = \left\lceil \frac{4 \cdot S_i}{3\sqrt{3} \cdot r_c^2} \right\rceil \tag{3-17}$$

证毕。

定理 3-3　设圆环 C_i 的区域面积为 S_i，簇内通信半径为 r_c，簇的覆盖区域近似为一个半径是 r 的圆，则簇内成员节点至簇首的距离平方的期望值为 $d_{ch}^2 = \dfrac{3\sqrt{3} \cdot r_c^2}{8\pi}$。

证明　因为

$$\begin{aligned} d_{ch}^2 &= \iint (x^2 + y^2)\rho(x, y)\mathrm{d}x\mathrm{d}y \\ &= \iint r^2 \rho(r, \theta) r \mathrm{d}r \mathrm{d}\theta \end{aligned} \tag{3-18}$$

其中，ρ 为概率密度。圆环中每个簇的半径 r 可按如下公式计算：

$$\begin{cases} \pi \cdot r^2 = \dfrac{S_i}{H_i} = \dfrac{3\sqrt{3} \cdot r_c^2}{4} \\ r = \dfrac{\sqrt{3} \cdot \sqrt[4]{3} \cdot r_c}{2\sqrt{\pi}} \end{cases} \tag{3-19}$$

将式（3-19）代入式（3-18），得

$$d_{ch}^2 = \rho \int_{\theta=0}^{2\pi} \int_{r=0}^{\frac{\sqrt{3} \cdot \sqrt[4]{3} \cdot r_c}{2\sqrt{\pi}}} r^3 \mathrm{d}r \mathrm{d}\theta \tag{3-20}$$

因为在一个簇内工作节点近似均匀分布，所以

$$\rho = \frac{4}{3\sqrt{3} \cdot r_c^2} \tag{3-21}$$

将式（3-21）代入式（3-20），得

$$d_{ch}^2 = \frac{3\sqrt{3} \cdot r_c^2}{8\pi} \tag{3-22}$$

证毕。

定理 3-4　设圆环 C_i 的区域面积为 S_i，簇内通信半径为 r_c，则相邻簇首间的距离的期望值为 $d_{hh} = \dfrac{\sqrt{3\sqrt{3}} \cdot r_c}{\sqrt{\pi}}$。

证明　因为

$$\pi \left(\frac{d_{hh}}{2} \right)^2 = \frac{S_i}{H_i}$$

因此

$$d_{hh} = 2\sqrt{\frac{S_i}{H_i \cdot \pi}} = \frac{\sqrt{3\sqrt{3}} \cdot r_c}{\sqrt{\pi}} \tag{3-23}$$

证毕。

定理 3-5　设圆环 C_i 的区域面积为 S_i，工作节点的密度为 D_w，簇内成员节点至簇首的距离为 d_{ch}，相邻簇首间的距离为 d_{hh}，R_i 为第 i 层圆环的最大半径，距离阈值为 d_0，则

圆环 C_1 中应部署的节点数为：$N_1 = D_w \cdot S_1$。

圆环 C_k 中应部署的节点数为：$N_k = D_w \cdot S_k$。

当 $d_{ch} \leq d_0$ 且 $d_{hh} \leq d_0$ 时，圆环 $C_i (i \in [2, \cdots, k-1])$ 中应部署的节点数为

$$N_i = D_w \cdot S_i + \frac{2E_{\text{elec}}\left(\sum\limits_{j=i+1}^{k} H_j\right) \cdot N_k + \varepsilon_{fs}d_{hh}^2\left(\sum\limits_{j=i+1}^{k} H_j\right) \cdot N_k}{2E_{\text{elec}}N_k + E_{DA}N_k + \varepsilon_{fs}d_{hh}^2 H_k + \varepsilon_{fs}d_{ch}^2 N_k - E_{\text{elec}}H_k - \varepsilon_{fs}d_{ch}^2 H_k}$$

当 $d_{ch} \leqslant d_0$ 且 $d_{hh} > d_0$ 时，圆环 $C_i(i \in [2,\cdots,k-1])$ 中应部署的节点数为

$$N_i = D_w \cdot S_i + \frac{2E_{\text{elec}}\left(\sum\limits_{j=i+1}^{k} H_j\right) \cdot N_k + \varepsilon_{mp}d_{hh}^4\left(\sum\limits_{j=i+1}^{k} H_j\right) \cdot N_k}{2E_{\text{elec}}N_k + E_{DA}N_k + \varepsilon_{mp}d_{hh}^4 H_k + \varepsilon_{fs}d_{ch}^2 N_k - E_{\text{elec}}H_k - \varepsilon_{fs}d_{ch}^2 H_k}$$

其中，$S_1 = \pi \cdot R_1^2$，$S_i = \pi \cdot (R_i^2 - R_{i-1}^2)$，$2 \leqslant i \leqslant k$。

证明　因为第 1 层和第 k 层圆环中节点的部署密度等于工作节点的密度，所以圆环 C_1 中应部署的节点数为：$N_1 = D_w \cdot S_1$；圆环 C_k 中应部署的节点数为：$N_k = D_w \cdot S_k$。

在圆环 $C_i(i \in [2,\cdots,k-1])$ 中，簇首的能量消耗在以下四个方面：接收簇成员的数据、融合簇成员的数据、发送簇内数据、转发外层圆环上簇首的数据。

（1）当 $d_{ch} \leqslant d_0$ 且 $d_{hh} \leqslant d_0$ 时，对最外层圆环 C_k 而言，采集一帧数据簇首消耗的能量为

$$E_{ch} = lE_{\text{elec}}\left(\frac{N_k}{H_k} - 1\right) + lE_{DA}\frac{N_k}{H_k} + lE_{\text{elec}} + l\varepsilon_{fs}d_{hh}^2$$

采集一帧数据簇成员的能耗为

$$E_{\text{mem}} = lE_{\text{elec}} + l\varepsilon_{fs}d_{ch}^2$$

采集一帧数据一个簇的总能耗为

$$E_{\text{cluster}} = E_{ch} + E_{\text{mem}}\left(\frac{N_k}{H_k} - 1\right)$$

采集一帧数据最外层圆环 C_k 的总能耗为

$$E_k = H_k E_{\text{cluster}}$$
$$= 2lE_{\text{elec}}N_k + lE_{DA}N_k + l\varepsilon_{fs}d_{hh}^2 H_k + l\varepsilon_{fs}d_{ch}^2 N_k - lE_{\text{elec}}H_k - l\varepsilon_{fs}d_{ch}^2 H_k$$

设节点的初始能量为 e，则最外层圆环中节点的生命期为

$$T_k = \frac{N_k \cdot e}{E_k}$$

对其他层圆环 $C_i(i \in [2,\cdots,k-1])$ 而言，在一轮中因转发外层圆环上簇首的数据所消耗的能量为

$$\Delta E_i = 2lE_{\text{elec}}\left(\sum\limits_{j=i+1}^{k} H_j\right) + l\varepsilon_{fs}d_{hh}^2\left(\sum\limits_{j=i+1}^{k} H_j\right)$$

为了与最外层圆环中的节点具有相同的生命期，第 $i \in [2, \cdots, k-1]$ 层圆环需要补充部署的节点数为

$$\Delta N_i = \frac{\Delta E_i \cdot T_k}{e} = \frac{\Delta E_i \cdot N_k}{E_k}$$

$$= \frac{2E_{\text{elec}}\left(\sum_{j=i+1}^{k} H_j\right) \cdot N_k + \varepsilon_{fs} d_{hh}^2 \left(\sum_{j=i+1}^{k} H_j\right) \cdot N_k}{2E_{\text{elec}} N_k + E_{DA} N_k + \varepsilon_{fs} d_{hh}^2 H_k + \varepsilon_{fs} d_{ch}^2 N_k - E_{\text{elec}} H_k - \varepsilon_{fs} d_{ch}^2 H_k}$$

因此，当 $d_{ch} \leq d_0$ 且 $d_{hh} \leq d_0$ 时，第 $i \in [2, \cdots, k-1]$ 层圆环应部署的节点数为

$$N_i = D_w \cdot S_i + \Delta N_i = \frac{S_i \cdot N_k}{S_k} + \Delta N_i$$

$$= D_w \cdot S_i + \frac{2E_{\text{elec}}\left(\sum_{j=i+1}^{k} H_j\right) \cdot N_k + \varepsilon_{fs} d_{hh}^2 \left(\sum_{j=i+1}^{k} H_j\right) \cdot N_k}{2E_{\text{elec}} N_k + E_{DA} N_k + \varepsilon_{fs} d_{hh}^2 H_k + \varepsilon_{fs} d_{ch}^2 N_k - E_{\text{elec}} H_k - \varepsilon_{fs} d_{ch}^2 H_k} \quad (3\text{-}24)$$

（2）当 $d_{ch} \leq d_0$ 且 $d_{hh} > d_0$ 时，对最外层圆环 C_k 而言，采集一帧数据簇首消耗的能量为

$$E_{ch} = lE_{\text{elec}}\left(\frac{N_k}{H_k} - 1\right) + lE_{DA} \frac{N_k}{H_k} + lE_{\text{elec}} + l\varepsilon_{mp} d_{hh}^4$$

采集一帧数据簇成员的能耗为

$$E_{\text{mem}} = lE_{\text{elec}} + l\varepsilon_{fs} d_{ch}^2$$

采集一帧数据一个簇的总能耗为

$$E_{\text{cluster}} = E_{ch} + E_{\text{mem}}\left(\frac{N_k}{H_k} - 1\right)$$

采集一帧数据最外层圆环 C_k 的总能耗为

$$E_k = H_k E_{\text{cluster}}$$
$$= 2lE_{\text{elec}} N_k + lE_{DA} N_k + l\varepsilon_{mp} d_{hh}^4 H_k + l\varepsilon_{fs} d_{ch}^2 N_k - lE_{\text{elec}} H_k - l\varepsilon_{fs} d_{ch}^2 H_k$$

最外层圆环中节点的生命期为

$$T_k = \frac{N_k \cdot e}{E_k}$$

对其他层圆环 $C_i (i \in [2, \cdots, k-1])$ 而言，在一轮中因转发外层圆环上簇首的数据所消耗的能量为

$$\Delta E_i = 2lE_{\text{elec}}\left(\sum_{j=i+1}^{k} H_j\right) + l\varepsilon_{mp}d_{hh}^4\left(\sum_{j=i+1}^{k} H_j\right)$$

为了与最外层圆环中的节点具有相同的生命期，第 $i \in [2, \cdots, k-1]$ 层圆环需要补充部署的节点数为

$$\Delta N_i = \frac{\Delta E_i \cdot T_k}{e} = \frac{\Delta E_i \cdot N_k}{E_k}$$

$$= \frac{2E_{\text{elec}}\left(\sum_{j=i+1}^{k} H_j\right) \cdot N_k + \varepsilon_{mp}d_{hh}^4\left(\sum_{j=i+1}^{k} H_j\right) \cdot N_k}{2E_{\text{elec}}N_k + E_{DA}N_k + \varepsilon_{mp}d_{hh}^4 H_k + \varepsilon_{fs}d_{ch}^2 N_k - E_{\text{elec}}H_k - \varepsilon_{fs}d_{ch}^2 H_k}$$

因此，当 $d_{ch} \leqslant d_0$ 且 $d_{hh} > d_0$ 时，第 $i \in [2, \cdots, k-1]$ 层圆环应部署的节点数为

$$N_i = D_w \cdot S_i + \Delta N_i = \frac{S_i \cdot N_k}{S_k} + \Delta N_i$$

$$= D_w \cdot S_i + \frac{2E_{\text{elec}}\left(\sum_{j=i+1}^{k} H_j\right) \cdot N_k + \varepsilon_{mp}d_{hh}^4\left(\sum_{j=i+1}^{k} H_j\right) \cdot N_k}{2E_{\text{elec}}N_k + E_{DA}N_k + \varepsilon_{mp}d_{hh}^4 H_k + \varepsilon_{fs}d_{ch}^2 N_k - E_{\text{elec}}H_k - \varepsilon_{fs}d_{ch}^2 H_k} \tag{3-25}$$

证毕。

3.4　UDNDC 路由协议描述

UDNDC 是一个分布式的路由协议，和 LEACH 协议[71]相同，UDNDC 将网络工作时间分为若干轮。每轮包括三个阶段：簇生成（T_{cluster}）、簇间转发树的形成（$T_{\text{cluster-tree}}$）和数据采集（T_{data}）。为了保证网络的有效工作时间，协议设置 $T_{\text{data}} \gg T_{\text{cluster}} + T_{\text{cluster-tree}}$，并且在网络工作规定的时间（$T_{\text{cluster}} + T_{\text{cluster-tree}} + T_{\text{data}}$）后自动触发，重新选择簇首，进入下一轮。

网络部署结束后，由汇聚节点发送广播消息 sink_ADV，通知所有的传感器节点开始工作，每个节点在接收到 sink_ADV 消息后，根据接收信号强度 RSSI 计算出自己与汇聚节点的近似距离 d_sink，并确定自己所在的圆环编号 i，计算方法如下：

$$i = \left\lceil \frac{d\_\text{sink}}{w} \right\rceil \tag{3-26}$$

其中，w 为圆环宽度，其值等于簇内通信半径。不同圆环中的节点以不同的概率工作，以保证整个网络具有相同的采集精度，根据圆环编号，节点可设置自己的工作概率，不工作的节点在一轮中始终保持睡眠状态。下面的簇生成算法只是针对工作节点而言的。

3.4.1　簇生成算法

UDNDC 协议根据节点的剩余能量来选举簇首，只有剩余能量较大的节点才可能当选为簇首。首先网络以一定的概率 T 随机选出部分节点充当候选簇首，具体方法是：节点产生一个随机数，如果随机数的值小于预设概率 T，则该节点当选为候选簇首。候选簇首可进一步竞争正式簇首，而未选上候选簇首的节点则进入睡眠状态，直到簇首竞选结束后再以普通成员的身份加入簇。以概率 T 选出部分候选簇首的好处是：降低了所有节点进行簇首竞争所带来的网络开销。

候选簇首选出后，每个候选簇首以簇半径 r_c 向相邻候选簇首发送 Hello（ID，En）报文，报文中包含有发送节点的 ID 号和节点的剩余能量。每个候选簇首收到相邻节点的 Hello 报文后，生成一张邻居信息表 NBT，如表 3-1 所示。

表 3-1　邻居信息表

节点 ID	剩余能量	节点状态
1	1.1	Candidate
2	0.9	Common
3	1.9	Head
...	...	...

如果节点自身的能量大于邻居信息表中所有其他候选簇首的能量，则该节点当选为正式簇首，并广播当选消息 Head_msg(ID)，消息中包含有节点的 ID 号。收到 Head_msg 消息的候选簇首，退出簇首竞选，并发布退选消息 Common_msg(ID)，演变成普通节点。收到 Common_msg 消息的候选簇首更新其邻居信息表中对应节点的状态。例如，在图 3-5 中，1 号和 7 号节点生成的邻居信息表分别如表 3-2 和表 3-3 所示。

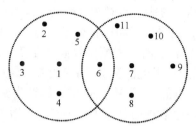

图 3-5　候选簇首分布示意图

表 3-2　1 号节点的邻居信息表

节点 ID	剩余能量	节点状态
2	1.1	Candidate
3	0.9	Candidate
4	1.4	Candidate
5	1.2	Candidate
6	1.8	Candidate

表 3-3　7 号节点的邻居信息表

节点 ID	剩余能量	节点状态
6	1.8	Candidate
8	1.0	Candidate
9	1.4	Candidate
10	1.2	Candidate
11	0.7	Candidate

假设 1 号节点的剩余能量为 1.9，7 号节点的剩余能量为 1.5。由于 1 号节点的剩余能量高于所有相邻候选簇首，因此，它当选为正式簇首，并发布 Head_msg(1) 消息。2，3，4，5，6 号节点收到该 Head_msg 消息后，放弃簇首竞争，6 号节点发布 Common_msg(6) 消息。7 号节点收到 Common_msg(6) 消息后，更新其邻居信息表，如表 3-4 所示。此时，7 号节点的剩余能量已经高于所有相邻候选簇首的能量，它当选为正式簇首，并发布 Head_msg(7) 消息。8，9，10，11 号节点收到该 Head_msg 消息后，放弃簇首竞争。需注意的是，由于 6 号节点的剩余能量高于 7 号节点，因此，在 6 号节点退出簇首竞争前，7 号节点必须等待。

表 3-4　7 号节点新的邻居信息表

节点 ID	剩余能量	节点状态
6	1.8	Common
8	1.0	Candidate
9	1.4	Candidate
10	1.2	Candidate
11	0.7	Candidate

当簇首选举阶段结束后，首先节点时钟唤醒处于睡眠状态的工作节点；然后各簇首用设定的功率在簇半径 r_c 范围内发布簇首公告消息 Head_ADV(ID) 以招募簇成员；普通节点在接收 Head_ADV 消息时，根据接收信号强度 RSSI 计算出自己与簇首的近似距离，并选出一个和自己距离最近的簇首，向该簇首发送加入簇的消息 Join_msg(ID, Head_ID)，消息中包含有节点的 ID 和簇首的 ID；簇首收到 Join_msg 消息后将该节点保存到簇成员列表中；在普通节点加入完成后，簇首广播 TDMA_msg 时隙分配消息，以便每个簇成员按规定的时隙采集数据。

UDNDC 协议中簇首分为两类：主动簇首和被动簇首。主动簇首是在簇首选举阶段通过竞争取得簇首资格的，而被动簇首则是由于普通节点未收到任何簇首公告消息而被当选为簇首。被动簇首只可能在以下情况出现：在簇首选举阶段，节点处于睡眠状态，当它醒来后未收到任何簇首公告消息，即周围不存在簇首，这时它由普通节点转变成被动簇首，被动簇首出现的概率极低。图 3-6 中，在簇首选举阶段，节点 5 处于睡眠状态，节点 1、2、3、4 通过竞争当选为主动簇首；簇首选举结束后，节点 5 被时钟唤醒，此时它周围不存在任何簇首，于是自己被动成为簇首。

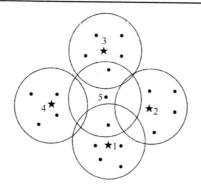

图 3-6　被动簇首产生示意图

UDNDC 簇生成算法的伪代码如图 3-7 所示。

```
p=rand(0, 1)
    If p<T then
  state^i =Candidate
Else
  Node is set to sleep state
  exit
End if
If state^i==Candidate then
      Broadcast Hello(ID, En)
End if
On receiving Hello from node j for node i
      If j not in NBT^i
      Add j to NBT^i
  End if
While (state^i==Candidate) do
  If  En^i > En^j,∀j ∈ NBT^i && state^j == Candidate
      state^i=Head
      Broadcast Head_msg(ID=i)
      exit
  End if
  On receiving Head_msg for node i
      state^i=Common
      Broadcast Common_msg(ID=i) to give up cluster head election
      exit
  On receiving Common_msg from node j for node i
      state^j = Common and update NBT^i
End while
On expiring for the time r1 of cluster head election
  Wake sleep nodes
  For each cluster head i
          Broadcast Head_ADV(ID=i)
```

```
        End for
     For each common node i
            On receiving Head_ADV from cluster head j
                Add j to Sⁱ // Sⁱ is the set of head
       If  d(i,j) = min(d(i,k)), j ∈ Sⁱ, ∀k ∈ Sⁱ
                Broadcast Join_msg(ID=i, Head_ID=j)
                stateⁱ=Member
          End if
          If not receiving any Head_ADV
          stateⁱ=Head
        End if
      End for
     For each cluster head i
            On receiving Join_msg from cluster member j
          Add j to member list of node i
      End for
    On expiring for the time r2 of cluster member joining
      For each cluster head i
          Broadcast TDMA_msg to every cluster member
      End for
```

图 3-7　UDNDC 簇生成算法的伪代码

3.4.2　簇间转发树的形成

　　从节点的能耗模型可知，随着传输距离的增大，节点的能量消耗成指数级增加，如果簇首采用一跳通信方式将数据传输到汇聚节点，将会产生很大的能耗。因此，UDNDC 在簇首间构建了一棵生成树，如图 3-8 所示，数据沿生成树以多跳通信方式传输到汇聚节点。

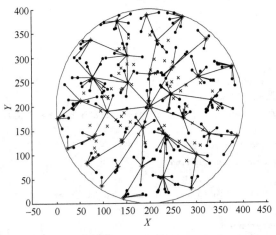

图 3-8　簇间树结构图

图中"*"表示簇首，"."表示普通节点，"×"表示非工作节点。为了构建生成树，每个簇首需要收集邻居簇首的信息，生成邻簇首信息表，如表 3-5 所示。表中各项数据的来源如下：簇生成结束后，每个簇首以二倍的簇半径（$2r_c$）广播树公告消息 Tree_ADV(ID, En, d_sink)，消息中包含有簇首的 ID、剩余能量和簇首到汇聚节点的距离；另外，节点在接收 Tree_ADV 消息时，根据接收信号强度计算出邻簇首到自己的近似距离。

表 3-5　邻簇首信息表

簇首 ID	剩余能量	到汇聚节点的距离	到自己的距离
1	1.9	90	30
7	1.5	120	25
...	...	...	...

按照邻簇首信息表，每个簇首选择一个合适的邻簇首作为下一跳。对于簇首节点 i 而言，假设邻簇首的集合为 S^i，则下一跳 P^i 的选择方法如下：

$$p^i = \begin{cases} \text{sink}, & d(i,\text{sink}) < 2r_c \\ j, & \text{其他} \end{cases}$$

$$j = \arg \min\{\text{cost}(k), \forall k \in S^i \text{ and } d(k,\text{sink}) < d(i,\text{sink})\}$$

$$\text{cost}(k) = w * \frac{d^2(i,k) + d^2(k,\text{sink})}{d'_{\max}} + (1-w) * \frac{E_{\max} - E(k)}{E_{\max}}$$

$$d'_{\max} = \max\{d^2(i,k) + d^2(k,\text{sink}), \forall k \in S^i\}, E_{\max} = \max\{E(k), \forall k \in S^i\}$$

其中，w 为权重因子，其值位于[0, 1]；cost 为代价；d 表示距离；E 表示剩余能量；r_c 为簇半径。以上公式表明：当汇聚节点位于簇间通信范围（$2r_c$）内时，簇首直接将数据传输到汇聚节点；否则，簇首选择一个离汇聚节点更近且代价最少的邻簇首作为下一跳。代价的计算基于两个因素：通信能耗和邻簇首的剩余能量。尽可能选择通信能耗少且剩余能量大的节点作为下一跳，以延长网络的生命期和平衡节点的能量消耗。

3.4.3　数据采集

分簇阶段和簇间转发树形成阶段结束后，开始进行数据采集。为了节省能量，成员节点在大部分时间内都处于睡眠状态，只有当自己的 TDMA 时隙到来时，才被节点时钟唤醒，进行环境监测和数据采集，并根据发送距离以最小的功率将数据传输到簇首。簇首收到所有簇成员的数据后，先进行融合处理，再发往父节点，父节点继续转发直至汇聚节点。每轮采集规定的帧数后转入下一轮，重新选举簇首。

3.4.4　协议分析

引理 3-1　协议的控制开销为 $O(N)$。

证明　设网络工作节点数为 N，候选簇首的阈值为 T，正式簇首与候选簇首的比

值为 P。因为网络中被动簇首只在极端情况下出现，其发生的概率极低，因此协议开销分析时将其忽略不计。UDNDC 协议每轮产生的控制消息包括以下几方面。

在算法开始时，有 $N \times T$ 个节点成为候选簇首参与竞争。在簇首选举阶段，每个候选簇首发送了一个 Hello 报文，消息总数为 $N \times T$；节点能量大于邻居的候选簇首当选为正式簇首，并广播当选消息 Head_msg，消息总数为 $N \times T \times P$；收到 Head_msg 消息的候选簇首发布退选消息 Common_msg，消息总数为 $N \times T \times (1-P)$；当簇首选举阶段结束后，每个簇首发布了一个簇首公告消息 Head_ADV，消息总数为 $N \times T \times P$；每个普通节点发送了一个加入簇的消息 Join_msg，消息总数为 $N - N \times T \times P$；在簇成员加入完成后，每个簇首发送了一个 TDMA_msg 消息，消息总数为 $N \times T \times P$。簇生成结束后，每个簇首广播了一个树公告消息 Tree_ADV，消息总数为 $N \times T \times P$。因此，网络中总的消息数为：$(2 \times T + 2 \times T \times P + 1) \times N$，协议的控制开销为 $O(N)$，证毕。

引理 3-2　网络中每个工作节点只属于一个簇，要么是簇首，要么是簇成员。

证明　如果一个节点具有较大的剩余能量，在簇首选举阶段，它会当选为主动簇首；其他节点如果在多个簇首的覆盖范围内，它会选择一个离自己最近的簇首，以簇成员的身份加入簇；如果一个普通节点未落在任何主动簇首的覆盖范围内，则它会被动当选为簇首。因此，任何一个工作节点都只属于一个簇，要么是簇首，要么是簇成员，证毕。

引理 3-3　在簇半径 r_c 范围内不可能有两个簇首，即簇首间的距离至少相隔 r_c。

证明　对于所有候选簇首，在簇首选举阶段，假设节点 i 当选为正式簇首，则节点 i 会广播当选消息 Head_msg，设 S 为候选簇首的集合，对于 $\forall j \in S$，如果 $d(I, j) < r_c$，则节点 j 必定会收到 Head_msg，根据图 3-7 所示的簇生成算法，节点 j 会放弃簇首竞争，由候选簇首转变成普通节点，因此，在主动簇首 i 的范围内不可能有两个簇首。另外，在簇首选举结束后，普通节点只有在未收到任何簇首公告消息时才被动成为簇首，这样在被动簇首 i 的范围内也不可能有其他簇首。因此，在簇半径 r_c 范围内不可能有两个簇首，确保了簇首均匀分布在整个网络区域，证毕。

3.5　仿　真　实　验

假设 300 个传感器节点采用非均匀密度方式随机部署在一个圆形区域，汇聚节点位于圆心，区域半径为 200m，整个网络区域被分为 4 层同心圆环，每层圆环的宽度为 50m，具体实验参数设置如表 3-6 所示。每个实验共进行 20 次，实验结果取平均值。

表 3-6　实验参数列表

参数	值
圆形区域的半径/m	200
节点总数 N	300
汇聚节点的位置	区域中心
节点的初始能量 e/J	1.5

续表

参数	值
d_0/m	87
E_{elec}/(nJ/bit)	50
ϵ_{fs}/(pJ/(bit/m^2))	10
ϵ_{mp}/(pJ/(bit/m^4))	0.0013
E_{DA}/(nJ/(bit/signal))	5
帧长/bits	4000
每轮采集的帧数	20
簇成员的通信半径 r_c/m	50
簇首的通信半径 r_h/m	100
圆环的宽度 w/m	50
工作节点的密度 D_w	0.0019

　　实验前首先根据定义 3-1，由工作节点的密度计算出各圆环的工作节点数；再根据定理 3-5，计算出各圆环应部署的节点数；最后根据定义 3-2 和定义 3-3，计算出各圆环中节点的部署密度和节点的工作概率，计算结果如表 3-7 所示。可以看出：网络中第 1 层圆环和第 4 层圆环的部署密度最小，第 2 层圆环的部署密度最大；第 2 层圆环和第 3 层圆环中的节点按概率工作，以保证整个网络中工作节点的密度相同。

表 3-7　各层的部署密度及节点的工作概率

圆环编号	工作节点数	部署节点数	圆环面积/m^2	部署密度	工作概率/%
C_1	15	15	7850	0.0019	100
C_2	45	83	23550	0.0035	54.23
C_3	75	97	39250	0.0025	77.19
C_4	105	105	54950	0.0019	100

　　为了验证 UDNDC 协议的性能，我们将其与 LEACH_C 协议和采用多跳方式的HEED 协议进行了对比实验，实验结果如图 3-9～图 3-16 所示。

　　图 3-9 显示了在 UDNDC 协议中，采用非均匀密度部署方式节点的随机分布图。图 3-10 显示了在 LEACH_C 和 HEED 协议中，采用均匀密度部署方式节点的随机分布图。

　　为了评价 UDNDC 协议的节能性和能量消耗的均衡性，我们在网络的能量消耗和节点的剩余能量标准差方面对各协议进行了对比实验，实验结果如图 3-11 和图 3-12 所示。图 3-11 表明 UDNDC 的能耗最少，LEACH_C 能耗最大。因为 LEACH_C 中簇首采用一跳通信方式将数据传输到汇聚节点，发送距离远，导致能量消耗较大。虽然 HEED 和 UDNDC 协议中簇间都采用多跳传输，但 UDNDC 协议引入了更多的睡眠机制，使得协议能量消耗最少。

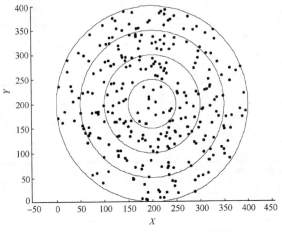

图 3-9　UDNDC 协议节点的分布图

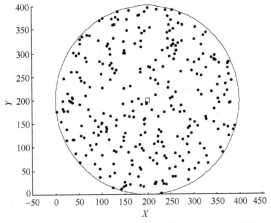

图 3-10　LEACH_C 和 HEED 协议节点的分布图

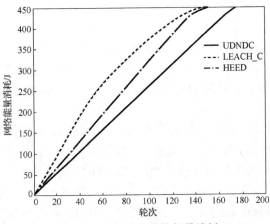

图 3-11　每轮中网络的能量消耗

图 3-12 说明 LEACH_C 中各节点的能量消耗差异最大，因为远离汇聚节点的簇首的传输能耗远大于靠近汇聚节点的簇首的能耗，造成了节点的剩余能量极不平衡。HEED 中，靠近汇聚节点的簇首需要转发来自外层簇首的数据，能耗较大，导致节点间的能量不平衡。UDNDC 协议由于采用了非均匀密度的节点部署方式，为数据转发提供了额外的能量，因此，能量消耗的平衡性最好。

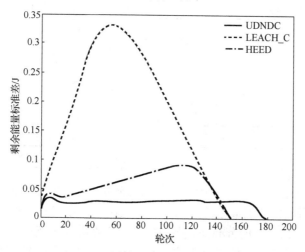

图 3-12　每轮中节点的剩余能量标准差

各轮存活节点的数量如图 3-13 所示。可以看出：UDNDC 协议中节点开始死亡的时间远晚于 LEACH_C 和 HEED，而且死亡时间更加集中。说明了 UDNDC 协议的能耗小，而且均衡。

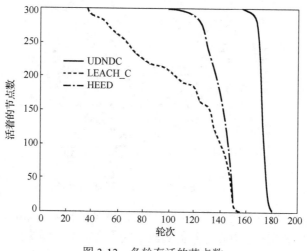

图 3-13　各轮存活的节点数

表 3-8 从节点的死亡时间上量化比较了各协议的性能，得到了 UDNDC 协议相对

于其他两种协议的性能改进率。如果以首个节点的死亡时间来衡量，则 UDNDC 的性能比 LEACH_C 提高了 329.73%，比多跳 HEED 提高了 59%。

表 3-8　协议的性能比较

死亡的节点数及百分比	死亡时间/轮			性能改进率/%	
	LEACH_C	HEED	UDNDC	LEACH_C	HEED
1	37	100	159	329.73	59.00
10%	55	126	169	207.27	34.13
20%	72	130	171	137.50	31.54
30%	99	135	172	73.74	27.41
40%	122	141	172	40.98	21.99
50%	131	144	173	32.06	20.14
100%	154	152	180	16.88	18.42

图 3-14 显示了在 LEACH_C 中死亡节点的分布图，图中空心圆表示死亡节点。从该图可以看出，离汇聚节点最远的节点因发送能耗最大导致最早死亡。图 3-15 显示了在 HEED 协议中死亡节点的分布图，图中离汇聚节点最近的节点因转发能耗最大导致最早死亡。图 3-16 为 UDNDC 中死亡节点的分布图，图中死亡节点较均匀地分布在整个网络区域，说明从全局角度看，网络节点的能耗比较均衡。

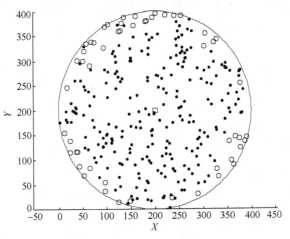

图 3-14　LEACH_C 死亡节点的分布图

为了进一步验证协议的可扩展性，将网络区域半径扩大为 300，传感器节点数设为 824，汇聚节点位于区域中心，其他实验参数不变，整个网络区域被分为 6 层同心圆环，节点部署方案如表 3-9 所示。

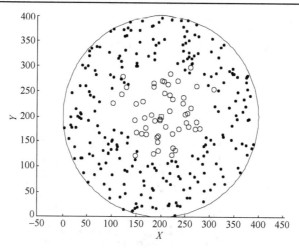

图 3-15　HEED 死亡节点的分布图

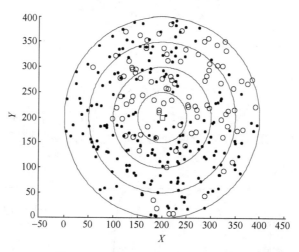

图 3-16　UDNDC 死亡节点的分布图

表 3-9　各层部署的节点数及节点的工作概率

圆环编号	部署节点数	工作节点数	部署密度	节点工作概率/%
C_1	15	15	0.0019	100
C_2	146	45	0.0062	30.76
C_3	160	75	0.0041	46.74
C_4	168	105	0.0031	62.38
C_5	170	135	0.0024	79.50
C_6	165	165	0.0019	100

　　图 3-17 显示了在 UDNDC 协议中,采用非均匀密度部署方式节点的随机分布图,图中第 1 层圆环和第 6 层圆环中节点的部署密度最小,第 2 层圆环中节点的部署密度最大。

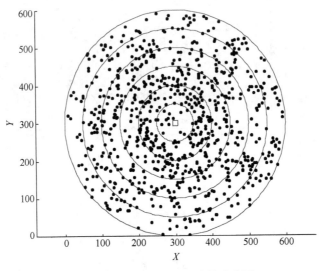

图 3-17　UDNDC 协议节点的分布图

　　图 3-18 和图 3-19 分别显示了每轮存活的节点数和网络的能量消耗。可以看出当网络规模扩大时,UDNDC 仍表现出良好的性能,网络的存活时间最长,能量消耗最少。

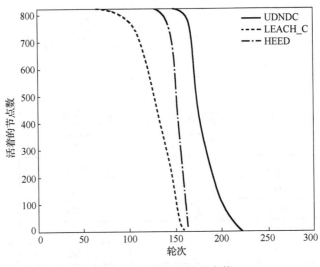

图 3-18　每轮存活的节点数

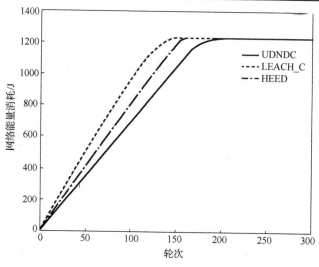

图 3-19 每轮中网络的能量消耗

3.6 本 章 小 结

采用分簇技术有利于降低节点的能耗和提高网络的可扩展性，但分簇路由协议存在"热区"问题。当簇间采用多跳通信方式传输数据时，靠近汇聚节点的簇首需要转发远离汇聚节点的簇首的数据，能量消耗较大，容易过早死亡，造成网络分割。本书提出了一种非均匀密度的节点部署方案及相应的分簇路由协议，在数据转发量较大的区域部署更多的节点，以提供足够的能量供簇间数据转发时使用，并从理论上分析了不同网络区域最优的节点分布密度。仿真实验表明：UDNDC 能很好地平衡节点的能耗，显著地延长网络的生命周期。

第4章 基于蚁群算法的无线传感器网络QoS路由协议

4.1 无线传感器网络QoS路由问题

传统计算机网络（如 Internet）是针对非实时的数据传输业务（如电子邮件、文件传输）而设计的，提供的是一种"尽力而为"型服务，路由协议的主要目的是提高整个网络的吞吐量并保证数据传输的可靠性，不能提供数据传输的实时性和有效性保障，不能满足实时业务（如语音、视频、图像等）的传输要求。随着多媒体技术的广泛应用，互联网上多媒体业务（如 IP 可视电话、视频会议、远程教育等）快速增长。多媒体应用对网络带宽、时延和抖动都有严格的限制，但能够容忍少量的信息丢失和差错现象，因此多媒体应用对网络提出了不同于普通数据传输的服务质量要求。

为了保证互联网上多媒体业务的实时传输，IETF 先后提出了两种 Internet 服务质量框架：集成服务（IntServ）和区分服务（DiffServ）[93,94]。IntServ 采用资源预留协议提供服务质量协商机制，对每个流进行管理，提供了两种类型的传输服务：质量保证型服务和可控负载型服务。通过资源预留、准许控制和传输控制，IntServ 能够提供端到端的服务质量保证，但它依赖于每个流的状态并对每个流进行管理，导致实现复杂，可扩展性差，难以应用。DiffServ 根据服务级别协定在网络边界对数据流进行分类聚合，在网络内部为聚集流提供特定质量的调度转发服务。DiffServ 简化了网络内部节点的服务机制，内部节点的服务对象是流聚集而非单流，单流信息只在网络边界保存和处理。IntServ 和 DiffServ 都是针对有线网络提出来的，不适合于无线网络。

近年来，随着传感器性能和监测精度的不断提高，无线传感器网络中时延敏感的应用越来越多，如目标跟踪、战地环境监测等。这些应用要求从无线传感器网络得到的信息是连续的、实时的，QoS 成为系统设计者必须考虑的因素之一[95-99]。无线传感器网络与 Ad Hoc 最为接近，都是无线多跳传输网，但两者仍有明显区别，无线传感器网络资源更加受限，对 QoS 路由协议的节能性要求更高。因此，Ad Hoc 的 QoS 路由协议不能被直接移植到无线传感器网络中，迫切需要建立适合于无线传感器网络的 QoS 路由协议。

QoS 路由已成为当前无线传感器网络中研究与开发的热点问题，研究该问题具有十分重要的理论意义和实用价值，具体表现如下：①可以合理地利用有限的网络资源，节省能量，尽可能地延长网络寿命；②对不同业务的服务质量参数进行有效折中，尽量达到各类业务的服务质量要求；③在满足实时业务服务质量要求的前提下，尽量提高非实时业务的吞吐量，避免网络拥塞；④建立适合无线传感器网络特点的服务质量框架。

4.2　蚁群算法及其在网络路由中的应用

4.2.1　蚁群算法的原理及特点

1. 蚁群算法的原理

蚁群算法是一种模拟蚂蚁觅食行为的仿生算法。蚂蚁在寻找食物的过程中能在其走过的路径上留下一定量的分泌物（简称信息素），路径上分泌物的多少与走过该路径的蚂蚁数成正比，而且蚂蚁在运动过程中能够感知路径上分泌物的浓度，并根据它来选择运动方向，分泌物越多的路径对蚂蚁的吸引力越大，形成正反馈。利用正反馈机制，蚁群有能力在没有任何可见提示下快速地找出从蚁穴到食物源的最短路径。蚂蚁觅食行为的实质是单个个体的相互协作所体现出来的群体智能，每只蚂蚁的行动都对环境产生影响，而环境的变化又会对其他蚂蚁的行为产生控制力，这样简单的蚂蚁能够完成一些复杂的任务。受自然界中蚁群集体智慧的启发，意大利学者 Dorigo 等于 1991 年首次提出了蚁群算法[100,101]，并用该算法解决了一系列组合优化问题（如旅行商问题、工件排序问题、车辆调度问题、指派问题、网络路由及负载平衡问题等），取得了较好的实验效果，它是一种很有发展前景的算法。

为了说明蚁群算法的工作原理，本书通过图 4-1 来详细了解蚂蚁寻找食物的过程。蚁穴在 A 点，食物源在 D 点，所有蚂蚁都从 A 点出发，行走速度相同。在图 4-1(a) 中，当蚂蚁第一次来到分叉路口时，由于两个路径分支上最初都没有信息素，因此蚂蚁以相同的概率随机选择一个分支（ABD 或 ACD）前行，同时释放出信息素。假设 ABD 和 ACD 的分支长度分别为 18 和 9，蚂蚁每个时间单位行走一步，那么经过 9 个时间单位后走下面分支的蚂蚁找到了食物源 D，而走上面分支的蚂蚁才走到一半路程。经过 18 个时间单位后，走下面路径的蚂蚁从食物源取到食物后返回了蚁穴 A，而走上面路径的蚂蚁刚好到达食物源 D。假设蚂蚁每次在路径上留下的信息素为一个单位，则经过 36 个时间单位后，所有蚂蚁都从不同路径取得食物并返回了蚁穴，此时下面的分支往返了 2 趟，路径上留下的信息素为 4 个单位，而上面的分支往返了一趟，每一处的信息素为 2 个单位，信息素的比值为 2:1。图 4-1(b) 中虚线的数量表示信息素的累积量，路径上的信息素强度会影响随后蚂蚁的选择，通过正反馈效应，最终所有的蚂蚁都会放弃上面较长的分支 ABD，而选择下面较短的分支 ACD。

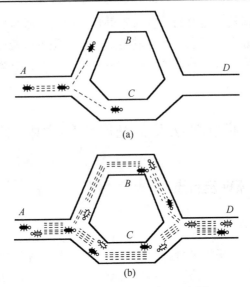

图 4-1　蚁群算法的原理示意图

2. 蚁群算法的特点

（1）本质上的并行性。

所有蚂蚁根据当前所在节点的启发信息和信息素量并行独立地选择路径，不需要控制中心来协调每只蚂蚁的搜索行为。少数蚂蚁停止工作或找到劣质解，不会导致整个蚁群系统的功能失效，算法具有较强的健壮性。

（2）正反馈。

蚂蚁通过信息素来影响其他蚂蚁的搜索行为，从而达到彼此交流、相互协作的效果。在较优的路径上蚂蚁会留下更多的信息素，而较强的信息素浓度又会吸引更多的蚂蚁，这样造成较优路径上的信息素越积越多，而较差路径上的信息素由于挥发作用逐渐减少。正反馈的最终结果是将所有蚂蚁都吸收到同一条最优路径上，有利于算法的收敛，但正反馈效应不能太强，否则会陷入局部最优解。

（3）寻优能力强。

蚁群算法的寻优能力基于以下三个因素：①蚁群算法利用的是群体智能而不是单个蚂蚁的行为，这一特征极大地增强了算法搜索全局最优解的能力；②蚂蚁利用概率而不是确定性规则来搜索路径，能够发现新的更好的解；③蚁群算法中，路径上的信息素会不停地挥发，使得蚂蚁能够不局限于已有的知识，有利于跳出局部最优解。

（4）容易和其他的启发式算法相结合。

蚁群算法通过信息素的逐渐积累而最终收敛于最优路径，但由于缺少初始信息素，导致算法收敛速度慢。与之相反的是遗传算法求解效率低，但具有较快的全局搜索能力，可用来生成初始信息素。两种算法结合可以形成优势互补，取得在时间效率上优于蚁群算法、在解的质量上优于遗传算法的良好效果。另外，蚁群算法也可以和模拟退火算法相结合，利用模拟退火算法来生成候选解。

（5）搜索时间长。

对于 TSP，蚁群算法的时间复杂度为 $O(N×M×C×K)$，其中，N 为迭代次数，M 为蚂蚁数量，C 为城市数量，K 为候选节点的个数。随着问题规模的增大，算法的运行时间将急剧增加。采用其他启发式方法减少候选节点的个数是提高算法搜索效率的有效途径。

（6）易停滞。

停滞现象是指当算法搜索到一定的程度后，在某一条局部最优路径上的信息素远高于其他路径，所有蚂蚁都被吸收到这条路径上，从而不能对解空间做进一步搜索的现象，信息素的不合理分布容易导致停滞现象的发生，可以通过设置信息素的最大值和最小值，将信息素限制在一个适当的范围内，以解决此问题。

（7）缺乏足够的理论基础。

蚁群算法虽然在实践中得到了广泛的应用，但缺少足够的数学基础，算法中参数的取值往往基于实践经验，没有经过充分的理论证明。

4.2.2　基本蚁群算法的实现过程

第一个蚁群算法称为蚂蚁系统（ant system，AS）或基本蚁群算法。由于蚂蚁搜索食物的过程与旅行商问题（TSP）具有很大的相似性，所以蚂蚁系统首先用于求解TSP。在给定若干个节点及其坐标的前提下，TSP 的目的是：寻找一条经过每个节点一次且仅一次的最短回路。设节点 v_i 的数量为 n，节点间的距离为 d，则 TSP 问题可以表述为

$$T = \min\left(\left\{\sum_{i=1}^{n-1} d(v_i, v_{i+1}) + d(v_n, v_1)\right\}\right) \tag{4-1}$$

为了模拟真实蚂蚁的搜索行为，首先引入以下符号。

m 为蚂蚁数；d_{ij} 为节点间的距离；$\eta_{ij} = 1/d_{ij}$ 为启发信息；$\tau_{ij}(t)$ 为边上的信息素；$P_{ij}^k(t)$ 为蚂蚁 k 从节点 i 转移到节点 j 的概率，计算方法如下：

$$P_{ij}^k(t) = \begin{cases} \dfrac{\tau_{ij}^{\alpha}(t) \cdot \eta_{ij}^{\beta}(t)}{\sum\limits_{s \in \text{allowed}^k} \tau_{is}^{\alpha}(t) \cdot \eta_{is}^{\beta}(t)}, & s \in \text{allowed}^k \\ 0, & \text{其他} \end{cases} \tag{4-2}$$

其中，$\text{allowed}^k = [1, 2, \cdots, n] - \text{tabu}_k$ 为蚂蚁的可选节点集合，tabu_k 为禁忌表，α 和 β 为常量。当蚂蚁走完所有节点后，每条经过的边上的信息素都要按式（4-3）进行修改：

$$\begin{cases} \tau_{ij}(t+n) = \rho \cdot \tau_{ij}(t) + \Delta \tau_{ij} \\ \Delta \tau_{ij} = \sum_{k=1}^{m} \Delta \tau_{ij}^{k} \end{cases} \tag{4-3}$$

其中，$0 < \rho < 1$ 为常量，$\Delta \tau_{ij}$ 为信息素增量；$\Delta \tau_{ij}^{k}$ 表示蚂蚁 k 产生的信息素增量，在不同的蚂蚁系统中其计算公式不同。

在蚁密系统中

$$\Delta \tau_{ij}^{k} = \begin{cases} Q, & ij \in l_k \\ 0, & 其他 \end{cases} \tag{4-4}$$

在蚁量系统中

$$\Delta \tau_{ij}^{k} = \begin{cases} \dfrac{Q}{d_{ij}}, & ij \in l_k \\ 0, & 其他 \end{cases} \tag{4-5}$$

在蚁周系统中

$$\Delta \tau_{ij}^{k} = \begin{cases} \dfrac{Q}{L_k}, & ij \in l_k \\ 0, & 其他 \end{cases} \tag{4-6}$$

其中，Q 为常量，d_{ij} 为边长，l_k 表示蚂蚁 k 所走的路径，L_k 表示路径的长度。在蚁密系统和蚁量系统中，蚂蚁在搜索路径的同时释放信息素，而在蚁周系统中，蚂蚁在形成完整的路径后才释放信息素，利用的是节点的全局信息，因此，性能好于前两者。

采用蚁周系统时，基本蚁群算法的实现步骤如图 4-2 所示。

---

(1)初始化。

N_c=0(设置循环计数器)

τ_{ij}=c(设置每条边上的初始信息素量)

$\Delta \tau_{ij}$=0(设置每条边上的信息素增量)

随机放置所有蚂蚁到各节点上，并设置各蚂蚁的禁忌表 tabu$_k$ 为空

s=1（s 为禁忌表索引）

for k=1 to m do

　　将每只蚂蚁的开始节点放入 tabu$_k$(s)中

end for

(2)蚂蚁寻径过程。

for k = 1 to m do

　for j = 1 to n-1 do　(n 为节点数)

　　s=s+1

根据式(4-2)，计算概率值 $P_{ij}^{k}(t)$，采用轮盘赌方法选择下一个节点 j

```
        蚂蚁移动到节点 j，并将节点 j 放到禁忌表中
      end for
  end for
(3)更新信息素。
for  k = 1 to  m do
    根据禁忌表中的记录计算每只蚂蚁所走路径的长度 L_k
    for  s=1 to  n-1 (对路径 l_k 中的每一条边)
按式（4-6）计算边(tabu_k(s)，tabu_k(s+1))上的信息素增量
按式（4-3）更新边(tabu_k(s)，tabu_k(s+1))上的信息素量
    end for
  end for
计算本轮的最短路径
(4)迭代过程。
if  N_c<N_cmax
    记录到目前为止的最短路径
    清空所有禁忌表
s=1（s 为禁忌表索引）
for  k=1 to  m do    （一次循环后蚂蚁又重新回到初始节点）
    将每只蚂蚁的开始节点放入 tabu_k(s)中
end for
  N_c=N_c+1
返回步骤(2)
else
输出最短路径，终止算法
end if
```

图 4-2　基本蚁群算法的实现步骤

4.2.3　基本蚁群算法的改进

蚁群算法的优点很多，如简单、找到最优解的能力强、健壮性好、并行搜索等，但也存在一些缺点，如搜索速度慢、容易陷入局部最优解。针对算法的不足，许多学者对基本蚁群算法进行了改进。例如，Dorigo 和 Gambardella 提出了一种改进的蚁群系统（ACS），它采用了新的行为选择规则和信息素更新规则[102]。Guo 等提出了一种将蚁群算法与遗传算法相结合的方法，采用交叉和变异来提高收敛速度[103]。徐晓华和陈崚提出了一种蚁群聚类算法，蚂蚁按照概率函数和聚类规则来寻找路径，并动态自适应地进行聚类[104]。朱庆保和杨志军提出了一种蚁群优化算法，用到了三种策略：①通过将节点的下一跳限制在与之最近的几个节点中，加快了搜索速度；②更新信息素时，路径的开始部分和结束部分具有不同的信息素增量，以反映各段路径的质量；③对最优路径进行变异以提高局部寻优能力[105]。文献[106]采用了多种蚂蚁类型并行搜索以提高全局最优解的质量。孙力娟等用遗传算法优化了蚁群算法的几个关键参数

（α, β, ρ 和 q_0），提高了全局搜索能力[107]。Stützle 和 Hoos 提出了最大最小蚂蚁系统 MMAS，将边上的信息素量限制在一个合理的水平，以避免早熟现象[108]。文献[109] 提出了基于排序的蚂蚁系统 AS_{rank}，每次都按路径长度进行排序，并且只对排在前几位的蚂蚁所走过的路径进行信息素更新。这些算法有效地改进了基本蚁群算法的性能，尤其以 ACS、MMAS 和 AS_{rank} 三种算法的效果最为明显，下面对这三种算法进行简要介绍。

1. 蚁群系统（ACS）

蚁群系统对基本蚁群算法的改进包括以下三个方面[110]。

（1）采用了更为合理的状态转移规则，计算方法如下：

$$s = \begin{cases} \arg \max_{j \in \text{allowed}^k} \left\{ \tau(i,j)^\alpha \cdot \eta(i,j)^\beta \right\}, & q \leqslant q_0 \\ \text{按式(4-2)进行概率式搜索}, & \text{其他} \end{cases} \qquad (4\text{-}7)$$

其中，q 是一个均匀分布的随机数（$0 \leqslant q \leqslant 1$），$q_0$ 为一个常量（$0 \leqslant q_0 \leqslant 1$）。

在蚂蚁算法中，蚂蚁完全按概率进行路径选择，有利于发现新路径，但收敛速度慢。在蚁群系统中，使用的是部分随机性规则，既能充分利用已有的先验知识（即启发信息和信息素量），又能根据式（4-2）进行有倾向性的搜索。通过调整 q_0 的值，可以调节搜索过程是偏重于已有的先验知识，还是偏重于新路径的发现。

（2）进行了局部信息素更新。蚂蚁在发生从节点 i 到节点 j 的转移后立即更新边 (i,j) 上的信息素，计算方法如下：

$$\tau_{ij}(t) = (1 - \varphi) \cdot \tau_{ij}(t) + \varphi \tau_0 \qquad (4\text{-}8)$$

在蚂蚁算法中，只有在搜索出一条完整的路径后才进行一次全局信息素更新，而在蚁群系统中，蚂蚁一边构造路径一边进行信息素的局部更新，并在路径完全形成后再进行一次全局的信息素调整。

（3）只有全局最优的蚂蚁才能够调整边上的信息素，全局信息素更新规则如下：

$$\begin{cases} \tau_{ij}(t+n) = (1 - \rho) \cdot \tau_{ij}(t) + \rho \Delta \tau_{ij} \\ \Delta \tau_{ij} = \begin{cases} (L_{gb})^{-1}, & ij \in \text{全局最优路径} \\ 0, & \text{其他} \end{cases} \end{cases} \qquad (4\text{-}9)$$

蚂蚁算法中对所有蚂蚁走过的路径都进行了更新，只是在短的路径上信息素释放量更多，使得蚂蚁的搜索行为不能很快集中到最优路径上。在蚁群系统中，每次只增加全局最优蚂蚁走过的路径上的信息素量，增大了最优路径和其他路径之间的差异，从而提高了搜索效率。全局最优蚂蚁可以是当前循环中的最优蚂蚁或是到目前为止找出的最优蚂蚁。蚁群系统的流程图如图 4-3 所示。

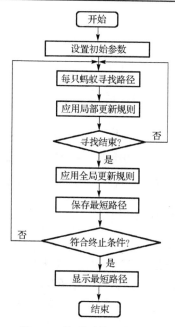

图 4-3　蚁群系统的流程图

2. 最大-最小蚂蚁系统（MMAS）

MMAS 在 AS 的基础上主要做了以下三个方面的改进[110]。

（1）在每次循环后，只有一只蚂蚁进行信息素加强，这只蚂蚁可以是当前循环中的最优蚂蚁，也可以是到目前为止路径长度最短的那只蚂蚁。

（2）由于每轮只有最优路径上的信息素得到更新，可能导致搜索过程过快收敛。因此，MMAS 将边上的信息素量限制在 $[\tau_{\min}, \tau_{\max}]$ 内，从而避免了某条路径上的信息素量远大于其他路径，陷入局部最优解。

（3）MMAS 将边上信息素的初值设为 $\tau_{\max}$，以便各条边之间信息素的相对差异增加得比较缓慢，能够在路径查找的起始阶段得到较多的新解。

3. 基于排序的蚂蚁系统（AS$_{\text{rank}}$）

AS$_{\text{rank}}$[109,110]在每轮循环结束后，将所有蚂蚁走过的路径按从小到大的顺序排列，只有排名靠前的几只蚂蚁才能释放信息素，并且信息素增量与蚂蚁的排名位次有关，排名越靠前，增量越大。另外，全局最优路径还能得到额外的信息素增量。AS$_{\text{rank}}$ 的信息素更新规则如下：

$$\begin{cases} \tau_{ij}(t+n) = \rho \cdot \tau_{ij}(t) + \Delta\tau_{ij} + \Delta\tau_{ij}^{*} \\ \Delta\tau_{ij} = \sum_{k=1}^{\delta} \Delta\tau_{ij}^{k} \end{cases} \tag{4-10}$$

$$\Delta \tau_{ij}^{k} = \begin{cases} (\delta - k)\dfrac{Q}{L_k}, & ij \in l_k \\ 0, & \text{其他} \end{cases} \tag{4-11}$$

$$\Delta \tau_{ij}^{*} = \begin{cases} \delta \cdot \dfrac{Q}{L^{*}}, & ij \in l^{*} \\ 0, & \text{其他} \end{cases} \tag{4-12}$$

其中，k 为蚂蚁的排名位次，δ 为选出的蚂蚁数，$\Delta \tau_{ij}^{*}$ 表示全局最优蚂蚁所走路径上的信息素增量，L^{*} 为全局最优路径的长度，l^{*} 为全局最优路径。

4.2.4　蚁群算法在网络路由中的应用

蚁群算法非常适合于解决计算机网络路由问题，国内外学者已经提出了一些基于蚁群算法的路由和负载平衡方法，下面介绍几种典型的基于蚁群算法的路由协议。

Caro 和 Dorigo 提出了 AntNet 协议[111]，在网络动态变化和负载较重时，网络性能明显好于 RIP、OSPF 等传统的路由选择协议，但 AntNet 采用的参数多，难以在实际中应用。

Lu 等提出了一种自适应的动态路由选择协议 ADR[112]，节点中采用信息素表代替路由表，并用转移概率表示信息素量，这与蚂蚁根据信息素浓度选择路径在实质上是相同的。蚂蚁在一条路径上前进时沿途释放信息素，并对信息素表中的相应条目进行更新。

文献[113]采用蚁群算法设计了一个服务感知路由协议 ASAR。协议定义了三类蚂蚁，支持三种具有不同 QoS 要求的服务，每一类蚂蚁用于搜索与之服务相对应的路径，每条路径都能满足网络带宽、时延、丢包率和能耗等 QoS 要求。该协议能够适应网络拓扑结构的动态变化，具有较快的收敛速度。

文献[114]中提出了一种适用于 Ad Hoc 的蚁群路由算法，该算法能平衡网络的能量消耗，并能适应网络的动态变化，但该算法采用集中式路由机制，开销较大，路径建立时间较长。

文献[115]描述了一种适用于无线传感器网络的多路径路由协议。该协议利用蚁群算法寻找从传感器节点到汇聚节点的最优路径，并采用多路径数据通信方式，能够保证在网络部分节点发生故障时仍能获得可靠的数据传输。

文献[116]提出了一种适合于无线传感器网络的基于链式结构的路由协议 AntChain。它采用蚁群算法，由汇聚节点收集传感器节点的位置和状态信息，构建多条近优链，并广播给各传感器节点。该协议在链的构建过程中仅考虑了节点的能耗，没有考虑服务质量问题，且属于集中式算法，路径的计算由汇聚节点完成。

文献[117]提出了一种适合于无线多媒体传感器网络的路由协议（E&D ANTS），它属于分布式算法，考虑了节点的剩余能量、传输能耗和时延因素。该协议构造了两种类型的人工蚂蚁，即前向蚂蚁 F_{ant} 和反馈蚂蚁 B_{ant}。其中，F_{ant} 表示从源节点到目的节点的人工蚂蚁，用于向目的节点前进的过程中收集路由信息，B_{ant} 表示从目的节点返回源节点的人工蚂蚁，在返回途中根据 F_{ant} 收集的信息进行信息素表的更新。

文献[118]提出了一种基于蚁群优化（ant colony optimization）算法的无线传感器网络 QoS 路由协议 ACO-QoSR，该协议以节点的"剩余能量比"作为启发信息寻找路径，剩余能量比定义为：节点的剩余能量与节点的初始能量之间的比值。只有当所求路径的时延满足时延限制时，才对该路径进行信息素更新。该协议希望找到一条既满足时延限制又具有最大剩余能量的优化路径。

文献[119]提出了一种具有服务质量和能量意识的改进型蚁群路由协议（IACR），其信息素更新规则如下：

$$\Delta\tau_{ij}^k = \begin{cases} \dfrac{(e_m \cdot E_{\min}^k + e_a \cdot E_{avg}^k)}{(d_f \cdot D_f^k + d_b \cdot D_b^k)} \cdot \dfrac{a \cdot f_b}{(b \cdot f_d + c \cdot f_{pl})}, & ij \in l_k \\ 0, & \text{其他} \end{cases} \quad (4\text{-}13)$$

其中，k 为蚂蚁编号，$E_{\min}^k$ 表示路径中节点的最小能量，E_{avg}^k 表示路径中节点的平均能量，D_f^k 表示路径总跳数，D_b^k 表示后向蚂蚁从目的节点至当前节点的跳数，f_b、f_d 和 f_{pl} 分别为路径的带宽、时延和丢包率评价函数，公式中的其他参数为权重因子。仿真结果表明：IACR 协议优于 DD 协议。

4.3　基于蚁群算法的无线传感器网络 QoS 路由协议

4.3.1　QoS 路由网络模型

无线传感器网络可以用一个加权图 $G=(V, E)$ 来表示，其中 V 为节点集，E 为边集。选择带宽、时延、丢包率和剩余能量作为 QoS 参数，对于 $\forall n \in V$ 和 $\forall e \in E$，可定义以下函数：带宽函数 bandwidth(e)、时延函数 delay(e)、丢包率函数 packet_loss(n)、剩余能量函数 energy(n)和费用函数 cost(e)。

设 $p(s, d)$ 是一条从发送方 s 到接收方 d 的路径，则该路径的带宽、时延、丢包率、剩余能量和费用的计算公式如下：

$$\text{bandwidth}(p(s,d)) = \min\{\text{bandwidth}(e) \mid e \in p(s,d)\} \quad (4\text{-}14)$$

$$\text{delay}(p(s,d)) = \sum_{e \in p(s,d)} \text{delay}(e) \quad (4\text{-}15)$$

$$\text{packet\_loss}(p(s,d)) = 1 - \prod_{n \in p(s,d)} (1 - \text{packet\_loss}(n)) \quad (4\text{-}16)$$

$$\text{energy}(p(s,d)) = \min\{\text{energy}(n) \mid n \in p(s,d)\} \quad (4\text{-}17)$$

$$cost(p(s,d)) = \sum_{e \in p(s,d)} cost(e) \qquad\qquad （4\text{-}18）$$

设 B 是带宽约束，D 是时延约束，PL 是丢包率约束，E 是能量约束，则 QoS 路径应满足以下条件[120]。

（1）带宽约束：bandwidth$(p(s, d))\geqslant B$。

（2）时延约束：delay$(p(s, d))\leqslant D$。

（3）丢包率约束：packet_loss$(p(s, d))\leqslant$PL。

（4）能量约束：energy$(p(s, d))\geqslant E$。

（5）费用最小：cost$(p(s, d))\rightarrow$min。

4.3.2　相关术语和定义

定义 4-1　邻节点：设网络 $G=(V, E)$ 中，V 表示节点集，E 表示边集，节点的通信半径为 r，对于 $\forall n_1 \in V$，$\forall n_2 \in V$，若两节点之间的距离 dist$(n_1, n_2)<r$，则 n_1 和 n_2 互为邻节点。

定义 4-2　邻接关系检测报文 Hello：其数据结构如表 4-1 所示。

表 4-1　Hello 报文的数据结构

字段名称	含义
Type	报文类型
ID	发送 Hello 报文的节点号
dist_sink	节点到汇聚节点的距离
pl	节点的丢包率
en	节点的剩余能量
T	Hello 报文的发送时刻

说明如下。

（1）每个节点都以固定功率周期性地发送 Hello 报文，以交换状态信息。

（2）报文类型主要有以下几种：Hello 报文、Request 前向蚂蚁报文、Reply 后向蚂蚁报文、Data 数据报文和 Error 差错通知报文。

定义 4-3　邻节点表：存储了邻节点的状态信息，其数据结构如表 4-2 所示。

表 4-2　邻节点表的数据结构

字段名称	含义
ID	邻节点号
dist	本节点到邻节点之间的近似距离
dist_sink	邻节点到汇聚节点的距离
d	到邻节点的时延
pl	邻节点的丢包率
en	邻节点的剩余能量
w	本节点到邻节点的可用带宽值
T	到期时间，用于定时处理

说明如下。

（1）当节点之间周期性交换 Hello 报文时，根据接收信号强度来测定本节点到邻节点之间的近似距离。

（2）如果到时间 T 时还没有收到邻节点的 Hello 报文，则表明邻节点已经失效，此时应删除相应的记录项。到期时间的计算公式为：$T=time+3\times t$。其中，time 为节点收到 Hello 报文的时间，t 为节点间交换 Hello 报文的时间间隔。

定义 4-4　前向蚂蚁报文 Request：用于查找路由，其数据结构如表 4-3 所示。

表 4-3　前向蚂蚁报文的数据结构

字段名称	含义
Type	报文类型
service	服务类型
Ant_ID	前向蚂蚁的编号
source	源地址
dest	目的地址
speed	蚂蚁在时延限制 D 下需要推进的额定速度
p_d	路径的时延
p_pl	路径的丢包率
p_en	路径的能耗
p_w	路径中所有链路的最小带宽
D	时延限制值
W	带宽限制值
PL	丢包率限制值

说明：系统同时提供了三类不同服务质量要求的服务，即音视频流服务：该服务要求高带宽、低时延、节能，但对可靠性要求不高。异常报警服务：通常为紧急情况下的事件触发，要求低时延、高可靠性，但该服务调用次数少，通常对节能性要求不高。普通信息服务：该服务传输的是普通的环境监测数据，对带宽、时延、可靠性要求都不高，但该服务调用频繁，要求节能。

定义 4-5　逆向路由表：用于保存前向蚂蚁走过的路径，以便后向蚂蚁依据该表中的信息返回源节点，其数据结构如表 4-4 所示。

表 4-4　逆向路由表的数据结构

字段名称	含义
service	服务类型
Ant_ID	前向蚂蚁的编号
source	源地址
f_ID	前一节点号
lifetime	到期时间

说明如下。

（1）根据前一节点号，可形成反向路径。

（2）建立逆向路由表时，同时启动了一个计时器，如果计时器到期，该表项被自动删除。并非所有的蚂蚁都能成功找到从源节点到目的节点的路径，设置到期时间，使得系统能够自动清除无效的路由信息。

定义 4-6 后向蚂蚁报文 Reply：用于向源节点反馈找到的路径，并更新路径中各条边上的信息素量。后向蚂蚁根据逆向路由表返回源节点，其数据结构如表 4-5 所示。

表 4-5 后向蚂蚁报文的数据结构

字段名称	含义
Type	报文类型
service	服务类型
Ant_ID	后向蚂蚁的编号，其值与前向蚂蚁相同
source	源地址
dest	目的地址
ph	信息素增量
p_d	路径的时延
p_pl	路径的丢包率
p_en	路径的能耗
p_w	路径中所有链路的最小带宽

说明如下。

（1）后向蚂蚁每经过一条链路都要更新该链路上的信息素量。

（2）后向蚂蚁根据报文头中的<service，Ant_ID，dest>查找逆向路由表中的<service，Ant_ID，source>部分，找到与之对应的记录，并取出 f_ID 值，即得到后向蚂蚁的下一跳节点。

定义 4-7 信息素表：用于保存路径上的信息素量，为以后的路径搜索提供启发信息。节点收到后向蚂蚁后，即对信息素表中的对应记录进行更新，其数据结构如表 4-6 所示。

表 4-6 信息素表的数据结构

字段名称	含义
ID	邻节点的编号
service	服务类型
ph	信息素量
T	计时器

说明：每经过固定的时间间隔 T，链路上的信息素量就要按一定的比例挥发。

定义 4-8 路由表：由后向蚂蚁在返回源节点的过程中建立，用于存储从源节点到目的节点的路径，其数据结构如表 4-7 所示。

表 4-7　路由表的数据结构

字段名称	含义
service	服务类型
dest	目的地址
next	下一跳
p_d	路径的时延
p_pl	路径的丢包率
p_en	路径的能耗
p_w	路径中所有链路的最小带宽
lifetime	到期时间

说明：建立路由表项时，同时启动了一个计时器，如果计时器到期，则该表项被自动删除。

4.3.3　蚁群算法规则

本书提出的路由协议简称 ACQR，协议中前向蚂蚁负责寻找从源节点到目的节点满足 QoS 要求的路径，后向蚂蚁负责更新路径上的信息素，并建立路由表。根据服务类型号，前向蚂蚁分为三类，每一类共有 m 只蚂蚁。

1. 状态转移规则

前向蚂蚁按式（4-19）所示的状态转移规则选择下一跳节点。设 P_{ij}^k 为蚂蚁 k 从节点 i 转移到邻节点 j 的概率，其计算公式如下：

$$P_{ij}^k = \begin{cases} \dfrac{\tau_{ij}^\alpha \cdot \eta_{ij}^\beta}{\sum\limits_{u \in \text{allowed}^k} \tau_{iu}^\alpha \cdot \eta_{iu}^\beta}, & u \in \text{allowed}^k \\ 0, & \text{其他} \end{cases} \qquad (4\text{-}19)$$

其中，η_{ij} 表示从节点 i 转移到节点 j 的启发信息；τ_{ij} 表示信息素量，其初值为常数 τ_0；α 和 β 为常数，分别表示信息素和启发信息的重要性；allowed^k 为蚂蚁下一步可选节点的集合，如果候选节点集为空，则该蚂蚁死亡。

服务类型号共有三类，对不同类型的服务，式（4-19）中候选节点集的生成规则和启发信息的计算方法各不相同。

（1）如果 service=1，表明是音视频流服务，该服务要求高带宽、低时延、节能，但对可靠性要求不高。假设前向蚂蚁 k 当前所在的节点为 i，对于 $\forall u \in \text{allowed}^k$，邻节点 u 必须离汇聚节点更近，并且满足 QoS 要求，因此，候选节点集的生成规则如下：

$$\text{allowed}^k = \{u \mid \text{ant}^k.p\_d + \text{delay}(i,u) \leqslant D$$
$$\wedge \quad \text{bandwidth}(i,u) \geqslant B$$
$$\wedge \quad \text{dist}(i,\text{sink}) > \text{dist}(u,\text{sink})$$
$$\wedge \quad u.en \geqslant E\}$$

（4-20）

其中，$\text{ant}^k.p\_d$ 表示从源节点到当前节点的时延，D 和 B 分别表示时延限制和带宽限制，包含在前向蚂蚁的报文头中；E 表示节点的最低能量要求，为了尽可能平衡节点的能耗，延长网络寿命，当节点的剩余能量低于门限值时，就不再转发其他节点的数据。启发信息的计算方法如下：

$$\eta_{iu} = \frac{1}{E_c \cdot \text{delay}(i,u)^v}$$

（4-21）

$$E_c = \frac{\text{dist}(i,u)^2}{\text{dist}(i,\text{sink}) - \text{dist}(u,\text{sink})}$$

（4-22）

$$v = \begin{cases} 2, & \dfrac{\text{dist}(i,\text{sink})}{D - \text{ant}^k.p\_d} \geqslant \text{ant}^k.\text{speed} \\ 1, & \text{其他} \end{cases}$$

（4-23）

$$\text{speed} = \frac{\text{dist}(s,\text{sink})}{D}$$

（4-24）

启发信息同时考虑了到下一跳的能耗 E_c 和时延两个参数。其中，E_c 表示向目标推进单位距离所消耗的能量，分子表示从节点 i 到邻节点 u 的发送能耗，分母表示从节点 i 转移到节点 u 时向目标推进的距离。采用单位能耗而不是发送能耗来设置启发信息更能节省能量，具体说明如图 4-4 所示。图 4-4 中，节点 i 到邻节点 A 和 B 的距离一样，发送能耗相同，但很明显节点 B 离目标的距离更近，其单位能耗更小，因此，选择 B 作为下一跳更合理。

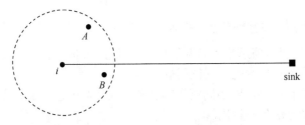

图 4-4　单位能耗示意图

式（4-21）中，分母部分还表明应尽量选择时延较小的节点作为下一跳，并且尽可能考虑蚂蚁从源节点 s 到当前节点 i 之间的行进速度，因此，我们设置了参数 v。在式（4-23）中，speed 表示了蚂蚁在时延限制 D 下推进的额定速度，而 $\text{dist}(i,\text{sink})/(D - \text{ant}^k.p\_d)$ 表示了蚂蚁从当前节点 i 到汇聚节点之间所需要推进的速度,如果该值大于额定速度,则表明蚂蚁从源节点 s 到当前节点 i 之间的行进速度较慢,此时应更偏重时延因子,因此,设置 $v=2$。

(2)如果 service=2,表明是异常报警服务,要求低时延、高可靠性,因此,候选节点集的生成规则如下:

$$\text{allowed}^k = \{u \mid \text{ant}^k.p\_d + \text{delay}(i,u) \leqslant D \\ \wedge \quad \text{dist}(i,\text{sink}) > \text{dist}(u,\text{sink})\} \tag{4-25}$$

产生候选节点集时没有考虑丢包率限制,主要原因是无线传感器网络中节点的丢包率很高,单路径往往无法满足异常报警服务所需的可靠性要求。在 ACQR 中可靠性是通过多路径同时传递来实现的,不要求所查找的每条路径都满足可靠性要求。

启发信息的计算方法如下:

$$\eta_{iu} = \frac{\text{dist}(i,\text{sink}) - \text{dist}(u,\text{sink})}{\text{delay}(i,u) \cdot \text{packet\_loss}(u)} \tag{4-26}$$

其中,表明蚂蚁尽可能选择向目标推进的距离远,并且时延和丢包率小的节点作为下一跳。

(3)如果 service=3,表明是普通信息服务,该服务对带宽、时延和可靠性的要求都不高,但要求节能。因此,候选节点集的生成规则如下:

$$\text{allowed}^k = \{u \mid \text{dist}(i,\text{sink}) > \text{dist}(u,\text{sink}) \\ \wedge \quad u.en \geqslant E\} \tag{4-27}$$

启发信息的计算方法如下:

$$\eta_{iu} = \frac{1}{E_c} = \frac{\text{dist}(i,\text{sink}) - \text{dist}(u,\text{sink})}{\text{dist}(i,u)^2} \tag{4-28}$$

2. 信息素更新规则

信息素更新采用基于排序的蚂蚁策略,对音视频流服务和普通信息服务而言,排序的依据是路径能耗,对异常报警服务而言,排序的依据是路径时延,序号小的蚂蚁将获得更多的信息素增量。另外,计算信息素增量时也综合考虑了路径的带宽、丢包率等服务质量参数。当前向蚂蚁到达目的节点后,根据前向蚂蚁报文头中所携带的信息,计算出信息素增量,并发送后向蚂蚁。后向蚂蚁沿前向蚂蚁走过的路径返回源节点,并按式(4-29)更新路径中各条边上的信息素量。

$$\tau_{ij} = \tau_{ij} + \Delta\tau_{ij}^k \tag{4-29}$$

其中,$\Delta\tau_{ij}^k$ 表示排序序号为 k 的蚂蚁留在边 ij 上的信息素量,不同类型的蚂蚁信息素增量的计算公式不同,具体计算方法如下。

（1）如果 service=1，则信息素增量的计算方法如下：

$$\begin{cases} \Delta \tau_{ij}^{k} = (a \cdot f_d + b \cdot f_w) / k \\ f_d = \begin{cases} 1, & \mathrm{ant}^k.p\_d \leqslant \dfrac{\displaystyle\sum_{i=1}^{m} \mathrm{ant}^i.p\_d}{m} \\ \lambda, & \text{其他} \end{cases} \\ f_w = \begin{cases} 1, & \mathrm{ant}^k.p\_w \geqslant \dfrac{\displaystyle\sum_{i=1}^{m} \mathrm{ant}^i.p\_w}{m} \\ \lambda, & \text{其他} \end{cases} \\ a+b=1 \end{cases} \quad (4\text{-}30)$$

其中，a、b 为权重因子；f_d 为时延函数；f_w 为带宽函数；k 为排序序号，反映了路径能耗；λ 为小于 1 的常量；m 为蚂蚁数。式（4-30）表明路径能耗和时延越小，带宽越大，则信息素增量越大。

（2）如果 service=2，则信息素增量的计算方法如下：

$$\begin{cases} \Delta \tau_{ij}^{k} = f_{pl} / k \\ f_{pl} = \begin{cases} 1, & \mathrm{ant}^k.p\_pl \leqslant \mathrm{PL} \\ \lambda, & \text{其他} \end{cases} \end{cases} \quad (4\text{-}31)$$

其中，f_{pl} 为丢包率函数；k 为排序序号，反映了路径时延。式（4-31）表明丢包率和时延越小，则信息素增量越大。异常报警服务对响应速度要求很高，当前向蚂蚁到达目的节点后，应立即发送后向蚂蚁，而不必等待其他前向蚂蚁的到来。

（3）如果 service=3，则信息素增量的计算方法如下：

$$\Delta \tau_{ij}^{k} = 1 / k \quad (4\text{-}32)$$

对普通信息服务而言，信息素增量由路径能耗来确定。

与 MMAS 算法相同，为了防止所有的蚂蚁都走同一条路径，我们将边上的信息素量限制在一个规定的范围内，即 $\tau_{ij} \in [\tau_{\min}, \tau_{\max}]$。

4.3.4　ACQR 路由协议描述

1.　网络性质

协议假定网络具有如下性质。

（1）网络监控区域为正方形，传感器节点随机部署。

（2）所有节点同构，并且不具有位置信息。

（3）汇聚节点唯一，且位于区域边界。

（4）节点功率有限，数据需经过多跳转发才能到达汇聚节点。

（5）节点可以根据发送距离的远近，灵活地改变发射功率以达到节能的目的。

2. 路由处理过程

每个节点的路由处理过程如图 4-5 所示。

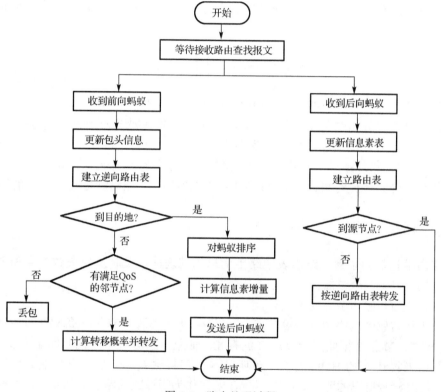

图 4-5　路由处理过程

节点部署完毕后，由汇聚节点发送广播信号 sink_ADV，启动所有传感器节点的运行，每个节点根据接收到的信号强度计算出它与汇聚节点的近似距离。节点间相互发送 Hello 消息，并生成邻居信息表。ACQR 是一个按需驱动的路由协议，当节点有数据要发送时，它先检查路由表，如果有合适的路径，则直接发送；否则，启动路由探测过程，并缓存采集的数据，找到路径后，缓存的数据会立即发出。

协议构造了两类人工蚂蚁，即前向蚂蚁 F_{ant} 和后向蚂蚁 B_{ant}，其中 F_{ant} 用于寻找从源节点到目的节点的路径，它按式（4-19）所示的状态转移规则选择下一跳节点，逐跳转发，直至到达汇聚节点，并在向目的节点前进的过程中收集路径的时延、丢包率、带宽、能耗等相关信息。前向蚂蚁到达目的地后，汇聚节点根据 F_{ant} 所收集的信息，按式（4-29）所示的信息素更新规则计算出信息素增量，发出后向蚂蚁。B_{ant} 沿前向蚂蚁走过的路径从目的节点返回源节点，并沿途更新信息素表和建立路由表。由于前向蚂蚁在搜索过程中可能因为找不到合适的转发节点而死亡，因此，源节点如果在规定的时间未收到任何后向蚂蚁则重新发起下一轮路由查找过程。如果在规定的轮次内找不到合适的路径则路由请求被拒绝。

对于异常报警服务，如果某路径能同时满足时延和可靠性要求，则优先选择该路径；否则，应选择多条能满足时延要求且丢包率较低的路径发送数据，多路径的数目 j 按式（4-33）确定：

$$TRP = 1 - PL \leqslant 1 - \prod_{i=1}^{j} path^i.p\_pl \qquad （4\text{-}33）$$

其中，TRP 表示传输的可靠性，$path^i.p\_pl$ 表示选出的第 i 条路径的丢包率。例如，假设异常报警服务的时延要求为 30ms，传输的可靠性要求为 90%，即丢包率限制 PL≤0.1，源节点 s 的路由表中到汇聚节点时延小于 30ms 的路径有 2 条，第一条的丢包率为 0.3，第二条的丢包率为 0.2。虽然这两条单路径都无法满足可靠性要求，但两条路径同时传递时可靠性为 TRP=1−0.3×0.2=94%，能够满足数据传输的可靠性要求。

3. 路由维护

路由维护是为了保证路由表中路由信息的准确性，及时发现失效节点和失效链路，主要分以下几个方面。

（1）失效传感器节点的发现。

在无线传感器网络中，假设节点 A 和节点 B 是邻居，节点 A 每隔 t 秒发送一次 Hello 报文，节点 B 据此判断节点 A 的存在。如果节点 B 在规定的时间 T（通常设置 $T=3t$）内未收到 A 的 Hello 报文，说明节点 A 已经失效，于是 B 从邻居表中删除节点 A，同时检查自己的路由表中是否包含以 A 作为下一跳的路由，如果有，则删除该路由。

（2）路径 QoS 参数的变化。

网络中节点间的链路虽然没有断开，但随着时间的变化，链路的 QoS 参数可能会发生改变，从而影响路径的有效性。为了适应网络的变化，并尽可能减少路由维护所产生的开销，我们在路由表中设置了到期时间，如果计时器到期，则对应的表项会自动删除。

（3）差错通知报文。

当数据包在传输过程中找不到合适的路径时，当前节点会自动向源节点发送差错通知报文 Error。源节点收到该报文后，会重新发起路由查找过程。

4.4　协议分析与评价

4.4.1　协议分析

引理 4-1　蚁群算法找到的路径一定满足 QoS 要求。

证明　根据图 4-5 所示的路由处理过程，前向蚂蚁在行进过程中，保存了从源节点至当前节点的路径 QoS 参数信息，前向蚂蚁在寻找下一跳节点时，首先检查是否有邻节点能满足 QoS 要求，如果没有，则直接丢包，不再转发前向蚂蚁；如果有，则按概率转发，这样确保了到达汇聚节点的前向蚂蚁所找到的路径一定满足 QoS 要求。后向蚂蚁是沿前向蚂蚁所走路径返回源节点并建立路由表的。因此，蚁群算法找到的路径一定满足 QoS 要求。证毕。

引理 4-2　蚁群算法找到的路径一定是无环的。

证明　采用反证法。设所查找的路径为 path={···, n_1, n_2, ···, n_{k-1}, n_k, ···}，其中，n_1 与 n_k 间存在环路，即 $n_1 = n_k$。根据式（4-19）所示的状态转移规则和式（4-20）、式（4-25）、式（4-27）所示的候选节点集生成规则，前向蚂蚁的候选节点集 allowed^k 中的节点都是离汇聚节点更近的节点，即 $\text{dist}(n_i, \text{sink}) > \text{dist}(n_{i+1}, \text{sink})(i=1,2,\cdots,k-1)$，所以 $\text{dist}(n_1, \text{sink}) > \text{dist}(n_k, \text{sink})$，与 $n_1 = n_k$ 相矛盾。因此，路径中不可能存在环路。证毕。

引理 4-3　设网络中节点的邻节点数为 n，蚂蚁数为 m，路径长度（以跳数表示）为 L，则蚁群算法的复杂性为 $O(m \times n \times L)$。

证明　每只前向蚂蚁要从 n 个邻节点中选择一个节点作为下一跳，经过 L 跳后到达汇聚节点，这样前向蚂蚁寻找路径的复杂度为 $O(m \times n \times L)$。后向蚂蚁沿前向蚂蚁的路径返回，其更新信息素的复杂度为 $O(m \times L)$。因此，蚁群算法总的复杂度为 $O(m \times n \times L)$。证毕。

4.4.2　协议评价

根据路由查找过程，可以看出 ACQR 协议具有以下特点。

（1）控制开销小。ACQR 协议是一种按需驱动的路由协议，当检测到感兴趣的事件时，才建立路径；并且在路由查找的过程中，避免了常用的洪泛操作，有效地降低了控制开销。

（2）路径查找能耗低。在现有的蚁群算法文献中，为了记录路径和避免环路，蚂蚁在寻找路径的过程中都携带有禁忌表，表中保存了从源节点至当前节点所走过的所有节点的编号。由于无线传感器网络通常是高密度部署，当网络规模很大时，一条路径上的节点数可能很多，携带禁忌表会加大前向蚂蚁报文的传输能耗。在 ACQR 协议中，蚂蚁走过的路径以逆向路由表的方式保存在节点中，从而大大降低了前向蚂蚁报文的大小，节省了能量。

（3）同时提供了三种方式的路由服务功能：音视频流服务、异常报警服务和普通信息服务，具有较强的灵活性。每一类服务都根据其特点，设计了相应的状态转移规则和信息素更新规则，确保所生成的路径能够满足 QoS 要求。

（4）支持多路径。在无线传感器网络中，无线信道的抗干扰能力差，丢包率高。为了保证异常报警服务的 QoS 要求，协议采用了多路径同时传递方式以提高可靠性。另外，当主路径断开时，备用路径也能迅速启用，减少了传输时延。

（5）自适应性好。蚁群算法的自组织和动态寻优特性使得 ACQR 协议能够自动适应网络拓扑结构和网络流量的动态变化，鲁棒性强。

4.5　仿 真 实 验

为了验证协议的有效性，本书将 ACQR 与 DD 协议进行了比较，实验中节点的能量消耗模型与第 3 章相同。各项实验参数设置如下：100 个节点均匀分布在 200m×200m 的正方形区域，节点的通信半径为 40m，汇聚节点的坐标位置是（100，200），节点的初始能量为 2J，MAC 层协议为 IEEE 802.11，信息素初始值 τ_0=0.5，m=5，$\tau_{min} = 0.5$，$\tau_{max} = 5$，λ=0.5，α=1，β=1，随机选择 30 个节点，每个节点发送数据到汇聚节点，数据包产生的速率为 0.5～3.0packets/s 变化，数据包的大小为 32 Bytes，链路带宽值为 0.1～0.8Mbit/s 的随机数，仿真时间持续 600s，时延限制 D=26ms，丢包率限制 PL=10%，可用带宽限制 W=0.3Mbit/s，节点能量限制 E=0.3J，实验重复 20 次取平均值。为了度量 ACQR 路由协议的优劣，采用以下参数作为评测的依据。

（1）端到端时延：从传感器节点到汇聚节点的时延。

（2）包投递率：传送到目的地的包数目和源节点产生的包数目之比，反映了数据传输的可靠性。

（3）节点的能量剩余率：网络节点的剩余能量与初始能量之比，反映了路径的能量消耗。

各协议端到端的时延随速率的变化曲线如图 4-6 所示。图中 ACQR-1 表示音视频流服务，ACQR-2 表示异常报警服务，ACQR-3 表示普通信息服务。

从图 4-6 可以看出：①随着发送速率的加快，传感器节点到汇聚节点的时延逐渐加大。因为当发送速率增加时，数据包在节点的排队时延随之加大，节点间的干扰也更加严重。②ACQR-1 和 ACQR-2 的时延较小，且能满足时延限制要求。因为 ACQR-1 和 ACQR-2 在进行路由选择时将时延作为下一跳节点选择的依据之一，前向蚂蚁总是尽可能选择时延较小的节点作为下一跳。ACQR-1 在考虑时延的同时，还需兼顾带宽和能耗等其他因素，因此，其时延大于 ACQR-2。③当速率较大时 ACQR-3 和 DD 不能满足时延限制要求。因为 ACQR-3 在路由选择时没有考虑时延，仅考虑了能耗因素，因此时延最大；DD 虽然将时延作为路径增强的标准之一，但没有检测路径是否满足时延要求。

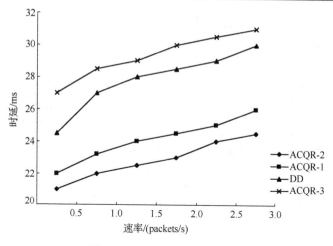

图 4-6　时延随速率的变化曲线

各协议的包投递率随速率的变化曲线如图 4-7 所示。随着发送速率的增加，包投递率逐渐降低。因为发送速率增加时节点缓冲区溢出的概率加大，丢包率增加。ACQR-2 的包投递率远高于其他几种协议，并且能够满足可靠性要求。因为 ACQR-2 在路由选择时考虑了路径的可靠性因素，尽量选择丢包率低的节点作为下一跳。当没有一条路径符合条件时，ACQR-2 采用多路径同时传递来保证可靠性，其他协议则固定采用单路径。

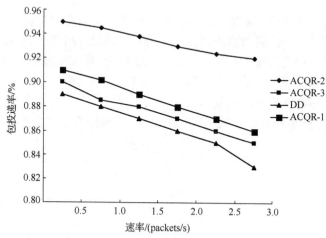

图 4-7　包投递率随速率的变化曲线

各协议中节点的平均剩余能量随速率的变化曲线如图 4-8 所示。可以看出：发送速率越快，节点的能耗越大，且 ACQR-2 的剩余能量远小于其他协议。因为 ACQR-2 采用了多路径来保证异常报警服务的可靠性要求，其能耗要远大于其他单路径协议。DD 采用洪泛方式建立路由，需要消耗较多的能量。ACQR-3 的剩余能量最多，能量平衡性最好。因为 ACQR-3 以能耗作为下一跳节点选择的唯一依据，而其他协议还需要考虑时延、带宽等因素。

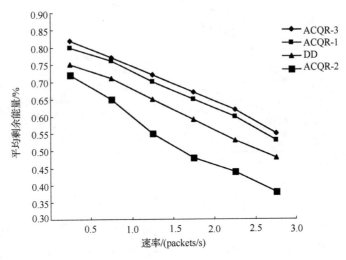

图 4-8　平均剩余能量随速率的变化曲线

4.6　本章小结

本章提出了一种基于蚁群算法的按需驱动的服务质量路由协议 ACQR。它采用前向蚂蚁寻找从源节点到汇聚节点的路径，采用后向蚂蚁对路径上的信息素进行更新。协议同时提供了三种路由服务功能，即音视频流服务、异常报警服务和普通信息服务，并为每一类服务设计了相应的状态转移规则和信息素更新规则。另外，根据无线传感器网络的特点，协议在多方面对基本蚁群算法进行了改进。仿真实验表明：ACQR 在时延、包投递率和能量消耗方面具有较好的性能，能确保所生成的路径满足 QoS 要求。

第 5 章 基于地理位置的无线传感器网络多播路由协议

5.1 多播路由协议概述

5.1.1 Internet 多播路由协议

Internet 中存在大量的应用要求网络中多台计算机能够同时接收相同数据。例如，视频会议、多人网络游戏、网上教育、分布式数据库等。这些业务具有持续时间长、数据量大等特点，如果采用单播或广播技术则会占用大量的带宽，影响网络的性能，多播正是针对该问题提出的一种高效的数据传输方式。多播路由协议的目标是：构建一棵覆盖源节点和所有目的节点的多播树，信息以并行方式沿多播树传输，并在树的分叉处被复制和转发，直至每个目的节点。多播技术减轻了节点的发送负担，降低了网络流量，提高了网络资源的使用效率。

Internet 中的多播可分为局域网上的多播和全局多播。局域网上的多播由 IGMP（internet group management protocol）[121]协议实现，它完成局域网上组成员的管理、多播组地址到物理地址的映射，并把路由器收到的多播信息发送给每个组成员。全局多播由 Internet 多播路由协议实现，主要完成多播转发树的生成和多播信息在 Internet 中的传输。

根据网络中多播组成员的分布，Internet 多播路由协议可以分为密集模式和稀疏模式两种。在密集模式中，多播组成员密集分布于整个网络，几乎所有子网都包含有多播组成员，而且网络带宽足够大，多播路由协议采用周期性广播方式来生成路由。密集模式路由协议包括：距离向量多播路由选择协议 DVMRP、开放最短路径优先多播路由协议 MOSPF 和密集模式独立多播路由协议 PIM-DM 等。在稀疏模式中，多播组成员在网络中的分布是少量分散的，并且网络带宽有限，需要有效地控制网络流量，不能采用广播方式来寻找路由。稀疏模式路由协议主要有基于核心树的多播路由协议 CBT 和稀疏模式独立多播路由协议 PIM-SM。下面对 Internet 中这几种多播路由协议进行简单介绍。

（1）距离向量多播路由选择协议 DVMRP[122]。它依赖于单播路由协议，采用"洪泛"和"剪枝"技术来生成多播树。刚开始，数据传输采用洪泛方式，当路由器收到一个多播数据包时，它先借助单播路由表检查数据包是否从发送节点经最短路径传送过来。检查的方法是反向查找，即查找单播路由表中从本路由器到发送节点的下一跳，如果到该下一跳路由器的接口就是多播数据包到达的接口，则路由器将该多播组信息保存到多播路由表中，并且向所有除了接收接口的其他方向转发多播数据包；否则，多播包被丢弃。当路由器发现它连接的网络上已没有该多播组的主机时，就把它和下游的树枝剪除，并向其上游路由器发送一个剪枝消息，退出转发树，进而形成一棵只覆盖成员节点的多播树。

（2）开放最短路径优先多播路由协议 MOSPF[123]。它是对 OSPF 单播路由协议的扩展，网络中每个路由器都维持一个最新的全局网络拓扑结构图，并使用 Dijkstra 算法计算最短路径，并合并相同边形成多播树。

（3）密集模式独立多播路由协议 PIM-DM[124]。PIM-DM 和 DVMRP 相似，采用反向路径广播机制 RPB 来构建生成树。两者的主要区别是 PIM-DM 不依赖任何单播路由协议，比较简单，路由器收到多播数据包后向所有除了接收接口的其他方向转发，然后采用"剪枝"技术将不需要的分枝从树中修剪掉。和 DVMRP 相比，PIM-DM 更具简单性和独立性，但它采用洪泛方式发送数据包，增加了数据包转发的开销。

（4）基于核心树的多播路由协议 CBT[125]。CBT 和 DVMRP、MOSPF 的不同之处在于：DVMRP 和 MOSPF 为每个<源节点，目的节点集>生成最短路径树，而 CBT 协议使用核心路由器构建一棵以它为根节点的转发树供组中所有成员共享。核心树的生成过程是：要加入的路由器发送加入请求给核心路由器，核心路由器收到请求后，沿反向路径返回确认，这样就构成了树的一个分枝。如果加入请求包在到达核心路由器之前先到达树上的某个路由器，则该路由器也能发回确认，形成树的分枝，而不需要继续转发。CBT 中，只需要建立一棵树供整个多播组使用，极大地减少了路由器中保存的多播状态信息量，但由于网络流量较多集中在核心路由器上，容易造成网络拥塞。另外，在核心树中数据不是经过从源节点至目的节点的最短路径转发的，加大了传输时延。

（5）稀疏模式独立多播路由协议 PIM-SM[124]。PIM-SM 使用和 CBT 相同的方法来建立多播树，并将多播范围限制在需要收发的路由器上。PIM-SM 不依赖于任何特定的单播路由协议，比 CBT 更灵活，适合于组成员的分布比较分散的应用。

5.1.2 Ad Hoc 多播路由协议

按数据转发结构的不同，可以将 Ad Hoc 多播路由协议分为基于树的多播协议、基于网格的多播协议、混合多播协议和无状态多播协议四种。在基于树的多播协议中，任意两个节点之间只有一条路径，多个接收方共享部分网络链路，节省了网络带宽，数据转发效率高，但易受网络拓扑结构动态变化的影响，需要经常对树进行重构，路由维护开销较大，网络健壮性差。基于树的多播路由协议有两种类型：一种是共享树，其典型的协议有：MAODV[126]、AMRIS[127]、LAM[128]等。共享树协议可扩展性好，路由信息的存储开销小，但是网络路径可能不是最短路径，需要一个核心节点来建立和维护多播树，核心节点周围的网络通信量较大，容易造成网络拥塞。另外一种是源树，其典型的协议有：ABAM[129]、ADMR[130]、LGT[131]等。每个源节点都以自己为根创建一棵转发树，该树连接多播组的所有目的节点。源树结构的优点是源节点到每个目的节点的路径都是最短路径，转发效率高，网络流量分散，缺点是每个<源节点，目的节点集>都对应一棵多播树，路由信息的存储开销较大、不易扩展。

在基于网格的多播路由中，网络拓扑结构为网状（Mesh），在任意两个节点之间存在多条路径，冗余路径的存在提高了数据传输的可靠性，对网络拓扑结构的动态变化有较强的适应能力，不会因为少量链路的故障而重构，网络健壮性好。缺点是：节点缓存有大量的路由信息，当节点移动时，需要更新大量的数据，分组转发效率低。基于网格的多播路由协议主要有：按需多播路由协议 ODMRP[132]、核心辅助的网格协议 CAMP[133]、向前转发多播路由协议 FGMP[134]、邻节点支持多播协议 NSMP[135]等。

混合多播路由协议结合了树状多播路由协议和网状多播路由协议的优点，实现了优势互补，表现出良好的性能。混合多播路由协议主要有 AMRoute[136]协议和 MCEDAR[137]协议。

基于树和基于网格的多播路由协议都需要进行树结构或网格结构的创建与维护，随着节点的移动，Ad Hoc 网络拓扑结构动态变化，导致路由维护开销较大。因此，研究人员提出了无状态多播路由协议 DDM[138]。该协议在组播包的首部封装了转发信息，路由器根据单播路由协议作出转发决定，实现组播。数据传输过程如下：当节点有数据要发送时，先广播一个 DDM 分组，分组首部包含了所有的目的地址信息，路由器收到分组后根据分组首部的地址来决定是否接收及如何转发该分组，每经过一个路由器都要重新计算组播包的首部。中间节点可以缓存已经找到的路由信息，在一段时间内，后续分组中将不再包含所有的目的地址信息，而是利用已有的多播路由表进行转发。DDM 中源主机具有所有多播组成员的信息，中间节点不需要预先建立和维护多播路由表，但该协议可扩展性差，仅适合于目的节点数较少的情况。

5.1.3　无线传感器网络多播路由协议

近年来，无线传感器网络技术得到了快速的发展，其应用已从早期简单、孤立的事件报告发展到目前能够提供高精度、多目标的数据通信，在很多应用场景中存在"一对多"数据传输的情况。例如，在监测原始森林温度的无线传感器网络中，用户想要知道多个区域温度的最大值，采用简单的洪泛方式或单播方式发送查询请求将会带来巨大的能量开销，缩短网络的生命周期，此时多播传输是一种行之有效的方式。文献[139]描述了一个在军事应用中使用无线传感器网络进行多播通信的情况，如图 5-1 所示。图中每个士兵都配备了无线接收装置，监控区域部署了大量的传感器节点，用以检测是否有敌人的坦克入侵，当感知到入侵事件后传感器节点需要及时告知每个士兵以便采取行动。如果采用单播技术，则数据传输路径如图 5-1 虚线所示，每个士兵对应一条单独的路径，而采用多播技术时多个接收方可以最大限度地共享传输链路，如图 5-1 实线所示，从而提高了数据传输效率，减少了网络流量。

无线传感器网络多播路由协议的核心是建立一棵费用最小的多播树，即 Steiner 树，它是一个 NP 完全问题。现有的 Internet 多播路由协议和 Ad Hoc 多播路由协议都是针对功能强大、能量相对充足的网络节点设计的，存在以下主要问题：①需要网络的全局信息，这在大型无线传感器网络中是不现实的；②计算的时间和空间复杂度大，难以在普通的传感器节点上实现；③依靠预先建立的路径，而路径的建立需要交换大量的控制消息，通信开销大。无线传感器网络所具有的链路带宽低、节点能量有限、处理能力差、拓扑变化频繁等特点，使得已有的多播路由协议都无法直接应用于无线传感器网络中。目前研究人员已经提出了一些针对无线传感器网络的多播路由协议，具体如下。

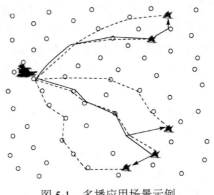

图 5-1　多播应用场景示例

SenCast[140]是一种集中式多播路由协议。首先汇聚节点采用受限洪泛方式收集网络中每个节点的 ID 和位置信息，形成网络拓扑结构图；再构建一棵"非叶子节点数最少"的多播树，数据传输时汇聚节点将路由信息封装在分组首部，中间节点则根据分组首部的路由信息进行转发。当网络结构发生较大变化时，汇聚节点会再次收集网络信息，并重构多播树。SenCast 的优点是多播树性能较好，但网络全局信息的收集和维护开销较大。

uCast[141]用记分牌算法来选择下一跳，算法需经过多次迭代才能完成。在一次迭代中，算法逐个考虑每个目的节点，并比较是否有某个邻居节点比当前节点更靠近它，如果有，则该邻居节点的得分值加 1，当所有目的节点处理完毕后，得分值最高的邻居节点当选为候选转发节点。算法记录下具有最高分值的邻居节点及其所覆盖的目的节点，每次迭代选出一个转发节点，直到所有目的节点都被覆盖为止。最后，算法对候选节点集进行优化，每个目的节点从候选节点集中选出一个与之最近的节点作为转发节点，候选节点集中那些没有被分配任何目的节点的成员，将从候选节点集中删除，从而形成最优转发集，每个转发节点都分配了一个目的地址列表。

GMR（geographic multicast routing）[142]是一个地理位置多播路由协议，它完全基于本地信息来转发多播数据包。GMR 采用费用推进比来选择合适的转发节点，其中，费用对应于转发多播数据包所需要的邻居节点数，该值越大，意味着转发的数据包越多，能耗越大；推进距离等于源节点与各目的节点的距离之和减去中继节点与各目的节点的距离之和，推进距离越大表示转发效率越高。中继节点的选择需要在费用和推进距离之间取得一个较好的平衡。例如，在图 5-2 所示的网络中，当前节点为 C，目的节点为

$D_1, D_2, \cdots, D_5$，从 C 到各目的节点的距离为 $T_1 = |\overrightarrow{CD_1}| + |\overrightarrow{CD_2}| + |\overrightarrow{CD_3}| + |\overrightarrow{CD_4}| + |\overrightarrow{CD_5}|$，当选择 A_1 和 A_2 作为转发节点时，从中继节点 A_1 和 A_2 到各目的节点的距离为 $T_2 = |\overrightarrow{A_1D_1}| + |\overrightarrow{A_1D_2}| + |\overrightarrow{A_1D_3}| + |\overrightarrow{A_2D_4}| + |\overrightarrow{A_2D_5}|$，费用是 2，这样转发集 $\{A_1, A_2\}$ 的费用推进比为 $P = 2/(T_1 - T_2)$。GMR 采用贪婪算法对目的节点集进行分组，最初每个目的节点形成一组，即 $M = \{M_1, M_2, \cdots, M_m\}$，协议检查所有的 $\{M_i, M_j\}$ 对，如果某一邻居节点到 M_i 和 M_j 的距离更近，能产生更小的费用推进比，则将 M_i 和 M_j 合并，并建立新的组集合，$M = \{M_1, M_2, \cdots, \{M_i, M_j\}, \cdots, M_m\}$，这一过程持续进行直至不能产生更小的费用推进比为止。GMR 的优点是不需要全局信息，能生成较优的多播树。缺点是：计算复杂度较大，设 k 为目的节点数，n 为邻节点数，则 GMR 的计算复杂度为 $O(k \times n \times \min(k, n)^3)$，只适合于目的节点数较少的情况。

BAM[143]通过尽可能减少通信负载来节约能量。它采用了单跳压缩和多路径压缩两种聚合技术。单跳压缩是在单跳范围内通过一次传输将数据发送给多个接收者。对于图 5-3 所示的网络，目的节点为 A、B 和 C，源节点的下一跳节点为 1 和 3，采用单跳压缩时将下一跳地址 1 和 3 封装在数据包中，只需发送一次即可，如图 5-4(a)所示。而不采用单跳压缩则需要向每个转发节点发送一次，如图 5-4(b)所示。多路径压缩是将多条距离相近的路径合并成一条，以消除冗余路径。图 5-5(a)和(b)分别表示合并前和合并后的路径，合并后传输次数明显减少。

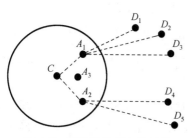

图 5-2　候选转发节点的评价

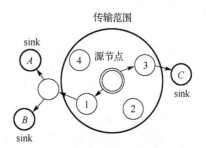

图 5-3　网络示意图

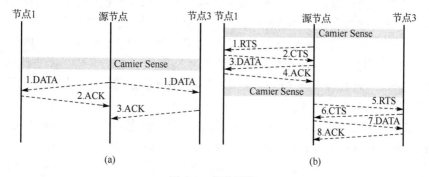

图 5-4　单跳压缩

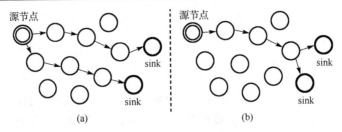

图 5-5　多路径压缩

DSM（dynamic source multicast）[144]是基于地理位置的源路由多播协议。协议采用洪泛方式来收集网络节点的位置信息，并用生成树算法构建多播树，发送数据时，DSM 用 Prüfer sequence 编码方案[145]将树结构信息封装在分组首部，中间节点则按源节点确定的路径进行转发。

DCGM（destination clustering geographic multicast）[146]反复选择前往多播目的节点经过次数最多的邻居作为下一跳。设 k 为目的节点数，n 为邻节点数，它的计算复杂度为 $O(n \times k)$，远低于 GMR，实验表明：DCGM 和 GMR 在多播树的路径长度方面具有相似的性能。

PBM（position based multicasting）[147]是一种基于本地信息作出转发决定的路由协议。它综合考虑了两个因素：带宽的利用程度和数据包向目的节点推进的速度。设当前节点为 k，N 是 k 的所有邻居节点的集合，W 是 N 的所有子集组成的集合，Z 是目的节点集，d 是距离函数，λ 为权重因子，下一跳节点集 $w \in W$ 的费用计算方法如下：

$$\text{cost}(w) = \lambda \frac{|w|}{|N|} + (1 - \lambda) \frac{\sum\limits_{n \in Z} \min_{m \in w}(d(m,n))}{\sum\limits_{n \in Z}(d(k,n))} \tag{5-1}$$

式（5-1）第一部分表示转发数据包的邻居节点数，用以评价带宽的利用程度；第二部分表示到目的节点的剩余距离，用以评价推进速度。当 $\lambda=0$ 时，不考虑多播树的传输次数，倾向于选择到每个目的节点的最短路径；当 $\lambda=1$ 时，不考虑路径长度，倾向于最小化多播树的传输次数。当前节点从所有可能的邻居节点子集 w 中选择费用最小的子集作为下一跳节点集，并将每个目的节点分配给最靠近它的那个邻居节点。PBM 需要考虑每一种可能的邻居节点子集，当邻居节点和目的节点数很多时，PBM 算法具有很高的计算开销。另外，在推进速度和带宽利用程度之间取得平衡也比较困难。SPBM（scalable position-based multicast）[148]对 PBM 协议进行了扩展，是一个基于组信息的层次路由协议。

GMP[149]是基于虚拟 Steiner 树的多播路由协议。源节点采用一种高效的启发式策略 rrSTR（Euclidean Steiner tree based on reduction ratio），根据距离降低率在源节点和目的节点之间建立了一棵虚拟的 Steiner 树。距离降低率的定义如下：给定一个源节点 s 和一对目的节点 (u, v)，经过虚拟点 t 转发时距离降低率的计算方法如下：

$$RR(s,u,v)=1-\frac{d(s,t)+d(t,u)+d(t,v)}{d(s,u)+d(s,v)} \tag{5-2}$$

虚拟点 t 的位置具有这样的属性，它与（s, u, v）三点的角度（即 $\angle stu$, $\angle stv$ 和 $\angle utv$）都等于120°。基于欧氏距离的 Steiner 树的构建是 NP 难问题，然而当只有三个节点时，采用文献[150]中的方法能将 Steiner 树高效地计算出来，GMP 正是利用了这一原理。GMP 的核心思想是：发送节点依次选出距离降低率最大的两个节点经虚拟点加入树中，直至所有的目的节点都加入为止，从而构建出一棵包含源节点和所有目的节点的虚拟 Steiner 树，虚拟 Steiner 树如图 5-6 所示。

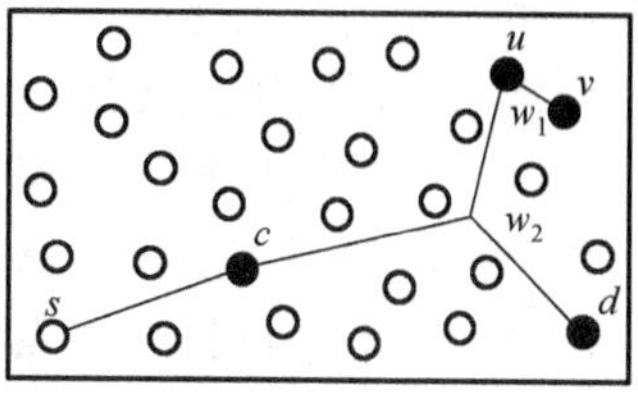

图 5-6 中 c, u, v, d 为目的节点，w_1 和 w_2 为虚拟点。

图 5-6　一个虚拟 Steiner 树的例子

虚拟点可能并不对应任何实际的传感器节点，数据包被传输到与虚拟点最近的一个传感器节点。基于树结构，目的节点被分成几组，并为每组选择一个合适的邻居节点进行转发。GMP 的优点是：发送节点基于目的节点和邻居节点的地址来构建树，不需要全局信息；基于距离降低比的启发式方法能构建出性能优良的生成树。缺点是：树中的每个中间节点收到数据包后都需要根据自身位置重新计算 Steiner 树；依次选出距离降低率最大的两个节点加入树中，计算复杂度较大。假设当前节点有 n 个目的节点和 m 个邻居节点，其计算复杂度为 $O(n^2 \lg n+n \times m)$。

5.2　GMRP 设计

5.2.1　网络模型

无线传感器网络可表示成一个加权图 $G=(V, E)$，其中 V 表示节点集，E 表示链路集。假设 $d(n_i, n_j)$ 表示节点 $n_i \in V$ 和节点 $n_j \in V$ 之间的距离，r 为节点的传输半径，当 $d(n_i, n_j)<r$ 时，节点 n_i 和 n_j 互为邻居节点，边 $<n_i, n_j> \in E$。

对多播路由来说，多播组由 V 的一个子集 V_G 构成，V_G 中包含一个源节点 s 和一个目的节点集 $M=\{V_G-\{s\}\}$。设 $T(s, M)$ 表示多播树，对于任意链路 $e \in E$，其费用函数为 $\text{cost}(e)$，则多播树的费用为

$$\text{cost}(T(s,M))=\sum_{e \in T(s,M)} \text{cost}(e) \tag{5-3}$$

多播路由协议的目标是：用尽可能少的链路构建一棵费用最小的多播树 $T(s, M)$。

5.2.2　协议的核心思想

1. 采用面向连接和面向无连接相结合的方式

Internet 多播路由协议和 Ad Hoc 多播路由协议大多是面向连接的，即在数据通信

之前先通过"请求"和"响应"控制报文建立多播路径，并在各中间节点保存路径的状态信息，数据包沿已建立的路径进行传输。当多播组成员发生变化时，需适时对多播树进行重构。面向连接多播路由协议的优点是：多播数据包只需要封装组地址信息，而不需要携带每个组成员的地址。因此，随着多播成员数的增加，每个组成员的平均费用会减少，特别适合于长时间、大规模且组成员相对稳定的多播应用。面向连接多播路由协议的缺点是：多播路由的建立和维护需要交换大量的控制信息，并且控制消息通常采用洪泛方式传递，具有较大的连接开销。

现有的无线传感器网络多播路由协议大多是面向无连接的，数据通信之前不需要建立路径，也不需要维持路径的状态信息，将所有的多播目的地址封装在数据包的首部，中间节点根据目的节点和邻居节点的位置信息来计算转发路径。面向无连接多播路由协议的优点是：不需要建立和维护多播路由，控制开销小，适合于组成员数少且数据流量小的多播应用。缺点是：数据包必须携带完整的多播目的地址列表，包首部开销较大。

我们采用面向连接和面向无连接相结合的方式，对两者取长补短。具体方法是：源节点发送探测包，探测包携带了所有组成员的目的地址和数据，采用无连接方式进行传输，并在传输过程中在各中间节点建立多播路由表；后续数据包则采用面向连接的方式，沿已建立的多播路径传输，不再携带完整的多播目的地址列表。该方式具有如下优点：①与面向无连接的方式相同，不需要在整个网络中传播组成员控制消息和维护多播树，减少了路由开销；②与面向连接的方式相似，后续数据包不再携带所有的多播目的地址信息，降低了包首部开销；③协议既适合于连续数据流也适合于单个数据包的传递，应用面广。

2. 采用 GG（gabriel graph）算法来解决"路由空洞"问题

在基于地理位置的多播路由协议中，每个节点都知道自己和邻居节点的地理位置，各节点采用贪婪算法转发数据包直至终点。但在实际无线传感器网络中，由于节点部署不均匀、节点死亡等因素会造成网络中出现"路由空洞"。当数据包到达某节点，其周围没有任何邻居节点比它更接近目标位置时，贪婪算法会导致数据无法继续传输。

为了解决贪婪算法可能遇到的路由空洞问题，目前主要有以下三种路由恢复机制[151]。①洪泛方式，将数据包发送给所有的邻居节点，缺点是网络资源浪费严重；②回退，当遇到路由空洞时，向上游节点进行反馈，将链路时延设为无穷大，这样上游节点下次传输数据时就会主动绕开该节点，缺点是需要多次尝试，效率较低；③周边转发，对网络拓扑进行平面化处理后，沿周边转发，这是目前应用最多的一类路由恢复机制，我们采用该机制来解决"路由空洞"问题。周边转发的处理过程是：先采用 GG 算法[69]，删除交叉边生成网络平面子图，再采用 GPSR[69]"右手规则"沿空洞周围传输，当数据包到达比路由空洞节点更接近目标位置的节点时，再恢复贪婪转发模式。

3. 采用单跳聚合方式

和有线通信不同，无线传输具有广播特性，能够一次将数据包发送给多个邻居节点，从而减少发送次数。

4. 路由选择时考虑节点的剩余能量以延长网络寿命

现有的无线传感器网络多播路由算法几乎都没有考虑节点的剩余能量，容易造成网络节点的能量不平衡，导致部分节点因负载过重而死亡。因此，我们在选择中继节点时，将节点的剩余能量作为一个重要的度量因子，尽可能选择剩余能量高的节点作为下一跳。

5.2.3　相关定义

定义 5-1　探测包。源节点通过探测包寻找到达多播目的地址的路径，并在各中继节点保存多播路径的相关状态信息，构建多播路由表。需要说明的是：探测包也携带有数据，当源节点只需发送一个数据包时，可将路径探测和数据发送一次完成。

和 BAM[143]类似，为了将探测包一次发送给多个转发节点，我们将下一跳的地址和多播目的地址都编码在探测包的首部，探测包的结构如图 5-7 所示。转发节点检测到探测包后，先根据包首部的下一跳地址判断探测包是否发给自己，如果探测包中某个下一跳地址与自身地址相符，则接收该探测包，并取出其所对应的多播目的地址列表，继续下一次转发。

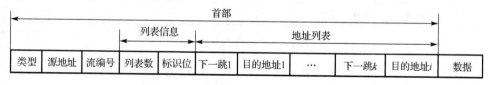

图 5-7　探测包的结构

在图 5-7 中，包类型有三种：探测包、数据包和路径中断包，它们的取值分别为 1、2 和 3。流编号是指源节点发送的数据流的编号，当源节点发起一次新的数据传输时，会给这次传输的每个包贴上一个流标签。列表数表示包首部中包含的地址数目。标识位用来识别每一个地址是下一跳地址还是多播目的地址。地址列表给出了详细的地址信息，每个下一跳地址后列出了该节点需要转发的所有目的地址。对于图 5-8 所示的网络结构图，节点 6 需要经邻节点 1 和 2 转发数据包到目的地址 3、4、5，假设本次数据传输的流编号为 100，则探测包的表示如图 5-9 所示。

定义 5-2　多播路由表。在传输探测包的过程中，中间节点会缓存当前的多播路由选择信息，建立多播路由表，供后续数据包转发时使用，多播路由表的结构如图 5-10 所示。源地址和流编号两者结合起来唯一标识一条多播路径。中间节点收到数据包后根据包首部的源地址和流编号，查找路由表，并沿路由表中所有的下一跳节点转发。

到期时间为节点收到数据包的时间加上一个规定的阈值,节点每次收到数据包时都应对该值进行更新。如果节点在规定的时间内未收到任何数据包,则表明本次传输结束,应自动删除该路由项。

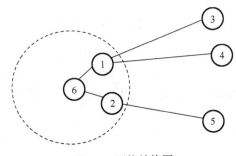

图 5-8　网络结构图

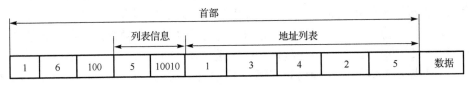

图 5-9　探测包的表示

图 5-10　多播路由表的结构

定义 5-3　数据包。数据包沿多播路由表指定的路径进行传输,其结构如图 5-11 所示。其中类型字段的值为 2,源地址和流编号用于查找多播路由表,包序号是本次传输的数据包的唯一标识符。

类型	源地址	流编号	包序号	数据

图 5-11　数据包的结构

定义 5-4　路径中断包。由于数据包沿多播路由表指定的路径进行传输,不再携带完整的多播目的地址列表,因此,当多播树的某个中间节点出现故障时,会造成路径中断。此时位于故障点上游的节点应主动向源节点发送路径中断报文,以便源节点重新发起路由查找过程,并从中断的数据包开始继续传输。路径中断报文包含:类型、源地址、流编号和包序号四个字段。

定义 5-5　收益率。经邻居节点转发时,数据包向目的节点推进的距离与本次发送所消耗的能量之比称为收益率。设当前节点为 S,目的节点为 D_1,当选择 A_1 作为转发

节点时，收益率 $R = \left(\left| \overline{SD_1} \right| - \left| \overline{A_1 D_1} \right| \right) / E(S, A_1)$，其中，$E(S, A_1)$ 为数据包从 S 发送到 A_1 所消耗的能量。收益率反映了数据包的转发效率，应尽可能选择收益率高的节点作为转发节点。

5.2.4　多播路由选择算法

设目的节点数为 k，目的节点集 $DS=\{D(1), D(2), \cdots, D(k)\}$，当前节点为 S，S 的邻居节点数为 n，其邻居节点集 $NS=\{N(1), N(2), \cdots, N(n)\}$。采用记分牌算法选择路径，如果邻居节点 $N(i)$ 比 S 到目的节点 $D(j)$ 距离更近，则得分值 $A(i, j)$ 为 1，否则为 0；另外，如果没有一个邻居节点比 S 到目的节点 $D(j)$ 的距离更近，则采用 GG 算法选出下一跳节点 $N(m)$，并将得分值 $A(m, j)$ 设为 1。$A(i, j)$ 为 1 表明：到目的节点 $D(j)$ 可以通过邻居节点 $N(i)$ 转发。用 $C(i)$ 表示邻居节点 $N(i)$ 总的得分值，其计算方法如下：

$$C(i) = \sum_{j=1}^{k} A(i, j) \tag{5-4}$$

为了减少多播树的分枝数，应优先选择总得分值最高的邻居节点作为下一跳。得分值的表示如表 5-1 所示。

表 5-1　得分值表

邻居节点	目的节点				总得分 C
	$D(1)$	$D(2)$	$\cdots$	$D(k)$	
$N(1)$	0	1	$\cdots$	1	2
$N(2)$	1	1	$\cdots$	0	2
$\cdots$	$\cdots$	$\cdots$	$\cdots$	$\cdots$	$\cdots$
$N(n)$	1	0	$\cdots$	0	1

多播路由选择算法的输入为：当前节点 S，邻居节点集 NS 和目的节点集 DS。输出为：选中的下一跳节点集 SN 和每个下一跳节点 $i \in SN$ 所覆盖的目的节点集 $SD(i)$。算法的伪代码如图 5-12 所示。

```
%计算得分值
(1) For j=1 to k  %对每个目的节点
(2)   Greedy(j)=false
(3)   For i=1 to n  %对每个邻居节点
(4)     If d(N(i), D(j))<d(S, D(j))  %d 为距离函数
(5)       A(i, j)=1
(6)       C(i)=C(i)+1
(7)       Greedy(j)=true
(8)     Else
(9)       A(i, j)=0
```

```
(10)          End
(11)      End
(12)      If Greedy(j)==false
(13)          用 GG 算法找到 D(j) 的下一跳节点 N(m)
(14)          Next(j)=N(m)  %D(j) 的下一跳 Next(j) 设为 N(m)
(15)          A(m, j)=1
(16)          C(m)=C(m)+1
(17)      End
(18) End
%选出下一跳节点集
(19) While(DS≠∅)
(20)      Max=0   %最大得分值
(21)      Energy=0  %剩余能量
(22)      For i=1 to n  %找出一个总得分最大的下一跳节点,若得分相同,则取剩余能量最大者
(23)          If C(i)>Max
(24)              num=i
(25)              Max=C(i)
(26)              Energy=E(i)  %E(i) 表示节点 i 的剩余能量
(27)          Else if C(i)==Max and E(i)>Energy
(28)              num=i
(29)              Energy=E(i)
(30)          End
(31)      End
(32)      SN=SN+{N(num)}  %将邻节点 N(num) 加入下一跳节点集中
(33)      For j=1 to k  %从 DS 中删除可以通过该节点转发的目的节点,并更新得分值表
(34)          If A(num, j)=1
(35)              DS=DS-{D(j)}  %从 DS 中删除 D(j)
(36)              For i=1 to n
(37)                  C(i)=C(i)-A(i, j)
(38)                  A(i, j)=0
(39)              End
(40)          End
(41)      End
(42) End
%为各目的节点分配下一跳
(43) For j=1 to k  %对每个目的节点
(44)      If Greedy(j) == false
(45)          i=Next(j)
(46)          将 D(j) 加入节点 i 的覆盖集 SD(i) 中
(47)      Else
(48)          在 SN 中寻找一个收益率最大的节点 i
(49)          将 D(j) 加入节点 i 的覆盖集 SD(i) 中
(50)      End
(51) End
```

图 5-12　多播算法的伪代码

图 5-12 代码中（1）~（18）用于计算得分表，分两种情况计算：①如果当前节点 S 能找到比自己离目的节点更近的邻居节点，则按贪婪算法处理，每个更近的邻居节点的得分值为 1，见代码（3）~（11）；②如果当前节点 S 找不到比自己更接近目的节点的邻居节点，则按周边恢复模式处理，用 GG 算法找出转发节点，并将该节点的得分值设为 1，见代码（12）~（17）。代码（20）~（31）根据得分表，从邻居节点集中依次选出若干个节点作为下一跳，选择的主要依据是邻居节点的总得分；当两个邻居节点的总得分相同时，再考虑节点的剩余能量。代码（32）~（41）表示：当一个中继节点选出后，所有可以经过该节点转发的目的节点都应从目的节点集中删除，同时更新得分表。代码（43）~（51）将各目的节点分配给合适的中继节点，分两种情况处理：①对采用周边恢复模式的目的节点，由于其下一跳节点只有一个，因此可以直接分配；②对于采用贪婪模式的目的节点，其合适的下一跳节点可能有多个，此时应选择收益率最大的节点作为其下一跳。

5.2.5　多播路由的维护

由于无线传感器网络的动态特性和多播成员的不确定性，GMRP 协议中多播树的建立基于数据流，多播路由信息只对一个数据流中传输的数据包有效，并在数据流传输结束后从传感器节点中自动超时删除，下一个数据流会重新选择并建立多播路由，因此，一般情况下不需要对多播树进行维护。

但如果在一个数据流的传输过程中，多播树的某一中间节点出现故障，则会造成该数据流的后续数据包无法继续传输。此时多播树中位于故障点上游的节点应主动向源节点发送路径中断报文，源节点收到该报文后，建立一个新的数据流，重新进行路径发现和数据传输。故障节点的发现是通过节点间周期性的 Hello 消息来实现的。

5.3　正确性证明和复杂性分析

引理 5-1　如果当前节点的邻居数不为零，则每个目的节点都被分配了一个且仅一个邻居节点作为下一跳。

证明　分两部分证明。

（1）每个目的节点都能找到一个邻居节点作为下一跳。

协议只有两种路由模式：贪婪模式和周边恢复模式。无论采用哪一种模式，对每个目的节点，得分表中至少一个邻居节点的得分值为 1。在选出下一跳节点后，只有与该节点对应的得分值为 1 的目的节点才从目的节点集中删除。得分值为 1 表明可以通过该邻居节点转发，目的节点被删除表明到达该目的节点的下一跳已经选出。根据图 5-12 代码行（19），当目的节点集为空时，所有的目的节点肯定都已找到了下一跳。

（2）每个目的节点的下一跳肯定只有一个节点。

当采用周边恢复模式时，根据 GG 算法，可选的下一跳节点本身只有一个。当采用贪婪模式时，虽然下一跳节点集中候选的中继节点可能有多个，但根据图 5-12 代码（48）～（49），协议只选取了收益率最高的一个邻居节点作为下一跳。因此，不论哪种情况，每个目的节点的下一跳都只有一个。

引理 5-2 设 k 为目的节点数，n 为当前节点的邻居数，则协议的时间复杂性为 $O(n×k)$。

证明 先分析图 5-12 代码的第 1 部分。对（1）～（18）行，外循环执行了 k 次，内循环执行了 n 次，因此，其时间复杂性为 $O(n×k)$。

第 2 部分（19）～（42）行，因为每次都要选出 1 个中继节点，而每个中继节点至少被分配 1 个目的节点，被分配的目的节点将从 DS 集合中删除。当 $n>k$ 时，外循环最多运行 k 次后 DS 即为空；当 $n<k$ 时，每次选出一个中继节点，外循环最多运行 n 次；这样外循环执行的次数为 $\min(n, k)$，（20）～（31）行总的复杂性为 $O(\min(n, k)×n)$。假设（22）～（31）每次执行得到的 Max 值依次为 $L_1, L_2, \cdots, L_m$，其中 m 为外循环执行的次数。（35）～（39）行，只有当目的节点 D_j 被分配到本次选出的中继节点 N_{num} 时才执行，而每个目的节点仅被分配一次。所以，$\sum_{i=1}^{m} L_i = k$。当外层循环第 i 次执行时，内循环（35）～（39）执行的次数即为 L_i，而（35）～（39）执行一次的指令数为 $2n+1$，这样（35）～（39）执行的总指令数为 $\sum_{i=1}^{m} L_i(2n+1) = 2nk + k$。因此，第 2 部分的时间复杂性为 $O(n×k)$。

第 3 部分第（44）～（50）行的复杂性为 $O(n)$，（43）～（51）外循环执行了 k 次，因此，第 3 部分的时间复杂性为 $O(n×k)$。

多播路由协议每一部分的时间复杂性均为 $O(n×k)$，因此，GMRP 协议总的时间复杂性为 $O(n×k)$。而现有其他多播路由协议 GMR[142] 和 GMP[149] 的时间复杂性分别为 $O(k×n×\min(k,n)^3)$ 和 $O(k^2\lg k+k×n)$，远高于 GMRP。

5.4 仿真实验

实验场景为：100 个节点均匀分布在一个大小为 200m×200m 的正方形区域，节点的通信半径为 40m，节点的初始能量为 2J，MAC 层协议为 IEEE 802.11，多播的源节点和目的节点随机选出，组成员数目分别为 5、10、15、20、25，数据包产生的速率为 1packets/s，链路带宽值为 0.1～0.8Mbit/s 的随机数，数据包中数据部分占 1000bits，仿真时间持续 600s。

每个实验共进行 20 次，实验结果取平均值。我们对 GMRP、LGS 和 PBM 三个协议进行了对比实验，实验中节点的能量消耗模型与第 3 章相同，对 PBM 协议，λ 的取值为 0.6。分别从能量消耗、传输跳数和多播树的延时三个方面来评价协议的性能。

1. 能量消耗

无线传感器网络是一个能量极其受限的系统，减少能量消耗是多播路由协议的首要目标。多播传输的能量消耗是指将数据包传输到所有目的节点所消耗的能量，它直接反映了多播路由协议的效率。多播树的能量消耗如图 5-13 所示。

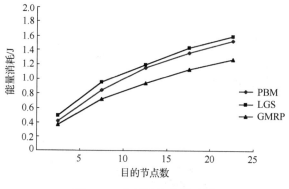

图 5-13　多播树的能量消耗

可以看出：随着目的节点数的增加，多播树的能量消耗逐渐增大；且 LGS 和 PBM 的能耗大于 GMRP。因为 LGS 是基于组成员节点的位置而不是整个网络节点的位置来构造生成树，因此产生的多播树性能较差。PBM 中，λ 权重因子用于在推进速度和带宽利用程度之间取得平衡，对协议的性能影响很大，其最优值取决于邻居节点数和目的节点的分布情况，很难确定，并且在路由过程中 λ 的取值是固定的，导致多播传输的能耗较大。GMRP 协议能在数据传输过程中根据网络节点的分布情况，灵活决定多播树的分裂时机和分枝数；另外，GMRP 数据包不携带完整的多播目的地址列表，减小了数据包的长度，因此，GMRP 消耗的能量最少。

2. 传输跳数

传输跳数即多播树的总链路数，是多播路由协议的主要性能指标之一。传输跳数与网络能量消耗密切相关，传输跳数越多，则将数据包传递到所有目的节点所消耗的能量越大，协议的性能越差。多播树的传输跳数如图 5-14 所示。

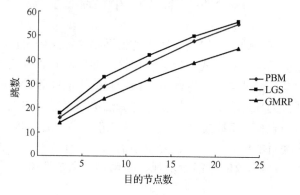

图 5-14　多播树的传输跳数

可以看出：随着目的节点数的增加，多播树的跳数也随之增大；LGS 和 PBM 的传输跳数相差不大，GMRP 的传输跳数比 LGS 少 20%左右。

3. 多播树的延时

多播树的延时是指将数据包传输到各目的节点的最大延时。设数据包到达各目的节点的延时为 t_i，目的节点数为 k，则多播树的延时 $T=\max\{t_i|1\leqslant i\leqslant k\}$。对于延时敏感的应用来说，不仅要求多播树的能耗小，而且要求延时少。各协议中多播树的延时如图 5-15 所示。

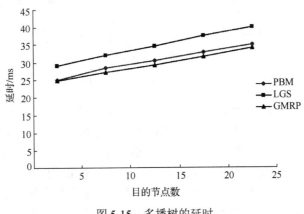

图 5-15　多播树的延时

可以看出：随着目的节点数的增加，多播树的延时逐渐增大；GMRP 的延时与 PBM 相差不大，两者都远小于 LGS。因为在 GMRP 和 PBM 中，中间节点可以根据邻居节点的分布情况自适应地决定转发方向和分枝数，使得到每个目的节点都有较短的时延；而 LGS 只考虑使多播树的总长度最小，没有考虑延时问题，数据包倾向于逐个到达各目的节点，使得最后到达的目的节点具有较大的时延。

5.5　本　章　小　结

本书提出了一种基于地理位置的无线传感器网络多播路由协议（GMRP），采用面向连接和面向无连接相结合的方式进行数据传输，并采用 GG 算法解决"路由空洞"问题。其核心思想是：源节点发送探测包，探测包采用面向无连接的方式进行传输，携带了所有的多播目的地址和数据，按记分牌算法选择路径，并在传输过程中在各中间节点建立多播路由表；后续数据包采用面向连接的方式，沿已建立的多播路径传输，不再携带完整的多播目的地址列表。该协议不需要预先建立路由，计算简单，通信开销小。仿真实验表明：GMRP 在能量消耗、传输跳数和多播树的延时方面优于 LGS 和 PBM。

第6章　基于小世界特性的异构传感器网络优化路由算法

为了利用复杂网络的小世界特性构建高能效的异构传感器网络，本章首先介绍了复杂网络一些重要的基础知识和几个典型的复杂网络模型，并对异构传感器网络所具有的小世界特性进行了详细的分析和研究。在此基础上从复杂网络的角度分析了传感器网络中设置异构节点对能量消耗和生命周期的影响；并将异构节点的位置部署转化为一个混合整数规划问题，利用拉格朗日松弛法和 Benders 分解算法求解该问题的近似最优解，提出了基于混合整数规划的异构传感器网络（heterogeneous network based on mixed integer programming，HNMIP）路由算法。随后为了进一步提高 HNMIP 路由算法的性能，提出在异构网络中对普通节点进行分簇，将异构网络设置为簇结构的传输方式，构建一种基于混合整数规划的分簇异构网络（clustering heterogeneous network based on mixed integer programming，CHNMIP）路由算法，并对其性能进行了分析。最后，在多种仿真环境下对 HNMIP 和 CHNMIP 两种路由算法进行实验，并和其他异构网络路由算法进行了比较，对比较结果进行了相应的分析和总结。

6.1　问题的提出

无线传感器网络中，根据节点的计算能力、感测能力、通信能力和能量等因素可以把传感器节点分为不同的类型。由不同类型的传感器节点所构成的网络称为异构传感器网络；相反，由相同类型的传感器节点构成的网络称为同构传感器网络。

无线传感器网络监测范围大、监测时间长，需要的节点数目众多。由于每个传感器节点的电池能量有限，所以在设计无线传感器网络时，节省能量、提高节点能量的利用效率是首要考虑的问题。在实际设计中，传感器节点的通信距离必须有所限制，因为节点的能量主要消耗在数据的无线通信上（与通信距离的幂值成正比）。由于节点的通信距离有限，所以在监测区域较大的无线传感器网络中，节点必须要通过多跳转发的方式，才能将数据传输到 sink，一个节点转发的数据越多，其能量消耗就越多。在 sink 周围的节点不仅要将自身的数据传输给汇聚节点，还要为距离 sink 较远的节点提供数据转发的服务，因此能量消耗非常快，常常被过早耗尽而死亡，导致汇聚节点无法正常收集数据，严重制约了网络的生命周期。在设计网络时，虽然可以在距离 sink 较近的位置部署更多的节点，使各部分的节点尽可能地同时耗尽自身能量，从而延长网络的生存时间。但这种方法没有考虑节点自身的差异以及因节点差异而引起的网络拓扑结构的变化，采用这种方法难以对网络进行有效的分析。

　　早期的无线传感器网络研究一般都集中在同构传感器网络上，而在实际的传感器网络的设置和应用时，可以通过设置部分有线传输路径来提高系统的可靠性，或给少数节点设置电源以延长网络寿命，这样组成的网络就不同于同构无线传感器网络。目前，在大规模的同构传感器网络中混杂配置合适的异构节点，是无线传感器网络设计方案的总体趋势，这种设计在环境恶劣的场合下更具有优势。其实即使在同构网络中也普遍存在能量异构的异构网络特征，例如，由于通信链路的配置或地形特点等因素的影响，每个节点不可能均匀地消耗能量；或者有时为了延长网络的使用时间，会增加新的传感器节点，此时新节点就比旧节点具有更多的能量。

　　在异构传感器网络中，如果利用复杂网络的小世界特性，在节点密集的位置部署能与 sink 直接通信的异构节点，形成超级链路，将会影响网络的平均路径长度、度分布和聚类系数等拓扑特征，从而改变网络节点的传输路径，减少数据的转发次数，提高节点的能量效率，并使网络能量的消耗更加均衡，延长网络的生命周期。但由于异构节点的造价比较昂贵，考虑传感器网络的成本，所以并不能在网络中无限制地添加异构节点。如何使用最少的异构节点，尽可能使网络性能达到最好是一个必须考虑的问题。

　　因此，如何选择合适的异构节点个数，如何最优地部署异构节点，使得传感器网络具有小世界特性，从而有效提高网络的性能并控制网络成本是本章研究的主要内容。

6.2　异构传感器网络的小世界特征分析

6.2.1　复杂网络的基本概念

　　复杂网络理论在近十几年来取得了飞速的发展，在生物网络、社会网络、电力网络和通信网络等多个方面都得到了广泛的应用，复杂网络研究这些不同网络间的共性，为解决这些大型实际网络中存在的问题提供了有效的理论依据。随着研究的深入，人们逐渐发现很多实际网络既不是规则网络，也不是随机网络，而是具有其他明显统计特征的复杂网络[152-158]。

　　近年来对复杂网络的研究兴趣主要集中在对不同类型的复杂网络进行建模和分析，并揭示网络拓扑结构和网络行为之间的相互关系。有两篇论文可以看作复杂网络的研究进入新纪元的标志：一篇是 1998 年，Watts 和其导师、非线性动力学专家 Strogatz 在 *Nature* 杂志上发表的 *Collective dynamics of "small-world" networks*，该论文提出了小世界网络模型；另一篇是 1999 年，Barabósi 教授及其博士生 Albert 在 *Science* 杂志上发表的 *Emergence of scaling in random network*，该论文建立了无标度网络模型。这两篇论文分别揭示了复杂网络的小世界特性和无标度特性，并建立模型阐述了这两种特性的产生机理[159,160]。

　　研究人员针对复杂网络提出了很多概念和方法来刻画其统计特性，其中度分布、聚类系数和平均路径长度这三个基本概念是刻画复杂网络统计特性最重要的基本特征量。

定义 6-1　度。在网络 $G = (V, E)$ 中，节点 v_i 的度 k_i 定义为与 v_i 相连的其他节点的数目。

定义 6-2　度分布。在网络中，如果随机选定一个节点的度恰好为 k 的概率是 $P(k)$，那么就称 $P(k)$ 是该网络的度分布。

在网络 $G = (V, E)$ 中，设网络中的节点个数为 N，度为 k 的节点的个数为 $n(k)$，则网络的度分布为

$$P(k) = \frac{n(k)}{N}, \quad \sum_{k=1}^{k_{\max}} P(k) = 1$$

在复杂网络的研究中，度分布是非常重要的一个性质，规则的格子网络具有一个比较简单的度分布，它的每个节点具有相同的度 k_c；完全随机网络（ER）的度分布服从 Possion 分布，即

$$P(k) = \frac{e^{-\lambda} \lambda^k}{k!}$$

定义 6-3　邻居节点。在网络 $G = (V, E)$ 中，假设有 k_i 个节点与节点 v_i 相连，则称这 k_i 个节点为节点 v_i 的邻居节点。显然，在 k_i 个节点之间最多只可能存在 $k_i(k_i - 1)/2$ 条边。

定义 6-4　聚类系数。在网络中，节点 v_i 的 k_i 个邻居节点之间实际存在的边数 E_i 和这 k_i 个节点之间总的可能边数之比定义为节点 v_i 的聚类系数 C_i，即

$$C_i = \frac{2E_i}{k_i(k_i - 1)}$$

所有节点 v_i 的聚类系数 C_i 的平均值称为整个网络的聚类系数 C，即

$$C = \frac{1}{N} \sum_{i=1}^{N} C_i$$

显然可知，C 满足 $0 \leqslant C \leqslant 1$。

定义 6-5　平均路径长度。在具有 N 个节点的网络中，任意两个节点 v_i、v_j 之间的距离的平均值称为网络的平均路径长度，记为 L，即

$$L = \frac{1}{\frac{1}{2}N(N+1)} \sum_{i \geqslant j} d_{ij}$$

6.2.2　复杂网络的基本拓扑模型及性质

为了弄清楚网络拓扑结构和网络行为之间的相互关系，并改善网络行为，人们对

实际网络的拓扑结构特征进行了大量的实证性研究。1998 年，Watts 和 Strogatz 发现了复杂网络的小世界特性。1999 年，Barabósi 和 Albert 发现了复杂网络的无标度特性，并研究其产生机理。在此基础上，研究人员从不同的角度和方向提出了多种网络拓扑结构模型，其中比较重要的几种基本模型是：规则网络、随机网络、小世界网络、无标度网络、局域世界演化网络和等级网络等。这里主要介绍规则网络、随机网络、小世界网络和无标度网络的拓扑结构模型[161-163]。

1. 规则网络

规则网络是指具有规则拓扑结构的网络，包括全局耦合网络、最邻近耦合网络、星形耦合网络和正方形规则网络等。

图 6-1(a)是一个全局耦合网络模型，在全局耦合网络中，任何两个节点之间都有边直接相连。因此具有 N 个节点的全局耦合网络，共有 $N(N-1)/2$ 条边。全局耦合网络具有最大的聚类系数 $C=1$，而且具有最小的平均路径长度 $L=1$。但全局耦合网络作为一个实际网络模型具有很大的局限性，因为大多数大规模实际网络的边都是很稀疏的，其边的数量一般最多能达到 $O(N)$，而不是 $O(N^2)$。

最邻近耦合网络是一个得到大量研究的规则网络模型，在该网络中，每一个节点只和它周围的邻居节点相连。在最邻近耦合网络中，如果假设每个节点都与它左右各 $K/2$（K 是一偶数）个邻居节点相连，如图 6-1(b)所示，则其聚类系数和平均路径长度分别为

$$C = \frac{3(K-2)}{4(K-1)}, \quad L = \frac{N}{2K}$$

当 K 值较大时，网络的聚类系数 $C \approx \frac{3}{4}$；对于固定的 K 值，当 $N \to \infty$ 时，平均路径长度 $L \to \infty$。显然，这样的网络是高度聚类的，但不具有小的平均路径长度。

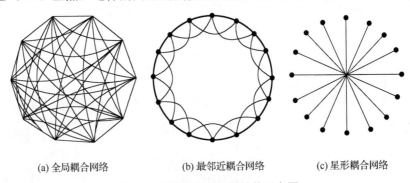

(a) 全局耦合网络　　　　(b) 最邻近耦合网络　　　　(c) 星形耦合网络

图 6-1　几种规则的网络结构示意图

图 6-1(c)是一个星形耦合网络的示意图，该网络具有一个中心点，其余的(N–1)个节点都与这个中心点相连，而它们彼此之间不相连。星形耦合网络的聚类系数和平均路径长度分别为

$$C = \frac{N-1}{N}, \quad L = 2 - \frac{2(N-1)}{N(N-1)}$$

显然，当 $N \to \infty$ 时，$C \to 1$，$L \to 2$。

2. 随机网络

随机网络的产生原理是：假设有 N 个点，对于每一对节点，以概率 p 进行连接；或者说是在所有可能的连接中，随机地连接 $pN(N-1)/2$ 条边以构成网络。完全随机网络与完全规则网络相反，一个典型的随机网络是 Erdős 和 Rényi 所提出的 ER 随机网络模型。一个具有 N 个节点的 ER 随机网络中，边的总数约为

$$M = p\frac{N(N-1)}{2}$$

其平均度为

$$<k> = \frac{2M}{N} = p(N-1) \approx pN$$

假设平均度 $<k>$ 不变，由 ER 网络的产生机理可知，对于充分大的 N，由于每条边的出现与否都是相互独立的，因此 ER 随机网络的度分布可以用 Possion 分布来描述，即

$$P(k) = \binom{N}{k} p^k (1-p)^{N-k} \approx \frac{(pN)^k e^{-(pN)}}{k!} \tag{6-1}$$

ER 随机网络的平均路径长度 L 具有下列特性：

$$L \propto \frac{\ln N}{\ln[p(N-1)]} \tag{6-2}$$

因为 $\ln N$ 随 N 增长得很慢，所以大规模的 ER 随机网络也会具有较小的平均路径长度。但由聚类系数公式可知，大规模的稀疏 ER 随机网络聚类系数很低，不具有明显的聚类特性，这个特点使得 ER 随机网络作为实际网络模型存在着明显的不足。

3. 小世界网络

从以上分析可知，规则的最邻近耦合网络虽然具有较大的聚类系数，但不具有小的平均路径长度。而 ER 随机网络具有较小的平均路径长度，却不具有大的聚类系数。因此，这两类网络都不能很好地反映真实网络的一些重要特性，因为大部分实际网络既不是完全规则的，也不是完全随机的。为了解决这个问题，Watts 和 Strogatz 在 1998 年引入了小世界网络模型的概念，该模型也称为 WS 小世界模型。如果一个网络既具有较小的平均路径长度又具有较大的聚类系数，那么这个网络就称为小世界网络。

Watts 和 Strogatz 从一个含有 N 个节点的规则化最邻近耦合网络开始，通过以概率 p 随机化重连网络中的每条边来构造 WS 小世界网络。通过调节 p 的值，可以实现

从完全规则网络到完全随机网络的过渡：重连概率 $p=0$ 时对应完全规则网络，$p=1$ 时对应完全随机网络，如图 6-2 所示。

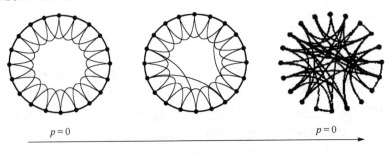

$$p=0 \qquad\qquad\qquad\qquad p=0$$

图 6-2　"随机化重连"的小世界网络模型

随机化重连 WS 小世界网络模型的过程有可能破坏网络的连通性，为了克服这一点，Newman 和 Watts 用"随机化加边"代替 WS 构造过程中的"随机化重连"，构造了 NW 小世界网络模型，即从一个含有 N 个节点的规则化最邻近耦合网络开始，以概率 p 在随机选取的一对节点中加上一条边。

在 NW 小世界网络中，通过调节概率 p，可以实现从最邻近耦合网络到规则全局耦合网络的过渡：$p=0$ 时对应于最邻近耦合网络，而 $p=1$ 时对应于全局耦合网络，如图 6-3 所示。从理论上来讲，当 p 足够小和 N 足够大时，NW 小世界网络和 WS 小世界网络在本质上是相同的。

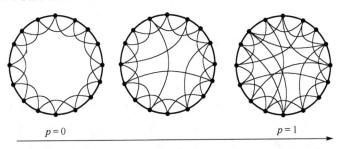

$$p=0 \qquad\qquad\qquad\qquad p=1$$

图 6-3　"随机化加边"的小世界网络模型

WS 和 NW 小世界网络模型的一些统计性质如下。

（1）平均路径长度。目前，关于 WS 小世界网络的平均路径长度没有一个精确的解析表达式，文献[164]利用重正化群的方法得到

$$L(p) = \frac{2N}{K} f(pNK/2) \tag{6-3}$$

其中，函数

$$f(x) = \begin{cases} \text{constant}, & x \ll 1 \\ (\ln x)/x, & x \gg 1 \end{cases}$$

目前，也没有 $f(x)$ 的精确显式表达式，文献[161]给出了 $f(x)$ 的一个近似表达式：

$$f(x) \approx \frac{1}{2\sqrt{x^2 + 2x}} \arctan h\sqrt{\frac{x}{x+2}}$$

（2）聚类系数。WS 小世界网络的聚类系数[159]为

$$C(p) = \frac{3(K-2)}{4(K-1)}(1-p)^3 \tag{6-4}$$

而 NW 小世界网络的聚类系数[160]为

$$C(p) = \frac{3(K-2)}{4(K-1) + 4Kp(p+2)} \tag{6-5}$$

（3）度分布。WS 小世界网络的度分布为

$$P(k) = \begin{cases} \sum_{n=0}^{\min(k-K/2,K/2)} \binom{K/2}{n}(1-p)^n p^{(K/2)-n} \dfrac{(pK/2)^{k-(K/2)-n}}{(k-(K/2)-n)!} e^{-pK/2}, & k \geqslant \dfrac{K}{2} \\ 0, & k < \dfrac{K}{2} \end{cases} \tag{6-6}$$

而 NW 小世界网络中，度分布为

$$P(k) = \begin{cases} \binom{N}{k-K}\left(\dfrac{Kp}{N}\right)^{k-K}\left(1-\dfrac{Kp}{N}\right)^{N-k+K}, & k \geqslant K \\ 0, & k < K \end{cases} \tag{6-7}$$

4. 无标度网络

研究人员在复杂网络的研究中发现，ER 随机网络和 WS 小世界网络的度分布都可以用 Possion 分布来近似表示，该分布在度平均值 $<k>$ 处有一个峰值，在远离峰值处呈指数快速衰减。因此，这类网络称为指数网络或均匀网络。但很多实际网络的度分布可以用幂律分布进行很好的描述，如生物网络和 WWW 网等，即 $P(k) \propto k^{-\gamma}$，其中 γ 是一个正常数。由于幂指函数具有标度不变性，所以度分布服从幂律分布的网络也被称为无标度网络[160]。

Barabási 和 Albert 在仔细研究了大量的实际网络后，认为以前的很多网络模型都没有考虑实际网络的两个重要特性：增长特性和优先连接特性，即实际网络的规模是不断增大的，而且新增的节点更倾向于与那些具有较高连接度的节点相连接。基于网络的增长和优先特性，Barabási 和 Albet 提出了 BA 无标度网络的构造算法[160]，该算法在经过 t 步后，产生一个有 N 个节点、nt 条边的网络，其中每次引入一个新节点，该新节点连到网络中 n（$n \leqslant N$）个已经存在的节点上。由算法产生的 BA 无标度网络具有以下概率特性[165,166]。

（1）平均路径长度。

$$L \propto \frac{\lg N}{\lg \lg N} \qquad (6\text{-}8)$$

（2）聚类系数。

$$C = \frac{n^2(n+1)^2}{4(n-1)}\left[\ln\left(\frac{n+1}{n}\right) - \frac{1}{n+1}\right]\frac{[\ln(t)]^2}{t} \qquad (6\text{-}9)$$

（3）度分布。

$$P(k) = \frac{2n(n+1)}{k(k+1)(k+2)} \propto 2n^2 k^{-3} \qquad (6\text{-}10)$$

6.2.3　传感器网络的复杂网络特征分析

实际使用的无线传感器网络往往规模较大、节点众多，常常会达到上万个，节点之间存在着频繁的通信和紧密的交互影响，是一个非常复杂的传输系统，近年来大量的研究发现，传感器网络在某些方面具有和复杂网络相同的特征。

（1）适当部署异构节点形成超级链路，可使异构传感器网络具有小世界特性。

实际网络可分为两大类：一类是关系网络，这类网络节点间的距离跟实际距离无关，仅以跳数来计算。关系网络可以被抽象为关系图，小世界网络一般在抽象为关系图的网络中出现；另一类网络是空间网络，这类网络节点间的连接与节点间的距离密切相关，如果两个节点间的空间距离比较近，那么它们的联系就比较紧密，如果距离较远，则相互连接的可能性就较小。无线传感器网络属于空间网络，似乎和属于关系图的小世界现象没有联系。

但 Helmy 等的研究表明，某些异构传感器网络同样具有小世界网络现象。文献[166]～[168]通过在无线传感器网络中引入有线捷径，使其具有小世界效应，证明了小世界网络特性同样适用于属于空间网络的无线传感器网络。文献[169]和[170]通过在无线传感器网络中添加有线长程链接的方式构造了一种混合传感器网络，这种网络也具有小世界特性。

通过优化部署资源优越的异构节点，尽可能使网络中的节点通过异构节点发送数据至 sink，缩短所有节点到 sink 的平均路径长度，减少网络的通信开销，符合小世界网络具有较短的路径长度和较高的传输效率的特性。

（2）传感器网络在新增节点时，组网方式符合无标度网络的特性。

复杂网络中的无标度网络具有增长性和优先连接这两个重要特性。无线传感器网络中，绝大部分节点都是静止不动的，只有少数节点可能需要移动，节点状态在休眠和唤醒之间变换。网络运行一段时间后，有些节点会耗尽能量而死亡，为了保持网络的连通性，通常需要补充新的节点，或随着监测功能和监测范围的扩大，也需要在网络中添加新的节点，所以传感器网络具有无标度网络的增长特性[171,172]。

网络中的新增节点往往与原网络中连接度较大的节点进行连接，这个特点符合无标度网络中的优先连接特性。因此添加新的传感器网络节点时，可根据"偏好依附"原则进行调配，从而使构造的传感器网络具有无标度网络特性，而且可通过节点的分离降低连接度，使网络的度分布具有无标度网络的幂律分布特征。

（3）分层传感器网络具有小世界网络的鲁棒性与脆弱性。

小世界网络同时具有较高的鲁棒性和较高的脆弱性，具体表现为在受到随机攻击时，具有很高的鲁棒性，而在受到蓄意攻击时，又显现出很高的脆弱性。这是因为在小世界网络中，大部分节点的连接度都很小，而只有少数关键节点具有很大的连接度，当连接度很小的节点被移除时，对整个网络的性能影响很小，表现出较高的鲁棒性。但如果蓄意移除网络中连接度很大的一些关键节点时，网络的连通性遭到很大的破坏，表现出较高的脆弱性。

在分层传感器网络或异构传感器网络中，网络节点的连接度不再均衡，绝大部分的普通节点具有较小的连接度，而少量的簇头节点或异构节点具有较大的连接度。如果连接度较小的普通节点失效，则只会对少数的几个节点造成影响，表现出较高的鲁棒性。但如果连接度较大的关键节点失效，如簇头节点、异构节点或 sink 等，则会影响大量节点的连通性和监测功能，可能导致整个网络不能正常运行。所以，分层传感器网络和小世界网络一样具有鲁棒性和脆弱性。因此，必须依据该特性，对网络的关键节点进行重点维护以保障其安全性[173-175]。

（4）传感器网络具有复杂网络的较高冗余度特性。

在大规模无线传感器网络中，通常都由多个节点共同协作完成对环境的监测任务。在节点密度较大的区域，节点的监测范围相互覆盖，收集到的监测数据具有较大的冗余度。在分层的传感器网络中，簇内节点收集的冗余数据通过多路径传输至簇头节点，可保证网络的传感功能和传输功能具有较高的冗余度，提高监测数据的可靠性。这个性质与复杂网络具有较高的冗余度特性是一致的[176]。

6.2.4　异构传感器网络的小世界特性分析

1. 传感器网络异构性的表现形式

根据传感器节点的特性，可以把传感器网络的异构性大致分为以下 4 类。

（1）计算能力异构性。

无线传感器网络通常由少量的汇聚节点或基站，加上数量众多的传感器节点组成。传感器节点之间以及传感器节点和汇聚节点之间都是采用无线方式进行通信。在某些特殊环境下，传感器网络需要对监测到的复杂数据进行大量计算，这时在网络中布置两类节点：高级节点和普通节点。高级节点通常具有更强的数据处理能力和更复杂的功能，如使用 32 位或 16 位处理机，配备更大的内存容量等。而普通节点因功能要求简单，只需要对周围数据进行监测和收集，所以可以使用能耗较低的 8 位或 4 位处理机。高级节点的能量消耗要比普通节点高得多。

（2）节点能量异构性。

能量异构是无线传感器网络中普遍存在的一种现象，在有些网络中为了满足要求，节点的初始能量就配置不同。即使在节点初始能量相同的同构网络中，通过一段时间的运行后，sink 附近的节点或连接度较大的节点，频繁转发数据也将消耗更多的能量，使得网络中各节点的能量不再相同。而且为了延长网络寿命或扩大网络规模，常常会在原网络中加入新的节点，新加入的传感器节点将比原节点拥有更多的能量，这些都会造成传感器网络的能量异构性。

（3）链路异构性。

在多跳传输的无线传感器网络中，由于每增加一跳都将降低节点间的传输速率，所以链路的传输质量得不到保证。在网络中加入一些能量或计算能力较强的异构节点形成超级链路，可以改善链路的传输质量，减少网络传输的平均距离。文献[177]和[178]对链路异构性及路径的选择进行了比较详尽的研究。

（4）网络协议异构性。

网络协议异构性是在同一个传感器网络中同时使用两种或两种以上的通信协议。Intel 公司提出了一种很好的协议异构性传感器网络模型：利用高性能的 XScale 节点组成一个网格网络，用它覆盖整个传感器网络；网络中的普通节点与高性能的 XScale 节点通信以及 XScale 节点之间通信时，采用高速的 802.11 无线协议，而普通节点之间相互通信时，采用 IEEE802.15.4/Zigbee 协议。采用这种通信协议，很大程度上提高了网络的整体通信能力。但如何很好地解决多协议共存以及同频干扰等是较困难的问题。

在无线传感器网络中，能量的异构特征普遍存在，本书主要研究能量异构的传感器网络的构建方法。采用文献[179]中提出的异构节点模型，该类型的异构节点具有以下两个特征：一是采用太阳能可充电电源供电，不用考虑能量消耗问题；二是节点内配置两种不同通信距离的射频模块，一种射频模块的通信距离和普通节点一样，而另一种射频模块的通信距离较长。

2. 异构传感器网络的结构

对于同构传感器网络，网络中的每个节点都是对等的，同构网络的组网方式比较简单，每个节点的初始能量、通信能力、计算能力等都相同，在网络中处于同等地位。如果在同构网络中使用分层网络结构，则可根据节点的地理位置、剩余能量等因素来选取簇头，目前已有 LEACH、HEED、SEP 等经典的分簇算法。在分层结构的传感器网络中，选取剩余能量充足的节点为簇头节点，这样可以最大限度地使网络节点的能量均衡消耗，延长网络的生命周期。

但是簇头节点除了发送自身的数据，还要频繁接收和转发簇内节点的数据，因此能量消耗很快。虽然 LEACH 等分簇算法尽量让所有节点轮流担任簇头，以提高网络的生存时间，但效果比较有限。如果在传感器网络中的簇头位置部署能量更高的异构节点，或在网络中按照合适的方式部署一定数量的异构节点，以异构节点为中心成簇，再由异构节点负责接收簇内成员节点的数据，进行处理后发送至 sink，则簇内的普通节点只需要进行短距离的传输，把数据传输给异构节点即可。由于异构节点具有更高的能量或能量可补充，因此采取这种方式，可以非常有效地节省能量和提高网络生命周期。所以异构传感器网络更能适应网络在功能变化和规模扩展等方面的要求，具有更广泛的应用空间。通常，异构传感器网络的结构如图 6-4 所示，普通节点只负责把数据发送到异构节点，然后由异构节点间进行相互通信，把数据发送至 sink。

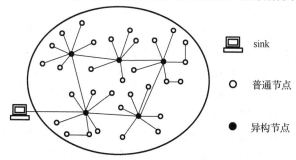

图 6-4　异构传感器网络的结构示意图

3. 异构传感器网络的小世界特性

平均路径长度和聚类系数是刻画小世界网络的两个重要指标，小世界网络同时具有较短的平均路径长度和较高的聚类系数。

在传感器网络中，小的平均路径长度意味着节点传送数据到 sink 时只需要较少的跳数和能量。而大的聚类系数意味着网络中局部信息的传播范围比较广，局部节点间的联系比较紧密，这种局部效应可以对整个网络造成较大影响，使得网络中数据存在一定程度的冗余。所以较大的聚类系数可以提高网络的容错能力，而且在部分节点死亡时，可以继续保持网络的通信畅通，使网络的性能不受影响，延长了网络的生命周期。

因此，如果通过某种方法使得无线传感器网络具有小世界网络的特征，必定能够使其性能得到进一步的提高。已有研究表明，构造具有小世界现象的无线传感器网络对于减小网络的通信开销、提高查询效率、减少网络的平均能耗及延长网络的生命周期都有非常重要的作用。

Helmy 通过在无线传感器网络中设置逻辑链路形成捷径，构造具有小世界效应的传感器网络[166,180]，证明了属于空间网络的无线传感器网络在用合适的方法添加捷径后，同样具有小世界网络的特征。文献[167]通过在无线传感器网络中添加少数有线链路构成的捷径，也使得传感器网络具备小世界特性，合适地添加有线捷径可使网络的平均路径长度下降幅度达 70%左右。文献[168]在无线传感器网络中添加有线链路，构成了一种 Hybird 传感器网络，这种网络同样展现出小世界特性。该文中的实验结果表明在添加有线捷径后，不仅传感器网络的平均路径长度减小，每个节点的能量消耗显著下降，而且整个网络能量消耗的均匀性显著提高。文献[169]在网络中设置发射距离可调的异构节点构成无线捷径，该异构节点可通过太阳能充电，研究结果表明生成的网络具有明显的小世界效应。Hawick 和 James 在传感器网络中添加少数长程随机连接[181]，然后应用小世界网络模型研究传感器网络的容错性、覆盖能力和生存时间，实验结果表明，添加随机连接之后的传感器网络平均路径长度减小，网络中的孤立簇数目降低，网络的容错能力和覆盖效果都得到了很大的提高。

　　构造具有小世界效应的无线传感器网络现有两种方法：一种是物理方法，另一种是逻辑方法。物理方法包括添加有线链路或提高无线设备的发射功率来构造捷径，近期也有研究人员使用移动节点来构造捷径[182]；逻辑方法是采用拓扑优化的方法构造小世界无线传感器网络[180]，但逻辑方法不能降低路径长度。目前大多数研究采用添加有线链路来构造捷径。然而，有线链路的长度很难预先确立，不仅部署代价很大，而且在某些环境比较复杂的条件下难以部署；而使用移动节点会带来一定的延迟且使用的场合更加有限，对地理环境要求很高。

　　因此，引入可与 sink 直接无线通信的异构节点，通过异构节点与 sink 之间形成的超级链路作为捷径来构造具有小世界效应的异构网络。在该类异构网络中，通过调整异构节点的发射功率可改变其通信距离，所以超级链路基本不受距离的影响；而且由于是无线通信，所以受地理环境的影响也较小，在条件非常恶劣的情况下，可以通过撒播的方式对超级链路进行部署。

　　在基于关系网络的复杂网络中，数据的流向是"多对多"模式，而在无线传感器网络中，数据的传输为"多对一"，所有的数据都传输到 sink。网络节点的能量主要消耗在数据的无线传输中，能量的消耗与传输路径的跳数成正比。由于传感器网络具有自己的特性，所以在用复杂网络的三个统计特征量（平均路径长度、聚类系数和度分布）来评价无线传感器网络时，必须考虑传感器网络数据流向的特点，并分析它们在传感器网络中的含义。

　　（1）平均路径长度。在小世界网络中，平均路径长度的定义为网络中任意两个节点间路径长度的平均值。而在传感器网络中，所有节点的数据通过多跳转发到达 sink。所以在考虑平均路径长度时，只需考虑传感器节点到 sink 的路径。因此对传感器网络中的平均路径长度重新定义。

　　定义 6-6　传感器网络中，所有节点到 sink 的路径长度的平均值称为传感器网络的平均路径长度，即

$$\overline{d}_{\text{tosink}} = \sum_{i=1}^{N} d_{i-\text{sink}}$$

其中，N 表示网络中所有传感器节点的数目。在异构网络中，通过添加与 sink 直接通信的异构节点后形成超级链路，很多传感器节点可以直接和距离自己较近的异构节点

通信，通过超级链路直接把数据转发至 sink，极大地减少了数据的转发次数。异构节点的能量可通过太阳能补充，因此在通过超级链路传输数据时可不考虑异构节点的能量消耗，所以和同构网络相比，添加异构节点后的传感器网络具有更小的路径长度。

（2）聚类系数。在小世界网络中,节点的聚类系数定义为该节点的所有邻居节点之间实际存在的边数和该节点的所有邻居节点之间可能存在的边数的比值。聚类系数反映了节点与其周围节点之间相互连接的可能性的大小。因此，在传感器网络中，传感器节点的聚类系数反映了节点间聚集的紧密程度以及网络整体成员间的稳健性。在分簇的传感器网络中，通常把聚类系数较高的节点分在一个簇内，可以增强簇的连通性和稳健性。在引入异构节点后，网络的拓扑结构会发生相应改变，由于在异构节点附近的传感器节点都可通过异构节点转发数据至 sink 以节省能量，因此异构节点与周围节点必然有更多的连接，所以可认为异构节点具有较高的聚类系数。

（3）度分布。在小世界网络中，节点的度定义为与该节点相连的其他节点的数目。网络的度分布 $P(k)$ 表示在网络中随机选择一个节点的度等于 k 的概率。基于关系网络的小世界网络中，节点间的相连不考虑距离因素，但在传感器网络中由于节点的传输距离有限，因此节点间的度必须考虑节点通信半径的影响。为了节省能量，通过动态调整节点的发射功率来改变节点的通信半径和度。在平面结构的同构网络中，节点的度近似为 Poisson 分布。如果对网络进行分簇，则簇内节点都与簇头通信，所以簇头节点相对具有较高的度。在同构网络中加入异构节点后，距离异构节点较近的普通节点都将与其建立连接进行通信，所以异构节点一般具有较大的度。

6.3　小世界特性的异构网络路由算法构建

在具有小世界特性的异构传感器网络中，异构节点的位置部署对网络性能有很大的影响，为了降低网络能耗，提高网络的生命周期，需要对异构节点进行优化部署。本节以网络能耗最小为目标，把异构传感器网络中异构节点的优化部署问题转化为一种混合整数规划（mixed integer programming，MIP）问题，利用分解算法求解异构节点的部署方案，以保证在获取较好的全局次优解的同时，也具有较高的计算效率和可靠性。在此基础上，提出一种基于混合整数规划的异构网络（heterogeneous network based on mixed integer programming，HNMIP）路由算法。

6.3.1　小世界特性异构网络的传输方式和能耗模型

1. 异构网络中超级链路的构造和传输方式

异构传感器网络常用于需长期运行，节点位置相对固定的场合。不失一般性，对异构网络模型进行以下假设。

（1）网络中只有一个 sink，可以部署在任何位置，sink 的位置记为 (x_S, y_S)。

（2）普通节点个数为 N，随机均匀分布在 $A \times B$ 的矩形区域内，节点位置信息已知，记为 (x_i, y_i)，这里 $1 \le i \le N$，$0 \le x_i \le A-1$，$0 \le y_i \le B-1$。

（3）异构节点可以分布在网络中任何位置。

（4）假定所有节点都静止不动或仅有微小移动，异构节点 h 和 sink 之间可构成一条没有带宽限制的超级链路，h 负责接收周围普通节点的监测数据，并与 sink 进行通信，如图 6-5 所示。

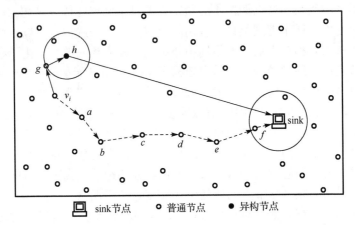

图 6-5　异构传感器网络的传输模型

在组网初始阶段，假定所有普通节点都可获知超级链路的信息，并根据到异构节点的距离对异构节点进行分级。在超级链路中，所有远离 sink 的异构节点以随机延迟广播的方式呼叫邻居节点，广播信息中包含异构节点自身的位置信息及 ID 编号。设定随机延迟是为了避免相邻的异构节点之间发生呼叫冲突。为了将传感器节点数据以最短距离发送到 sink，可以采取贪婪路由策略，即当传感器节点 v_i 要发送数据到 sink 时，它在周围邻居节点中查找距离 sink 最近的节点，然后将数据转发给该邻居节点，该邻居节点及后继的每个节点依次重复该操作直到数据到达 sink。如果某个接收到数据的节点发现自己的邻居节点中没有比自己离 sink 更近的节点时，该节点就将数据丢弃。

在具有超级链路的异构网络中，从普通节点 v_i 发送数据到 sink 时，存在着两条路径 L_1 和 L_2，如图 6-5 所示。路径 $L_1 : v_i \to a \to b \to c \to d \to e \to f \to S$，是将 v_i 的数据直接经普通节点多跳转发至 sink，设路径长度为 $L(v_i, S)$。路径 $L_2 : v_i \to g \to h \to S$，是将 v_i 的数据经超级链路发送至 sink，设路径长度为 $L^H(v_i, S)$。在路线 L_2 中包含两部分路径长度：$v_i \to g \to h$ 的路径长度 $L(v_i, h)$ 以及 $h \to S$ 的路径长度 $L(h, S)$。由于异构节点和 sink 的能量充足且可再补充，因此能量消耗可不计入，那么节点 v_i 的数据通过超级链路传输至 sink 的路径长度满足以下关系：$L^H(v_i, S) = L(v_i, h)$。因此在异构网络中，当节点 v_i 向 sink 发送数据时，如果 $L(v_i, S) < L(v_i, h)$，那么数据直接经普通节点多跳转发至 sink；如果 $L(v_i, S) \ge L(v_i, h)$，那么数据就经由超级链路发送给 sink。

2. 具有超级链路的异构网络的能耗模型

在没有添加异构节点的传感器网络中，设普通节点 v_i 和 v_j 的位置分别为 (x_i, y_i) 和 (x_j, y_j)，则节点 v_i 和 v_j 到 sink 的距离分别为

$$d(v_i, S) = \sqrt{(x_i - x_S)^2 + (y_i - y_S)^2}, \quad d(v_j, S) = \sqrt{(x_j - x_S)^2 + (y_j - y_S)^2} \quad (6\text{-}11)$$

在添加异构节点后的异构网络中，设异构节点 h 的位置为 (u, w)，如图 6-6 所示，其中从 h 到 sink 的链路表示超级链路。普通节点到 sink 的距离定义如下。

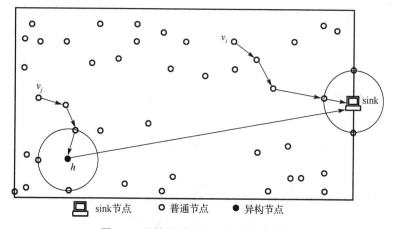

图 6-6　异构传感器网络中的距离模型

（1）如果节点 v_i 离 sink 比较近，或者周围没有能接收节点数据的异构节点，导致 v_i 到 sink 的路径长度，比经超级链路到 sink 的路径长度更短，则 v_i 到 sink 的距离定义为

$$d(v_i, S) = \sqrt{(x_i - x_S)^2 + (y_i - y_S)^2} \quad (6\text{-}12)$$

（2）如果节点 v_j 离 sink 较远，导致 v_j 到异构节点 h 的路径长度比到 sink 的路径长度更短，则 v_j 到 sink 的距离可等价为到异构节点 h 的距离，即定义为

$$d(v_j, S) = \sqrt{(x_j - u)^2 + (y_j - w)^2} \quad (6\text{-}13)$$

节点能耗采用 Heinzelman 提出的 first order 射频自由空间能耗模型进行计算，则发送数据的能耗为

$$E_{Tx}(k, d) = E_{Tx\text{-elec}}(k) + E_{Tx\text{-amp}}(k, d) = kE_{\text{elec}} + k\varepsilon_{fs}d^2 \quad (6\text{-}14)$$

接收节点的能量消耗为

$$E_{Rx}(k) = E_{\text{elec}} \times k \quad (6\text{-}15)$$

其中，$E_{\text{elec}} = 50\text{nJ/bit}$，$\varepsilon_{fs} = 10\text{pJ/(bit·m}^{-2})$，$d$ 表示发送节点和接收节点间的距离。

在添加了超级链路的异构传感器网络中，如图 6-6 所示，普通节点传送数据到 sink

的路线只有两种：一种是数据全部由普通节点经多跳转发到达 sink，如节点 v_i；另一种是数据经超级链路发送到 sink，如节点 v_j。当采用贪婪路由策略发送数据时，假设每一跳的距离都等于节点的最大通信半径 R。对于第一种节点 $\{v_i\}$，令 $d_i = d(v_i, S)$，如果需要发送 k bit 的数据到 sink，则发送过程参与多跳转发的普通节点所消耗的总能量为

$$
E(k,d_i) = \begin{cases} k(2E_{\text{elec}} + \varepsilon_{fs} \cdot R^2) \cdot \text{int}\left(\dfrac{d_i}{R}\right) - kE_{\text{elec}}, & \mod\left(\dfrac{d_i}{R}\right) = 0 \\[4mm] k(2E_{\text{elec}} + \varepsilon_{fs} \cdot R^2) \cdot \text{int}\left(\dfrac{d_i}{R}\right) + kE_{\text{elec}} + k\varepsilon_{fs} \cdot \left[\mod\left(\dfrac{d_i}{R}\right)\right]^2, & \mod\left(\dfrac{d_i}{R}\right) \neq 0 \end{cases}
$$

令

$$
E_1 = k(2E_{\text{elec}} + \varepsilon_{fs} \cdot R^2) \cdot \text{int}\left(\frac{d_i}{R}\right) - kE_{\text{elec}}
$$

$$
E_2 = k(2E_{\text{elec}} + \varepsilon_{fs} \cdot R^2) \cdot \text{int}\left(\frac{d_i}{R}\right) + kE_{\text{elec}} + k\varepsilon_{fs} \cdot \left[\mod\left(\frac{d_i}{R}\right)\right]^2
$$

则显然 $E_1 < E_2$。因为 $\text{int}\left(\dfrac{d_i}{R}\right) > \dfrac{d_i}{R} - 1$，所以

$$
k(2E_{\text{elec}} + \varepsilon_{fs} \cdot R^2) \cdot \left(\frac{d_i}{R} - 1\right) - kE_{\text{elec}} \leqslant E_1 \tag{6-16}
$$

又因为 $\text{int}\left(\dfrac{d_i}{R}\right) \leqslant \dfrac{d_i}{R}$ 且 $\mod\left(\dfrac{d_i}{R}\right) < R$，所以有

$$
E_2 \leqslant k(2E_{\text{elec}} + \varepsilon_{fs} \cdot R^2) \cdot \frac{d_i}{R} + kE_{\text{elec}} + k\varepsilon_{fs} R^2 = k(2E_{\text{elec}} + \varepsilon_{fs} \cdot R^2) \cdot \left(\frac{d_i}{R} + 1\right) - kE_{\text{elec}}
$$

因此对于第一种节点的能量消耗，有以下不等式成立：

$$
k(2E_{\text{elec}} + \varepsilon_{fs} \cdot R^2) \cdot \left(\frac{d_i}{R} - 1\right) - kE_{\text{elec}} \leqslant E(k,d_i) \leqslant k(2E_{\text{elec}} + \varepsilon_{fs} \cdot R^2) \cdot \left(\frac{d_i}{R} + 1\right) - kE_{\text{elec}} \tag{6-17}
$$

对于第二种节点 $\{v_j\}$，令 $d_j = d(v_j, h)$，在发送 k bit 数据到 sink 时，由于超级链路的能量消耗可以忽略不计，因此在发送过程中普通节点的总能量消耗等于把数据转发至超级节点 h 时的能量消耗，即

$$
E(k,d_j) = \begin{cases} k(2E_{\text{elec}} + \varepsilon_{fs} \cdot R^2) \cdot \text{int}\left(\dfrac{d_j}{R}\right) - kE_{\text{elec}}, & \mod\left(\dfrac{d_j}{R}\right) = 0 \\[4mm] k(2E_{\text{elec}} + \varepsilon_{fs} \cdot R^2) \cdot \text{int}\left(\dfrac{d_j}{R}\right) + kE_{\text{elec}} + k\varepsilon_{fs} \cdot \left[\mod\left(\dfrac{d_j}{R}\right)\right]^2, & \mod\left(\dfrac{d_j}{R}\right) \neq 0 \end{cases}
$$

同理，有以下不等式成立：

$$k(2E_{\text{elec}} + \varepsilon_{fs} \cdot R^2) \cdot \left(\frac{d_j}{R} - 1 \right) - kE_{\text{elec}} \leqslant E(k, d_j) \leqslant k(2E_{\text{elec}} + \varepsilon_{fs} \cdot R^2) \cdot \left(\frac{d_j}{R} + 1 \right) - kE_{\text{elec}} \quad (6\text{-}18)$$

由以上分析可知，在部署了超级链路的异构传感器网络中，所有普通节点的能量总消耗为

$$E(k) = \sum_{\{v_i\}} E(k, d_i) + \sum_{\{v_j\}} E(k, d_j)$$

其中，$\{v_i\}$ 表示不经超级链路发送数据至 sink 的普通节点的集合；$\{v_j\}$ 表示经超级链路发送数据至 sink 的普通节点的集合。由式（6-17）和式（6-18）可知

$$k(2E_{\text{elec}} + \varepsilon_{fs} \cdot R^2) \cdot \left(\frac{\sum\limits_{\{v_i, v_j\}} (d_i + d_j)}{R} - (N_i + N_j) \right) - (N_i + N_j)kE_{\text{elec}} \leqslant E(k)$$

$$\leqslant k(2E_{\text{elec}} + \varepsilon_{fs} \cdot R^2) \cdot \left(\frac{\sum\limits_{\{v_i, v_j\}} (d_i + d_j)}{R} + (N_i + N_j) \right) - (N_i + N_j)kE_{\text{elec}}$$

对于给定的网络，节点数目 $N = N_i + N_j$ 和节点最大通信半径 R 都为定值，其中 N_i, N_j 分别表示集合 $\{v_i\}$ 和 $\{v_j\}$ 中普通节点的数目，因此上式可写为

$$c_1 \sum_{\{v_i, v_j\}} (d_i + d_j) + c_2 \leqslant E(k) \leqslant c_1 \sum_{\{v_i, v_j\}} (d_i + d_j) + c_3 \quad (6\text{-}19)$$

其中，$c_1 = \dfrac{k(2E_{\text{elec}} + \varepsilon_{fs} \cdot R^2)}{R}$，$c_2 = -kN(3E_{\text{elec}} + \varepsilon_{fs} \cdot R^2)$，$c_3 = kN(E_{\text{elec}} + \varepsilon_{fs} \cdot R^2)$。

显然，由式（6-19）可知，总能耗 $E(k)$ 随着所有节点到 sink 的距离和 $\sum\limits_{\{v_i, v_j\}} (d_i + d_j)$ 的增大而增大。随着制造工艺的发展，传感器节点收发电路的能量消耗 E_{elec} 已很小，无线传感器网络中能量的消耗主要与数据转发时的路径长度有很大关系。因此降低数据传输的总路径长度，将会显著降低网络的能量消耗，提高整个网络的生命周期。

6.3.2 基于混合整数规划的异构节点优化部署

1. 具有小世界特性异构网络构建时的主要问题

在具有小世界特性的异构网络中，异构节点位置确定后，超级链路也就相应确定。根据已有的研究可知，在部署异构节点时，主要解决以下两个问题。

（1）给定异构节点数量时，异构节点的最优部署位置。相同数目的异构节点，按照不同的方式进行部署，对网络性能的改善差别非常大。所以在设置异构网络时，必须根据网络分布特性和拓扑结构，构造较优的异构节点部署算法。

（2）在满足要求的情况下，所需异构节点的最小数量。在异构传感器网络中，异构节点与普通节点相比，在电源能量、计算能力、通信能力等方面都有明显的优势，但异构节点的成本比较昂贵，因此在设置异构传感器网络时，必须考虑网络成本，不能无限制地添加异构节点。在构建异构网络时必须根据网络的分布特性，选择合适数量的异构节点，使网络性能在得到较大改善的同时又不超出网络成本的可接受范围。

近年来，很多研究者探讨了异构传感器网络构造的理论和实验分析，以及利用小世界网络的特性构造异构网络的相关理论。文献[178]和[183]研究了异构传感器网络的实用可行性和一些成簇算法；文献[184]和[185]对异构传感器网络进行了相关理论分析并进行了相应的实验测试；文献[168]通过添加有线异构链路，使同构传感器网络变成具有小世界特性的 Hybird 传感器网络，并对该异构网络的平均路径长度和整个网络的能耗均衡性进行了研究。Hawick 和 James[169]等利用小世界网络模型对添加了异构链路的传感器网络的网络覆盖、生命周期和容错能力等问题进行了详细研究。文献[182]和[186]中利用移动节点构造具有小世界特性的异构传感器网络，并通过实验对网络能效进行了分析。

但以上研究都没有解决异构传感器网络中异构节点的部署位置和数量这两个问题。Helmy 等在文献[166]和[187]中对异构节点的部署位置及数量进行了初步的研究，研究结果认为异构节点的个数为 24 且异构链路的长度为网络直径的 40%时，达到最优。但 Helmy 的模型有以下不足：①该模型中所有异构链路的长度都必须相同；②所有的异构链路只能以 sink 为圆心等角度均匀分布；③该模型只考虑了均匀分布的网络模型。很容易通过实验验证，这种异构节点的部署方案远远没有达到最优。

Mark 等在文献[177]中研究了在网格状网络中添加异构节点构成异构传感器网络的相关理论，并根据图论知识计算异构节点的数量和最优部署位置，但该模型对传感器网络的拓扑结构有很严格的要求，要求所有的节点都必须呈规则的格子状分布。在实际的传感器网络中，由于地形环境等因素的影响，很难有拓扑结构如此规则的网络，而且大型传感器网络通常使用分层网络结构，各层的簇头节点显然难以规则的网格状分布，因此该模型的实用价值很低。

文献[188]提出了基于选址理论的异构节点位置计算方法，该方法根据传感器网络中所有节点的地理位置信息来逐步优化异构节点的位置和数量。与前面两种算法相比，该模型对网络的拓扑结构没有太多限制。但该模型没有考虑异构传感器网络的成本问题，在利用选址理论进行循环优化的过程中，当发现有一个普通节点到异构节点的距离不在一跳范围内时，就直接在网络中添加一个异构节点，然后再进行循环优化。该方法必然导致异构节点的重复覆盖问题比较严重，如果在一个节点数目很多、且分布较广的大型网络中，过多的异构节点会导致网络成本很高，造价非常昂贵。而且该模型不能解决当异构节点的数目给定时，如何进行最优部署的问题，所以很难用于实际的网络构建。文献[189]～[194]对异构网络的相关理论和算法进行了研究。

改进的 LEACH-C 算法[195]（improved LEACH-C，ILC）和基于 K-mean 的 BSL（best sink location）算法[196]可以对给定数目的异构节点进行优化部署，而且适用于任何形式的网络。但 ILC 算法按照 LEACH-C 算法选择簇头成簇后，只是简单地将异构节点部署在簇头位置，没有对异构节点的设置做进一步的优化，不能充分发挥异构节点的性能，对网络能耗的改善有限。BSL 算法从网络中随机选择 K 个普通节点的位置作为初始聚类中心，通过 K-mean 算法计算出最佳的聚类中心位置，在该位置放置异构节点。K-mean 算法的计算量小，但该方法对初值的选择很敏感，如果初值选择不当，就得不到较好的次优解。

由文献[166]、[177]和[188]的研究可知，在异构网络的配置中，目前还没有具有普适性的异构节点数量和位置部署的最优求解算法。在异构传感器网络中，当异构节点的位置部署确定后，超级链路的位置也相应确定。Mark 等已证明在异构传感器网络中合理配置异构节点，寻求最优的部署方案是一个 NP 难问题[177]。

2. 异构节点数目已知时的优化部署模型

假设待添加的异构节点的个数为 β，位置为 (u_k,w_k)，$1 \leqslant k \leqslant \beta$，网络中任一普通节点 $v_i(x_i,y_i)$ 经过超级链路到 sink 的距离为 d_i^H，则

$$d_i^H = \min_{k=1,\cdots,\beta} \sqrt{(x_i - u_k)^2 + (y_i - w_k)^2} \qquad (6\text{-}20)$$

其中，$1 \leqslant i \leqslant N$，$d_i^H$ 也即表示 v_i 沿距其最近的异构节点传输数据到 sink 时的距离。

设普通节点 $v_i(x_i,y_i)$ 不经过超级链路，直接到 sink 的距离为 d_i^S，则

$$d_i^S = \sqrt{(x_i - x_S)^2 + (y_i - y_S)^2} \qquad (6\text{-}21)$$

通过 6.3.1 节对无线传感器网络的能耗分析可知，计算异构节点的最佳部署问题，也即相当于求所有普通节点到 sink 距离和的最小值问题。令 d_i 表示异构网络中节点 $v_i(x_i,y_i)$ 到 sink 的距离，即

$$d_i = \min(d_i^H, d_i^S)$$

则由式（6-19）可知，该优化问题的目标函数可表示为

$$f = \min \sum_{i=1}^{N} d_i \qquad (6\text{-}22)$$

文献[177]已证明，在随机分布的无线传感器网络中，求解式（6-22）所表示的异构节点的最优部署问题是一个 NP 难问题。对于该问题，本书采用求解混合整数规划问题的分解算法求异构节点部署的一个次优解。

3. 异构节点位置部署的混合整数规划表示

假设待添加的异构节点数目已知，并且限制异构节点的部署位置只能从普通节点的位置中选择，则异构节点的部署问题可转化为一个最优位置选择问题，该问题是一个混合整数规划问题，可以通过分解算法求其近似最优解。

假设 V 表示普通节点的集合，(X,Y) 表示普通节点的位置集合，则 $V=\{v_i,1\leqslant i\leqslant N\}$，$(X,Y)=\{(x_i,y_i),1\leqslant i\leqslant N\}$。假设在网络中部署 β 个异构节点，位置为 $H_k=(u_k,w_k)$，其中 $1\leqslant k\leqslant\beta$，如果用 H 表示异构节点的集合，(U,W) 表示异构节点的位置集合，则 $H=\{h_k,k=1,2,\cdots,\beta\}$，$(U,W)=\{(u_k,w_k),k=1,\cdots,\beta\}$。按照限制条件，在传感器网络中，$\beta$ 个异构节点的最优部署问题可以转化为以下相应的位置选择问题：从网络的普通节点集合 $V=\{v_1,v_2,\cdots,v_N\}$ 中选出 β 个节点，在其相应的位置部署异构节点，使得所有普通节点到 sink 的距离之和达到最小。

为了描述方便，对传感器网络进行以下规定。

（1）用 v_0 表示 sink，(x_0,y_0) 表示 sink 的位置，即 $v_0=\text{sink}$，$(x_0,y_0)=(x_S,y_S)$。设网络中普通节点和 sink 的总集合为 V^*，其位置集合为 (X^*,Y^*)，则

$$V^*=V\bigcup\{v_0\}=\{v_i,0\leqslant i\leqslant N\}$$

$$(X^*,Y^*)=(X,Y)\bigcup\{(x_0,y_0)\}=\{(x_i,y_i),0\leqslant i\leqslant N\}$$

（2）将 sink 看作部署在位置 (x_0,y_0) 上的一个异构节点，记 $h_0=(u_0,v_0)$，也即假设在网络中部署 $(\beta+1)$ 个异构节点，但第一个异构节点的位置固定在 $(u_0,v_0)=(x_0,y_0)$ 处，其他 β 个异构节点的位置从普通节点的位置中选择。设此时异构节点的集合为 H^*，其位置集合为 (U^*,W^*)，则

$$H^*=H\bigcup\{h_0\}=\{h_k,0\leqslant k\leqslant\beta\}$$

$$(U^*,W^*)=(U,V)\bigcup\{(u_0,w_0)\}=\{(u_k,v_k),0\leqslant k\leqslant\beta\}$$

在传感器网络部署异构节点后，根据超级链路的特点和节点到 sink 的距离公式（6-12）和式（6-13）可知，在只考虑距离和能耗的条件下，可以把 sink 看作一个异构节点。在规定了新的集合后，异构节点的部署问题相当于：从传感器网络的所有节点集 $V^*=\{v_0,v_1,\cdots,v_N\}$ 中选择 $(\beta+1)$ 个节点，在其相应的位置部署异构节点，使得所有普通节点到 sink 的距离之和达到最小，但规定第一个异构节点必须部署在节点 v_0 处。

令 $d_{i,j}$ 表示：普通节点 $v_i\in V$ 通过处于 $v_j\in V^*$ 处的异构节点 $h=(u,w)$ 转发数据到 sink 时，v_i 到 sink 的等价距离，则由式（6-13）可知

$$d_{i,j}=\sqrt{(x_i-u)^2+(y_i-w)^2}，\quad 1\leqslant i\leqslant N,\ \ 1\leqslant j\leqslant N$$

因为 h 与 v_j 共享位置信息，即 $u=x_j,w=y_j$，所以

$$d_{i,j}=\sqrt{(x_i-x_j)^2+(y_i-y_j)^2}，\quad 1\leqslant i\leqslant N,\ \ 0\leqslant j\leqslant N$$

定义 6-7　引进两组 0-1 变量。

（1）变量 p_j，规定

$$p_j = \begin{cases} 1, & \text{在节点}\,v_j \in V^* \text{处部署异构节点} \\ 0, & \text{不在节点}\,v_j \in V^* \text{处部署异构节点} \end{cases}$$

其中，$0 \leqslant j \leqslant N$，因为按照假设等价于必须在 v_0 处设置异构节点，所以一定有 $p_0 = 1$。

（2）变量 $z_{i,j}$，规定

$$z_{i,j} = \begin{cases} 1, & v_i \in V \text{的数据经部署在}\,v_j \in V^* \text{处的异构节点转发至sink} \\ 0, & \text{否则} \end{cases}$$

由集合 V 和 V^* 的定义可知，这里 $1 \leqslant i \leqslant N$，$0 \leqslant j \leqslant N$。则异构节点的部署问题可以描述成如下优化问题：

$$f = \min \sum_{i=1}^{N} \sum_{j=0}^{N} d_{i,j} z_{i,j} \tag{6-23}$$

约束条件：

$$\begin{cases} \textcircled{1} \displaystyle\sum_{j=0}^{N} p_j = \beta + 1 \\[2mm] \textcircled{2} \displaystyle\sum_{j=0}^{N} z_{i,j} = 1, \quad i = 1, 2, \cdots, N \\[2mm] \textcircled{3}\, z_{i,j} \leqslant p_j, \quad i = 1, 2, \cdots, N, \quad j = 0, 1, 2, \cdots, N \\[2mm] \textcircled{4}\, p_0 = 1, \quad p_j \in \{0, 1\}, \quad j = 1, 2, \cdots, N \\[2mm] \textcircled{5}\, z_{i,j} \in \{0, 1\}, \quad i = 1, 2, \cdots, N, \quad j = 0, 1, 2, \cdots, N \end{cases}$$

异构节点的部署问题被形式化为一个混合整数规划问题，约束条件①表示在把 sink 看作一个异构节点的情况下，在网络中部署 $(\beta + 1)$ 个异构节点；约束条件②表示每个普通节点只能通过其中某一个异构节点转发数据至 sink；约束条件③表示若不在位置 $v_j \in V^*$ 处部署异构节点，则任一普通节点 $v_i \in V$ 不可能从 v_j 处直接转发数据至 sink；约束条件④和⑤为 p_j 和 $z_{i,j}$ 的取值范围，其含义与定义 6-7 相同；目标函数 f 表示在以上约束条件下，所有普通节点到 sink 距离和的最小值。本书使用分解算法求该混合整数规划问题的次优值，然后在网络中部署异构节点，普通节点按照第 6.3.1 节所讲的方法进行数据传输，则 HNMIP 路由算法的构建完成。

4. 利用分解算法求异构节点位置部署的混合整数规划问题

分解算法作为一种新颖的优化技术，已被成功用于求解大规模线性规划和大规模非线性规划问题[189,190]。分解算法也可用来处理像整数规划等难以求解的 NP 难问题，并在求解多种不同类型的 NP 难问题中获得了很好的效果。当用分解算法对混合整数规划问题进行求解时，首先需要对原问题进行适当的变换，消去某些比较复杂的约束，将对一个复杂问题的求解变换成对一个或一系列相对简单的问题的求解。分解算法也可以看作一种松弛算法，因为在分解算法中，最后真正求解的问题通常是原问题某种形式的规划松弛。结合拉格朗日松弛法和 Benders 分解法，可以构造一种求解混合整数规划问题的分解算法。

如果把约束条件②看作复杂约束，则对任意的乘子 $\pi^0 = (\pi_1^0, \pi_2^0, \cdots, \pi_N^0)$，可定义问题 $R(\pi^0)$ 为

$$R(\pi^0): \quad f = \min \sum_{i=1}^{N} \sum_{j=0}^{N} d_{i,j} z_{i,j} + \sum_{i=1}^{N} \sum_{j=0}^{N} \pi_i^0 z_{i,j} - \sum_{i=1}^{N} \pi_i^0$$

约束条件：

$$\begin{cases} \sum_{j=0}^{N} p_j = \beta + 1 \\ z_{i,j} \leqslant p_j, \quad i = 1, 2, \cdots, N, \quad j = 0, 1, 2, \cdots, N \\ p_0 = 1, \quad p_j \in \{0, 1\}, \quad j = 1, 2, \cdots, N \\ z_{i,j} \in \{0, 1\}, \quad i = 1, 2, \cdots, N, \quad j = 0, 1, 2, \cdots, N \end{cases}$$

可以证明 $R(\pi^0)$ 的最优解满足下列关系：

$$z_{i,j} = \begin{cases} p_j, & d_{i,j} + \pi_i^0 \leqslant 0 \\ 0, & \text{否则} \end{cases} \tag{6-24}$$

因此，如果定义

$$\overline{d}_{i,j} = \min\{d_{i,j} + \pi_i^0, 0\}, \quad \overline{d}_j = \sum_{i=1}^{N} \overline{d}_{i,j}$$

那么问题 $R(\pi^0)$ 可等价为如下简单的形式：

$$f = \min \sum_{j} \overline{d}_j p_j \tag{6-25}$$

约束条件：

$$\sum_{j=0}^{N} p_j = \beta + 1 \tag{6-26}$$

$$p_0 = 1, \quad p_j \in \{0, 1\}, \quad j = 1, 2, \cdots, N \tag{6-27}$$

求出式（6-25）～式（6-27）得到最优解 p 后，可由式（6-24）来确定相应的 $z_{i,j}$ 的值。

进一步，如果假定 $\overline{d}_j$ 已排列成如下顺序：

$$\overline{d}_0 \leqslant \overline{d}_1 \leqslant \cdots \leqslant \overline{d}_N$$

则比较容易证明 $R(\pi^0)$ 的最优解 p^0 必为

$$p_0^0 = p_1^0 = p_2^0 = \cdots = p_\beta^0 = 1, \quad \text{而 } p_j^0 = 0, \quad j = \beta+1, \cdots, N$$

由此及式（6-24）即可确定问题 $R(\pi^0)$ 的最优解 $\{p_j^0, z_{i,j}^0\}$。

对于任意满足式（6-27）的 0-1 向量 $p = (p_0, p_1, \cdots, p_N)$，定义子规划 $B(p)$ 为

$$B(p): z_0(p) = \min \sum_{i=1}^{N} \sum_{j=0}^{N} d_{i,j} z_{i,j} \tag{6-28}$$

约束条件：

$$\sum_{j=0}^{N} z_{i,j} = 1, \quad i = 1, 2, \cdots, N \tag{6-29}$$

$$0 \leqslant z_{i,j} \leqslant p_j, \quad i = 1, 2, \cdots, N, \quad j = 0, 1, \cdots, N \tag{6-30}$$

$B(p)$ 的对偶规划 $D(p)$ 可定义为

$$D(p): \quad z_0(p) = \max \left(\sum_{i=1}^{N} \pi_i - \sum_{i=1}^{N} \sum_{j=0}^{N} \pi_{i,j} p_j \right)$$

约束条件：

$$\pi_i - \pi_{i,j} \leqslant d_{i,j}, \quad i = 1, \cdots, N, \quad j = 0, 1, \cdots, N$$

$$\pi_{i,j} \geqslant 0, \quad i = 1, \cdots, N, \quad j = 0, 1, \cdots, N$$

这里和求解问题 $R(\pi^0)$ 一样，可以直接求出 $B(p)$ 和 $D(p)$ 的最优解。

假设所给的 p 满足：

$$p_0 = p_1 = \cdots = p_\beta = 1, \quad p_{\beta+1} = p_{\beta+2} = \cdots = p_N = 0$$

定义

$$d_{i,\overline{j}}^* = \min_{0 \leqslant j \leqslant \beta} d_{i,j}, \quad i = 1, 2, \cdots, N$$

则 $B(p)$ 的最优解为

$$z_{i,j} = \begin{cases} 1, & j = \overline{j} \\ 0, & \text{否则} \end{cases} \quad i = 1, \cdots, N, \quad j = 0, 1, \cdots, N$$

而 $D(p)$ 的最优解可确定为

$$\pi_i = d_{i,\overline{j}}^*, \quad i = 1, 2, \cdots, N$$

$$\pi_{i,j} = 0 , \quad i = 1, 2, \cdots, N , \quad j = 0, 1, \cdots, \beta$$

$$\pi_{i,j} = \max\{0, d_{i,\overline{j}} - d_{i,j}\} , \quad i = 1, 2, \cdots, N , \quad j = \beta + 1, \beta + 2, \cdots, N$$

有了前面的准备，则求解异构节点位置选择问题的分解算法可根据图 6-7 中的步骤进行求解。

步骤 1　任取一异构节点位置向量 p，使其满足

$$\sum_{j=0}^{N} p_j = \beta + 1$$

其中，$p_0 = 1$，$p_j \in \{0,1\}, 1 \leqslant j \leqslant N$，求解 $B(p)$ 和 $D(p)$，设 $D(p)$ 的最优解为 $(\pi_i^1, \pi_{i,j}^1)$，令 $Q = \{1\}, j = 0$。

步骤 2　求解 $R(\pi^j)$，设其最优解为 $(z_{i,j}^*, p_j^*)$。

步骤 3　求解 $B(p^*)$ 和 $D(p^*)$，设它们的最优解分别为 $(\overline{z}_{i,j}, p_j^*)$ 和 $(\pi_i^*, \pi_{i,j}^*)$，目标函数为 $z_0(p^*)$。

步骤 4　如果对于 $i = 1, 2, \cdots, N$，有 $\pi_i^* = \pi_i^j$，则停止，$(\overline{z}_{i,j}, p_j^*)$ 即为异构节点位置选择问题的最优解（其中 p_j^* 表示异构节点的部署位置，$\overline{z}_{i,j}$ 表示普通节点与异构节点相对应的传输关系）；否则，求解 $R(\pi_j^*)$，设其最优解为 $(\overline{z}_{i,j}^*, \overline{p}_i^*)$。

步骤 5　若对 $j = 0, 1, \cdots, N$，有 $\overline{p}_j^* = p_j^*$，则停止，$(\overline{z}_{i,j}, \overline{p}_j^*)$ 即为要求的异构节点位置选择问题的最优解；否则转步骤 6。

步骤 6　令 $\pi_i^{j+1} = \pi_i^*$，$Q = Q \cup \{j+1\}$，$j = j + 1$，转步骤 2。

步骤 7　求解 $B(\overline{p})$ 和 $D(\overline{p})$，设它们的最优解分别为 $(z_{i,j}', \overline{p}_j)$ 和 $(\overline{\pi}_i, \pi_{i,j})$。

步骤 8　若 $z_0(\overline{p}) = z_0(Q)$，则停止，$(z_{i,j}', \overline{p}_j)$ 即为异构节点位置选择问题的最优解；否则，令 $\pi_i^{j+1} = \overline{\pi}_i$，$Q = Q \cup \{j+1\}, j = j + 1$，转步骤 2。

图 6-7　异构节点位置优化部署的求解方法

5. 异构节点最优数目的确定

（1）已知网络费用时异构节点数目的计算。

在构建异构传感器网络时，如果所能承担的总费用已知，则可根据普通传感器节点的费用和异构节点的费用，确定网络中所能部署的异构节点的个数。

（2）已知网络性能要求时异构节点数目的确定。

在构建异构传感器网络时，如果网络的总费用可以有一定的浮动，但要求网络的性能达到一定的标准，那么此时需要考虑在网络性能达到标准的同时，如何使网络的费用最小。在这种情况下，异构节点最优数目的确定，与传感器网络具体的要求有关。通常，普通节点到 sink 的平均距离是影响网络性能的重要因素，因此，可以把节点到 sink 的平均距离作为一个标准来进行衡量。下面讨论在异构传感器网络中，当普通节点到 sink 的平均距离达到一定的标准时，如何确定异构节点的最小数目。

异构网络中，设普通节点的总数目为 N，要求普通节点 v_i 到 sink 最短距离的均值为 $\overline{d}$，即

$$\overline{d} = \frac{1}{N} \sum_{i=1}^{N} d_i$$

其中，d_i 是由式（6-20）和式（6-21）所定义的节点 v_i 到 sink 的最短距离。当对 $\bar{d}$ 的要求不同时，所需异构节点的最小数目通常也不同。

当 $\bar{d}$ 所满足的条件确定后，可以根据 6.3.2 节中异构节点的优化部署算法求出所需异构节点数目的最优值。假设网络要求普通节点到 sink 最短距离的均值 $\bar{d} \leq r_0$，r_0 为一给定的常值，设满足该条件时所需异构节点的最小数目为 $\beta_{\min}$，那么 $\beta_{\min}$ 应满足以下两个条件。

（1）将 $\beta_{\min}$ 个异构节点按照最优位置部署算法进行优化部署后，普通节点到 sink 的最短距离和 $\sum\limits_{i=1}^{N} d_i$ 应满足：

$$\frac{1}{N}\sum_{i=1}^{N} d_i \leq r_0$$

也即将 $\beta_{\min}$ 个异构节点按照约束优化（6-23）进行最优位置部署后，所得到的目标函数的最小值 $\min\left(\sum\limits_{i=1}^{N}\sum\limits_{j=0}^{N} d_{i,j} z_{i,j}\right)$ 满足：

$$\frac{1}{N}\min\left(\sum_{i=1}^{N}\sum_{j=0}^{N} d_{i,j} z_{i,j}\right) \leq r_0$$

（2）将 $(\beta_{\min}-1)$ 个异构节点按照最优位置部署算法进行优化部署后，普通节点到 sink 的最短距离和 $\sum\limits_{i=1}^{N} d_i$ 不满足 $\frac{1}{N}\sum\limits_{i=1}^{N} d_i < r_0$。也即将 $(\beta_{\min}-1)$ 个异构节点按照约束优化式（6-23）进行最优位置部署后，所得到的目标函数的最小值 $\min\left(\sum\limits_{i=1}^{N}\sum\limits_{j=0}^{N} d_{i,j} z_{i,j}\right)$ 满足：

$$\frac{1}{N}\min\left(\sum_{i=1}^{N}\sum_{j=0}^{N} d_{i,j} z_{i,j}\right) > r_0$$

由以上分析可知，求满足给定的距离条件 $\bar{d} \leq r_0$ 时所需的最小异构节点数目 $\beta_{\min}$，可在异构节点最优位置部署算法的基础上，通过比较迭代进行计算，算法的具体步骤如图 6-8 所示。

步骤 1　赋初值，设待添加的异构节点的个数 $m=1$。

步骤 2　令 $\beta=m$，利用分解算法对约束优化式（3-23）进行求解，计算目标函数的最小值 $\min\left(\sum\limits_{i=1}^{N}\sum\limits_{j=0}^{N} d_{i,j} z_{i,j}\right)$。

步骤 3　如果 $\min\left(\sum\limits_{i=1}^{N}\sum\limits_{j=0}^{N} d_{i,j} z_{i,j}\right)$ 满足 $\frac{1}{N}\min\left(\sum\limits_{i=1}^{N}\sum\limits_{j=0}^{N} d_{i,j} z_{i,j}\right) \leq r_0$，则停止迭代，取 $\beta_{\min} = \beta$。

步骤 4　否则，令 $m=m+1$，转步骤 2。

图 6-8　异构节点最优数目的计算方法

通过以上迭代算法所求的值 β_{min}，即为在满足距离条件 $\overline{d} \leqslant r_0$ 时，所需的异构节点的最小数目。一般地，当普通节点到异构节点或到 sink 的距离在一跳范围内时，能量消耗达到最小，所以这里 $r_0 \geqslant R$，其中 R 表示节点的最大通信半径。为了减少运算时间，可以采用二分法等优化方法来快速确定所需异构节点的数目，本书对此不做详细的讨论。

6.4　小世界特性的分簇异构网络路由算法

6.4.1　小世界特性分簇异构网络的提出

在 6.3 节基于混合整数规划构建的异构传感器网络 HNMIP 中，普通节点根据所在的位置，采用就近原则将监测数据直接多跳发送到 sink 或异构节点，如图 6-9 所示，其中实线表示超级链路，因此整个网络相当于以异构节点为簇头，进行了相应的簇划分。在网络的运行过程中，数据发送的拓扑路径保持不变，因此 HNMIP 异构网络相当于静态分簇网络。静态分簇存在簇头节点死亡过快、传输数据冗余度大及网络负载不均衡等缺点。在 HNMIP 异构网络中，虽然簇头是异构节点，不会因能量的消耗而过快死亡，但对于规模较大的传感器网络仍存在以下不足。

（1）在异构节点 h 一跳之外的普通节点，都需要通过 h 附近的节点将数据多跳转发至 h。图 6-9 中异构节点 h_i 和 h_j 附近的节点由于频繁转发数据，其能量消耗过快，导致网络能耗不均衡，降低了网络的稳定周期和生命周期。

（2）由于每个节点都将监测数据不经处理地直接发送给异构节点 h，导致传输数据的冗余度较大，增加了网络的能量消耗。

（3）普通节点需要维护复杂的路由信息，增加了节点的功能复杂度和网络中路由控制信息的数量，使得网络通信量和能耗都相应地增大。

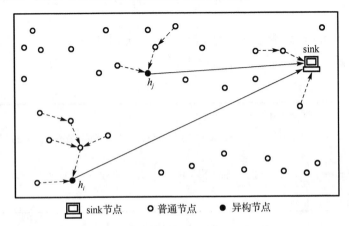

图 6-9　HNMIP 网络的传输方式

为了克服静态成簇网络的不足，文献[191]中指出，可以采用动态分簇的策略加以改善。近些年来，国内外已经提出了较多的成簇算法，比较著名的有 LEACH、LEACH-C、HEED、SEP、DEEC 和 DAEA 等[197-201]。为了改善 HNMIP 网络传输方式的不足，本节在 HNMIP 路由算法的基础上，构建基于分簇的异构传感器网络（clustering heterogeneous network based on mixed integer programming，CHNMIP）路由算法，该算法的主要思想是：首先设待部署的异构节点的个数为 β，按照图 6-7 中异构节点优化部署算法对其进行部署；然后对网络中普通节点按照一定的成簇算法选择簇头进行分簇；分簇后，簇内成员节将数据发送至所在簇的簇头；最后簇头节点将自身数据和接收到的数据进行相应处理，将处理后的数据通过簇头层节点多跳转发至 sink 或相应的异构节点。

下面将给出一个网络簇头数目的优化计算方法，并对 CHNMIP 路由算法的构建过程和性能进行分析讨论，最后通过仿真实验验证 HNMIP 和 CHNMIP 两种路由算法的有效性。

6.4.2　簇头数目的优化计算

将无线传感器网络进行分簇可以减小节点间的通信距离，降低能耗，提高网络的响应速度。分簇的数目直接影响到簇规模的大小，在经典的 LEACH 算法中，通过公式 $n_{CH} = p \times N$ 产生 n_{CH} 个簇头，其中 N 表示网络中所有节点的个数，p 表示期望的簇头比例。LEACH 算法产生簇头个数时，没有考虑网络规模、节点的通信能力等情况，如果根据网络的节点数量、节点的通信半径等参数在能耗最小的原则下优化计算分簇数目，将会进一步提高网络的整体性能。下面根据网络能耗最小的原则来估算簇头数目的最优值。

设 N 个传感器节点随机均匀分布在 $A \times B$ 的监测区域内，且 $A = B$，将传感器网络划分为 n_{CH} 个簇，则每个簇内分布的节点个数平均为 N / n_{CH}。网络的能量消耗主要包括以下几方面。

（1）簇头节点的能耗 E_{CH}，簇头节点的能耗主要是接收簇内成员数据的能耗 E_{Rx}，进行数据融合的能耗 E_{FA}，把融合后的数据发送给邻居簇头的能耗 E_{Tx}。

（2）簇内成员节点发送数据给簇头时的能耗 $E_{\text{non}-CH}$。

（3）各簇头间的路由能耗 E_{CH-CH}。

下面分别计算这三部分的能耗。由于簇内节点和簇头间的距离较近，它们之间的通信采用自由空间通信模型。假设每个数据包包含 k bit 的数据，簇头对接收的数据进行完全融合，由能耗公式（6-14）和式（6-15）可知簇头的能耗为

$$E_{CH} = E_{Rx} + E_{DA} + E_{Tx} = kE_{\text{elec}}\left(\frac{N}{n_{CH}} - 1\right) + kE_{DA}\frac{N}{n_{CH}} + (kE_{\text{elec}} + k\varepsilon d_{CH-CH}^{w}) \quad (6\text{-}31)$$

其中，E_{elec} 为收发电路能耗，约等于 50nJ/bit，E_{DA} 为单位数据的融合能耗，约等于

5nJ/bit。d_{CH-CH} 表示当前簇头到邻居簇头的距离，由于要保证簇头数据可靠地传送给 sink，因此簇头间的最大通信距离应小于传感器节点的最大通信半径 R，这里为了方便分析，不妨取 $d_{CH-CH} = R$。那么式（6-31）可表示为

$$E_{CH} = kE_{elec}\left(\frac{N}{n_{CH}} - 1\right) + kE_{DA}\frac{N}{n_{CH}} + (kE_{elec} + k\varepsilon R^w) = k(E_{elec} + E_{DA})\frac{N}{n_{CH}} + k\varepsilon R^w \quad (6-32)$$

这里 ε 和 w 的取值与 R 有关，令 $d_0 = \sqrt{\varepsilon_{fs}/\varepsilon_{amp}}$

$$\text{当 } R < d_0 \text{ 时，} \quad \varepsilon = \varepsilon_{fs} = 10\text{pJ/(bit·m}^{-2}), \quad w = 2 \quad (6-33)$$

$$\text{当 } R \geq d_0 \text{ 时，} \quad \varepsilon = \varepsilon_{amp} = 0.0013\text{pJ/(bit·m}^{-4}), \quad w = 4 \quad (6-34)$$

设簇内节点到簇头的通信距离为 d_{non-CH}，则发送 k bit 数据时每个簇内节点的能耗为

$$E_{non-CH} = kE_{elec} + k\varepsilon_{fs}d_{non-CH}^2 \quad (6-35)$$

假设簇内的节点均匀分布，则簇内节点到簇头节点距离平方的期望 $E(d_{non-CH}^2)$ 可用式（6-36）计算：

$$E(d_{non-CH}^2) = \frac{A^2}{2\pi n_{CH}} \quad (6-36)$$

因此式（6-35）可写为

$$E_{non-CH} = kE_{elec} + k\varepsilon_{fs}\frac{A^2}{2\pi n_{CH}} \quad (6-37)$$

由式（6-32）和式（6-37）可知，在一个簇内，簇头和簇内节点的总能耗为

$$E_{cluster} = E_{CH} + \left(\frac{N}{n_{CH}} - 1\right)E_{non-CH} \approx E_{CH} + \frac{N}{n_{CH}}E_{non-CH} \quad (6-38)$$

而各簇头间的路由能耗 E_{CH-CH} 主要包括簇头接收邻居簇头的数据并转发给路由方向上其他邻居簇头时的能耗，因此可以表示为

$$E_{CH-CH} = kE_{elec} + (kE_{elec} + k\varepsilon R^w) = 2kE_{elec} + k\varepsilon R^w \quad (6-39)$$

下面计算网络内簇头节点到 sink 的平均跳数 t，首先计算簇头节点到 sink 的平均距离 d_{CH-S}。假设 sink 的坐标为 $(x_S, y_S) = (rA, qA)$，$0 \leq r, q \leq 1$，任意一个簇头节点的坐标为 (x, y)，设簇头节点在监测区域内是均匀分布，其概率密度分布可设为 $\rho(x, y) = 1/A^2$，则

$$E(d_{CH-S}^2) = \int_0^A \int_0^A [(x - rA)^2 + (y - qA)^2]\rho(x, y)\mathrm{d}x\mathrm{d}y$$

$$= \int_0^A \int_0^A [(x - rA)^2 + (y - qA)^2]\frac{1}{A^2}\mathrm{d}x\mathrm{d}y$$

经化简计算得

$$E(d_{CH-S}^2) = \left(\frac{2}{3} - r - q + r^2 + q^2\right)A^2$$

采用文献[194]的圆形模型，可求出 d_{CH-S} 的方差为

$$D(d_{CH-S}) \approx \frac{A^2}{\pi}\left(\frac{1}{2} - \frac{1}{9\sqrt{\pi}}\right)$$

因此簇头节点到 sink 的距离 d_{CH-S} 的平均值为

$$E(d_{CH-S}) \approx \sqrt{E(d_{CH-S}^2) - D(d_{CH-S})} = A\sqrt{\left(\frac{2}{3} - r - q + r^2 + q^2\right) - \frac{1}{\pi}\left(\frac{1}{2} - \frac{1}{9\sqrt{\pi}}\right)}$$

则簇头节点到 sink 的平均跳数 t 为

$$t \approx \frac{E(d_{CH-S})}{R} \tag{6-40}$$

由式（6-38）～式（6-40）可知，网络中每个簇头接收每个簇内成员 k bit 的数据并把融合后的数据转发至 sink 的系统总能耗为

$$E_{total} = n_{CH}E_{cluster} + n_{CH}t_{CH}E_{CH-CH} = n_{CH}E_{CH} + NE_{non-CH} + n_{CH}tE_{CH-CH}$$

$$= k(E_{elec} + E_{DA})N + kn_{CH}\varepsilon R^w + k\left(E_{elec} + \varepsilon_{fs}\frac{A^2}{2\pi n_{CH}}\right)N + n_{CH}t(2kE_{elec} + k\varepsilon R^w)$$

$$= k(2E_{elec} + E_{DA})N + (t+1)kn_{CH}\varepsilon R^w + k\varepsilon_{fs}\frac{A^2}{2\pi n_{CH}}N + 2tkn_{CH}E_{elec}$$

求 E_{total} 对 n_{CH} 的导数并令其等于 0，即 $\dfrac{dE_{total}}{dn_{CH}} = 0$，可求得 n_{CH} 最优估计值

$$n_{CH} = \left(\frac{N\varepsilon_{fs}}{2\pi[(t+1)\varepsilon R^w + 2tE_{elec}]}\right)^{1/2}A \tag{6-41}$$

其中，ε 和 w 由式（6-33）和式（6-34）确定，t 由式（6-40）确定。

6.4.3　分簇异构网络路由算法的构建

本节在 HNMIP 和 LEACH-C 算法的基础上，构造分簇异构网络 CHNMIP 路由算法。假设传感器网络中待部署的异构节点数目为 β，异构节点集合 H 中包含 sink，按照式（6-41）计算普通节点的分簇数目 n_{CH}，则 CHNMIP 路由算法的构建和运行过程如下。

（1）按照图 6-7 中的异构节点优化部署算法对 β 个异构节点进行优化部署。

（2）按照 LEACH-C 算法思想在普通节点中选择 n_{CH} 个簇头，并进行成簇。

（3）簇内成员节点 v 将数据发送至所在簇的簇头，并由簇头对数据进行处理。

（4）网络中的簇头节点按照以下方式进行传输：①如果 v_{CH} 到距其最近的异构节点的距离在一跳之内，则直接将 v_{CH} 的数据发送至该异构节点；②否则，v_{CH} 的数据通过簇头层节点多跳转发至距其最近的异构节点。

（5）网络运行一定的时间后，按照 LEACH-C 算法重新选择簇头进行成簇，簇内节点和簇头节点的传输方式保持不变，但传输路径需进行相应调整。

CHNMIP 分簇异构网络中节点的传输方式如图 6-10 所示。首先看簇内成员节点的传输：节点 v_i 到 sink 的距离在一跳之内，所以直接将数据发送至 sink；节点 v_k 到 sink 的距离比较远，不能一跳到达，因此 v_k 将数据发送至它所在簇的簇头节点 v_{CH}^s。再看簇头节点的传输：簇头节点 v_{CH}^r 到 sink 的距离在一跳之内，所以它直接将处理后的数据发送至 sink；簇头 v_{CH}^s 到异构节点 h_B 的距离在一跳之内，所以将处理后数据发送至 h_B；对于簇头 v_{CH}^t，由于到 sink 和异构节点的距离都较远，均不能跳到达，因此将数据经其他簇头节点多跳转发至距其最近的异构节点 h_C。

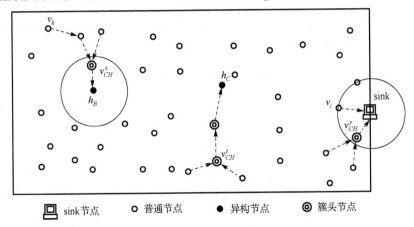

图 6-10 CHNMIP 分簇异构网络的传输方式

在 CHNMIP 路由算法中，普通节点将数据传给所在簇的簇头，一方面，簇头可以对簇内成员节点的数据进行汇聚处理，以减少数据传输量，节省能耗；另一方面，随着簇头选择的不同，这些节点的传输路径也会相应的改变，从而使得网络节点的能量均匀消耗，提高节点的生存时间。此外，LEACH-C 算法根据节点的自身地理位置和当前能量来挑选簇头，以剩余能量较大而且具有最优地理位置的节点作为簇头节点，便于接收簇内成员节点的数据。

6.4.4 分簇异构网络路由算法的性能分析

下面对 CHNMIP 路由算法的性能进行分析。在动态分簇的异构传感器网络中，因为异构节点的数量通常较少，大部分的节点需要通过簇头转发数据到异构节点，所以簇头到异构节点的距离会直接影响网络的能量消耗和生命周期。在 CHNMIP 路由算法中，随着网络的运行，簇头节点被不断更换，为了提高网络的性能，自然希望网络的簇头节点虽然在不断变换，但簇头到异构节点的距离和仍尽可能的小。通过理论分析发现，在网络的生命周期内，CHNMIP 分簇路由能够使簇头节点到 sink 的距离和达到最优。

定义 6-8　在分簇传感器网络中，如果簇头节点 v_{CH} 到 sink 的距离为 d，在一轮中向 sink 发送数据的次数为 m，则定义 v_{CH} 在一轮中到 sink 的距离总和为 md。

定理 6-1　在 CHNMIP 分簇路由中，在网络的生命周期内簇头节点到 sink 的距离和最优。

证明　由于网络内普通节点随机均匀分布，因此不妨设在网络的生命周期内每个节点等概率地当选为簇头节点，即在网络的运行过程中每个节点当选为簇头的平均轮数相同，设为 $\bar{r}$，假设每轮中簇头向 sink 发送数据的平均次数为 $\bar{m}$。设网络中部署的异构节点个数为 β，记为 $h_1, h_2, \cdots, h_\beta$，$\beta$ 个异构节点按照图 6-7 中的最优部署算法进行优化部署。这里也按照 6.3.2 节中的规定，把 sink 看作一个异构节点记为 h_0，则当异构节点部署完成后，由超级链路的特性可知，节点 v_i 到 sink 的距离 d_i 可表示为

$$d_i = \min_{k=0,1,\cdots,\beta}(d_{i,k}), \quad i = 1, 2, \cdots, N$$

$d_{i,k}$ 表示 v_i 到第 k 个异构节点的距离，即 $d_{i,k} = \sqrt{(x_i - u_k)^2 + (y_i - w_k)^2}$。节点 v_i 当选为簇头节点后，收集簇内成员数据进行相应处理后向 sink 转发，由于异构节点部署后位置固定不变，因此 v_i 当选为簇头后到 sink 的距离仍为 d_i。按照假设可知，当 v_i 为簇头节点时，每一轮中 v_i 与 sink 之间进行 $\bar{m}$ 次通信，所以在每一轮中 v_i 到 sink 的距离总和为 $\bar{m}d_i$。由于节点等概率地当选为簇头，所以在网络的生命周期内，簇头节点到 sink 的距离总和为

$$\bar{d}_{\text{sum}} = \sum_{i=1}^{N} \bar{r} \cdot \bar{m} d_i = \bar{r}\,\bar{m} \sum_{i=1}^{N} d_i$$

因为在 CHNMIP 路由算法中，异构节点是按照 6.3.2 节中所提出的混合整数规划问题的求解结果进行优化部署，因此由式（6-22）可知，此时异构节点的位置部署可以使得 $\sum_{i=1}^{N} d_i$ 取得最小值。所以在 CHNMIP 路由算法中，在网络的生命周期内簇头节点到 sink 的距离和最优。

定理 6-2　CHNMIP 路由算法的性能优于 HNMIP 路由算法。

证明　在 HNMIP 路由算法中，异构节点按照优化算法进行最优部署后的网络如图 6-11 所示，其中有 3 个异构节点，用圆形表示。普通节点根据其到异构节点的距离，将数据多跳转发至离其最近的异构节点或 sink。

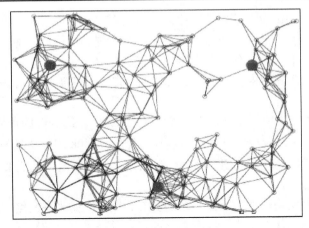

图 6-11　异构节点优化部署后的传感器网络

设 h 为网络中的某个异构节点，由 HNMIP 路由算法可知，网络中的部分节点将成为 h 的子节点，它们以 h 为中心将数据多跳转发至 h，然后再由 h 传输到 sink。由于假设异构节点能量可补充且超级链路无带宽限制，所以异构节点在某种程度上相当于是一个 sink，设 h 及其子节点所构成的拓扑结构如图 6-12 所示。

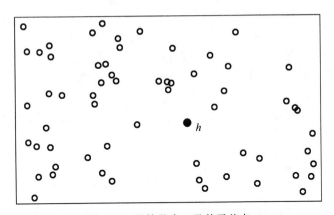

图 6-12　异构节点 h 及其子节点

可以看出在 HNMIP 路由算法中，每个异构节点 h 及以其为中心的普通节点构成了一个单 sink 的同构子网（h 即相当于 sink）。如果将该子网以 LEACH-C 算法进行分簇，分簇后的子网结构如图 6-13 所示，其中环形表示簇头。由文献[178]、[194]可知，按照上述规则分簇后以 h 为中心的子网的性能必然得到一定程度的提高。所以，在 CHNMIP 路由算法中，当异构节点按优化算法部署后，对由普通节点构成的整个网络按照 LEACH-C 算法进行成簇，然后按照 6.4.3 节中的传输方式进行数据发送。其能耗性能一定优于 HNMIP 路由算法。

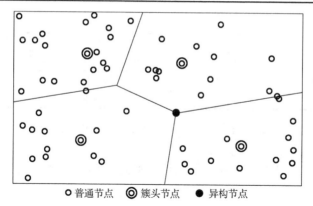

○ 普通节点　◎ 簇头节点　● 异构节点

图 6-13　对以异构节点 h 为中心的子网进行分簇

6.5　仿真实验与分析

关于异构网络与同构网络的性能比较，在文献[166]、[177]和[188]中已有详细的研究，所有的研究一致表明，适当添加少数异构节点后构成的异构网络，在性能上有着非常大的提高，因此，不再对异构网络和同构网络的性能进行比较，而是主要关注文中所提出的两种异构网络路由算法，即 HNMIP 路由算法和 CHNMIP 路由算法，与以下两种异构网络路由算法进行性能比较。

（1）改进的 LEACH-C 分簇异构网络路由算法（improved LEACH-C，ILC）：利用 LEACH-C 算法思想选择簇头，但簇头由异构节点来担任，即在簇头位置上部署异构节点，簇内成员节点的数据通过多跳到达簇头。由于异构节点部署后位置保持不变，所以只进行一次簇头选择。

（2）BSL（best sink locations）分簇异构网络路由算法：首先从网络中随机选取 K 个节点的位置作为初始聚类中心，然后通过 K-mean 算法计算最佳聚类中心，在最佳聚类中心处放置异构节点作为簇头，按照成簇机制进行成簇。网络也只进行一次成簇，成簇后网络结构保持不变。

为了对实验结果进行分析，采用 Omnet++进行仿真测试，假设 200 个节点随机分布在 6 种不同规模的正方形网络区域，其边长分别为：100m、150m、200m、250m、300m、350m。所有的网络场景中都只安排一个 sink，设 sink 位于传感器网络区域的外部。实验中各项参数值的设置如表 6-1 所示。仿真实验中，忽略由信号碰撞和无线信道干扰等随机因素带来的干扰，采用自由空间通信的能耗模型。

表 6-1　实验参数

参数	取值	参数	取值
初始能量/J	0.5	通信距离阈值 d_0/m	87.7
E_{elec}/(nJ/bit)	50	帧长/bit	1000

续表

参数	取值	参数	取值
ε_{fs} /(pJ/(bit/m^2))	10	每轮采集的帧数/frame	10
ε_{amp} /(pJ/(bit/m^4))	0.0013	广播包大小/B	25
E_{DA} /(nJ/(bit/signal))	5	节点最大通信半径/m	30

对于实验结果，从以下四个方面对以上算法进行比较评价。

（1）每轮节点的存活数量。

（2）网络的稳定周期。从传感器网络开始运行到第一个节点死亡时所经历的轮数[197]，称为网络的稳定周期；在实验中当节点消耗完初始能量的 99%后，则认为节点死亡。

（3）网络的生命周期。当传感器网络中有 10%的节点死亡时，则认为传感器网络已失效。因此从网络开始运行到 10%的节点死亡时所经历的轮数，称为网络的生命周期。

（4）每轮中节点剩余能量的标准差。

假设网络中部署 4 个异构节点，对于 ILC 和 BSL，分别按照其算法思想计算异构节点的部署位置。在 CHNMIP 路由算法中，当异构节点按照优化算法部署后，按照式（6-41）计算最优分簇数目并对普通节点进行分簇。由于网络节点的部署具有随机性，所以对每种实验场景都进行 30 次实验，取平均值作为最终的实验结果。

图 6-14(a)～(f)给出了对不同大小的网络区域进行仿真实验时，每轮存活的节点个数。实验结果表明，CHNMIP 的稳定周期最长，其次是 HNMIP 和 BSL 算法，HNMIP 的稳定周期要优于 BSL，ILC 算法最短。HNMIP 算法的稳定周期与 BSL 相比平均增加了约 16%，而 CHNMIP 算法的稳定周期与 HNMIP 相比平均增加了约 40%。

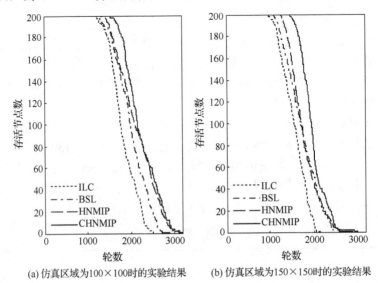

(a) 仿真区域为100×100时的实验结果　　　(b) 仿真区域为150×150时的实验结果

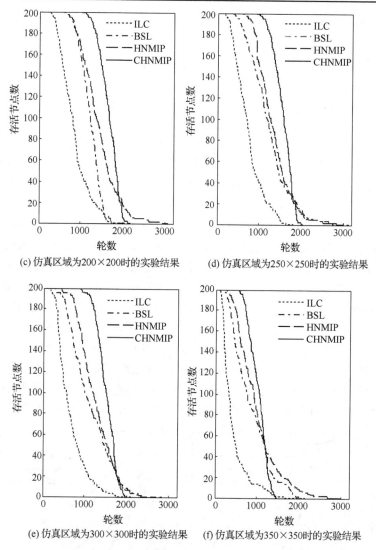

(c) 仿真区域为200×200时的实验结果　　(d) 仿真区域为250×250时的实验结果

(e) 仿真区域为300×300时的实验结果　　(f) 仿真区域为350×350时的实验结果

图 6-14　不同仿真场景中每轮节点的存活数量

这是因为 ILC 算法没有从能耗出发对异构节点进行优化部署,而是将异构节点直接部署在簇头位置,使得节点到异构节点的平均路径长度较大,增加了将数据发送至异构节点的中继节点的数量,使得异构节点附近的节点和离异构节点较远连接度较大的节点,都需要较多的转发数据,从而导致其能量消耗较快,生存时间变短。

BSL 算法通过计算最佳聚类中心来部署异构节点,使得异构节点的部署得到了一定程度的优化,减小了节点的平均路径长度,降低了网络的平均能耗,因此该方法中第一个节点的死亡轮数比 ILC 算法中的长。但 K-mean 算法只是计算一个局部近似解,而且算法对初值比较敏感,初值选择不当,所求解的优化程度并不高。HNMIP 算法是根据整个网络的节点分布情况来部署异构节点,优化程度较高。因此与 BSL 算法相比,HNMIP 算法中节点的平均路径长度更短、平均能耗更小。大部分节点都集中在异构节点周围,异构节点附近的节点需要转发的数据量会更小,这些原因使得 HNMIP 的稳定周期比 BSL 的更长,但可以看出,增加得并不多。

基于分簇的 CHNMIP 算法中异构节点按照全局优化后的位置进行部署,节点的平均路径长度普遍较小,减小了能耗;而采用动态分簇的方法传输数据,离异构节点较远的节点数据经由簇头节点转发,而簇头节点由剩余能量较多的节点轮流担当,因此单个节点能耗趋于平均,节点的生存时间会被相应的延长。而在其他三种算法中,异构节点部署后,网络节点的传输路径也就相应固定,不会再发生改变,因此能耗较大的节点在每一轮中都会消耗更多的能量,不能使得节点能量均匀消耗,导致某些能耗较大的节点生存时间较短。所以 CHNMIP 算法与 HNMIP 等算法相比,稳定周期得到了显著的提高。从图 6-14 中可看出,CHNMIP 算法可以在更长的时间内保证所有的节点都存活。由于能量消耗比较均衡,所以最后节点剩余的能量都很少,当节点开始死亡时,死亡的速度会突然加快,如图 6-14 中实线所示,节点死亡的时间比较集中。

图 6-15(a)给出了在不同大小的仿真实验场景中,四种异构网络路由算法的稳定周期变化曲线。图 6-15(b)给出了不同大小的实验场景中,四种算法的网络生命周期变化曲线。网络生命周期与稳定周期的情况类似:在 ILC 算法中,由于异构节点的部署位置没有经过优化,所以生命周期最短;HNMIP 算法在部署异构节点时比 BSL 的优化程度高,所以节点的平均路径长度更小,节点的平均能耗也更小,使得 HNMIP 算法的生命周期比 BSL 的平均增加了约 14%;而 CHNMIP 算法中由于在异构节点优化部

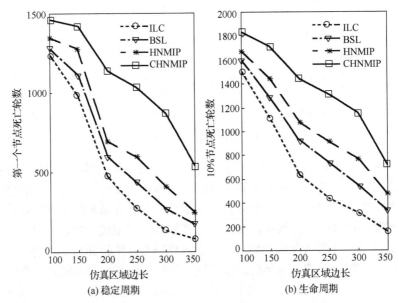

图 6-15　不同仿真场景中网络的稳定周期和生命周期

署的基础上，进一步采用动态分簇的方法进行传输，因此普通节点的能耗更小且比较均匀，所以网络生命周期明显变长，与 HNMIP 算法相比，生命周期平均增加了约 31%。

图 6-16(a)～(f)显示了在不同大小的仿真环境中，当四种算法运行时每轮中剩余能量的标准差。从图 6-16 可以看出，ILC 中各节点的能耗差异最大，因为异构节点的位置没有经过优化，节点到异构节点的平均路径长度大，很多节点的数据需要通过其他节点多跳转发，造成了节点的剩余能量极不均衡。在 HNMIP 和 BSL 中，异构节点经过优化部署，节点的平均路径长度得到有效的改善，但由于网络的传输结构固定不变，靠近异构（或 sink）节点的普通节点需要一直转发来自外层节点的数据，能耗较大，导致节点间能量不均衡。CHNMIP 算法中距离异构（或 sink）节点较远的节点通过簇

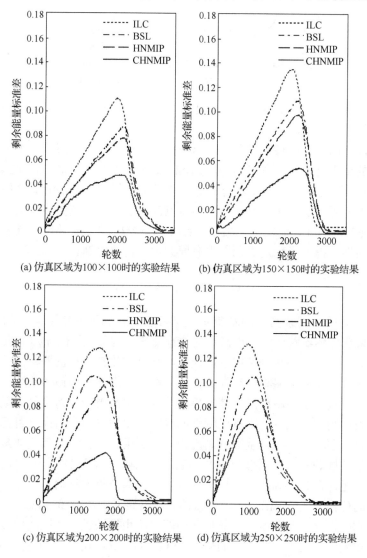

(a) 仿真区域为100×100时的实验结果　　(b) 仿真区域为150×150时的实验结果

(c) 仿真区域为200×200时的实验结果　　(d) 仿真区域为250×250时的实验结果

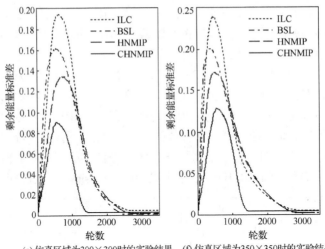

(e) 仿真区域为300×300时的实验结果　　(f) 仿真区域为350×350时的实验结果

图 6-16　不同仿真场景中网络剩余能量的标准差

头转发数据，而簇头节点被不断的动态更新，由剩余能量较多的节点轮流担当，因此，节点能量消耗的均衡性最好。

从不同场景的实验结果可以看出，单纯依靠异构节点优化部署的 HNMIP 算法可以提高网络的稳定周期和生命周期，但与 BSL 及 ILC 的方法相比，提高的幅度并不大。而在异构节点优化部署的基础上进行动态分簇的路由算法 CHNMIP，可使节点的能量均匀消耗，能在更长的时间内保证所有的节点都存活，有效避免某些关键节点过早死亡的现象，使节点的死亡时间更加集中。所以 CHNMIP 算法有效地延长了网络的稳定周期和生命周期，提高了稳定周期在生命周期中所占的比例。

6.6　本 章 小 结

本章首先介绍了复杂网络的基础知识，分析了传感器网络所具有的复杂网络特性，指出如果在传感器网络中节点密集的位置部署异构节点，使异构节点与 sink 直接通信构成超级链路，也即在网络中形成捷径，则可构建具有小世界特性的异构网络。同时也指出了添加超级链路将会在很大程度上影响网络的平均路径长度、度分布，减少数据的转发次数，从而减小能量消耗提高网络的生命周期。为了最大限度地提高网络性能并有效控制网络成本，本章以网络的路径长度和最小作为优化目标，把异构节点的优化部署问题转化为混合整数规划问题，并利用分解算法求其近似最优解，提出了基于混合整数规划的异构网络 HNMIP 路由算法。为了克服 HNMIP 路由算法中传输路径固定等不足，在其基础上，对异构网络中的普通节点进行动态分簇，并设置成簇后网络节点的传输方式，提出了一种分簇的异构网络 CHNMIP 路由算法。最后通过仿真实验，将本书提出的两种方法与其他异构网络路由算法进行了性能比较，给出了不同条件下的实验测试结果，验证了 HNMIP 和 CHNMIP 路由算法的有效性。

第7章 传感器网络中自适应汇聚路由算法

本章首先介绍了传感器网络中数据汇聚的必要性，并通过对汇聚能耗的分析，指出了在网络的所有交汇点进行汇聚并不是最佳汇聚方案，而是需要根据能量开销自适应确定汇聚点。然后在最小生成树（minimum spanning tree，MST）和最短路径树（shortest path tree，SPT）的基础上，构造了一棵性能介于两者之间的平衡生成树，并以该平衡生成树作为传感器网络的初始传输路径，提出了一种以能耗最小为目标的自适应汇聚路由 MEAAT（minimum energy adaptive aggregation tree）算法，该算法根据节点数据的汇聚得益，自适应判断是否汇聚。接着在 MEAAT 算法的基础上，引入第二代小波零树编码算法对数据进行自适应压缩，提出了基于压缩的 CMEAAT（compressing MEAAT）算法，并对 MEAAT 和 CMEAAT 两种算法的性能进行了比较分析。最后，通过仿真实验将 MEAAT 和 CMEAAT 算法与经典汇聚算法进行了比较，实验结果验证了本书所提出算法的有效性。

7.1 问题的提出

无线传感器网络的主要作用是利用传感器节点采集监测数据，并将数据返回到 sink。通常传感器节点在能量、计算能力、存储容量和通信带宽等各方面的资源都非常有限，如何节省能量、提高传感器网络的生存时间是传感器网络设计的首要问题。传感器网络中，将各个节点采集到的监测数据独立地发送到 sink 后再进行数据处理的方式，是不合适的，主要原因如下[202-204]。

（1）信息传送效率低。多个节点同时向 sink 发送数据，必然导致数据传输的延迟，增加数据链路层的调控难度，造成频繁的冲突碰撞，从而降低通信的传送效率。

（2）浪费通信带宽：由于传感器节点通常密集分布，邻近节点间的监测区域存在大量重叠，因此采集到的数据存在大量冗余，将存在大量冗余的监测数据全部发送到 sink 必然会浪费通信带宽。

（3）浪费节点能量。发送大量冗余数据以及由此引起的频繁的冲突碰撞，将会额外消耗过多的节点能量，影响整个网络的生存时间。

为了避免上述问题，在网络节点发送数据的过程中采用数据汇聚/数据融合（data aggregation/data fusion）技术对采集到的监测数据进行处理，是一种非常有效的方法。

在实际的无线传感器网络中，用户在使用传感器网络查询事件时，直接将所需要的查询数据通告给网络，而不是通告给某个确定编号的传感器节点。网络在获得指定查询事件的数据后汇报给用户，也就是说，用户关心的是整个网络在某个方面的监测数据，而不是某个特定节点的监测数据。因此传感器网络在监测数据的采集和传输过程中，数据汇聚可以起到重要的作用。

无线传感器网络中的数据汇聚是指对多个节点的监测数据进行相应处理，将其合并成一个更有效、更符合用户需求的数据。汇聚后的数据通常要比原始数据的数据量小很多。在传感器网络的使用中，大多数用户只需要监测的结果，并不需要每个节点所采集到的大量原始数据，因此数据汇聚是达到该目标的一种重要手段。

在无线传感器网络中，数据汇聚技术主要用来处理同一类型传感器节点所采集到的数据，一般不能对不同类型的采集数据进行数据汇聚处理。如在温度监测的传感器网络中，可以对各个节点采集到的温度数据进行汇聚处理[205]，而在动态目标监视的传感器网络中，可以对各传感器节点采集到的环境图像数据进行汇聚，但不能对温度数据和环境图像数据进行汇聚处理。数据汇聚的使用和效果与传感器网络的使用环境有很大的关系，在温度监测的网络中，数据汇聚只需要处理传感器节点的位置坐标和采集到的温度数据，很容易实现而且汇聚效果也很好；而在动态目标监测的网络中，由于每个节点部署的位置不同，在记录同一目标时拍摄的角度也不同，在数据汇聚时需要从三维空间进行考虑，因此不同节点数据汇聚的难度较大。

从上述分析可知，无线传感器网络中数据汇聚的目的与传统意义上数据融合的目的有很大的不同。传统的多传感器数据融合是为了将不同知识源和不同类型传感器节点所采集到的数据进行综合处理，使得融合后的数据具有各类型原始数据的共同特征，以实现对观察对象更好的理解；而无线传感器网络中数据汇聚的主要目的是在保持监测数据完整性的前提下，尽可能地降低各监测节点间数据的冗余性并删除无效、有效性差的数据，同时将不同节点的数据结合起来，减少网络数据的传输量，以降低节点能量的消耗，延长整个网络的生存时间。因此在无线传感器网络的设计中，数据汇聚是一个非常重要的方面，是提高网络能量效率且延长网络生存时间的重要手段。

7.2　传感器网络数据汇聚的研究和发展

7.2.1　数据汇聚基础知识

1. 数据汇聚的作用

在无线传感器网络中，使用数据汇聚技术可以有效提高网络的性能，主要体现在以下三个方面[203,206,207]。

（1）降低网络能量消耗。

在无线传感器网络的实际应用中，如果需要监测某个区域，则应在该区域内部署大量的传感器节点。考虑单个节点的监测范围和可靠性都非常有限，因此为了保证监测系统的可靠性及监测数据的完整性，必须使监测区域内的节点部署达到一定的密度，即邻近传感器节点间的监测范围存在着重叠，从而导致了传感器节点采集到的监测数据存在着一定程度的冗余。例如，在温度监控的传感器网络中，如果相邻节点距离较近，则监测到的温度数据非常相似，有时甚至完全相同。在这种冗余度很高的网络中，完全没有必要把每个节点的监测数据都发送给 sink，因为这样做除了使网络消耗更多的能量，sink 并不能获得更多的有用信息。在这种情况下，应首先对网络内节点的采集数据进行汇聚处理，在满足精度的前提下消除数据间的冗余，将网络中要传输的数据量尽量最小化，节省网络能量。

（2）增强网络数据的准确性。

无线传感器网络中的绝大部分节点都是比较廉价的普通传感器节点，如果每个节点都直接将采集数据发送给 sink，则 sink 从某个普通节点收集到的数据存在一定程度的不可靠性。导致数据不可靠的主要因素如下：①由于体积和成本的限制，普通节点配置的传感器精度较低，影响监测的准确性；②由于节点间采用无线通信，所以在通信时数据容易受到干扰而产生误差；③传感器节点经常部署在高温或水下等环境中，恶劣的工作环境不仅影响数据的传输效果，而且可能会损坏节点，导致其工作异常，发送错误的监测数据。

因此，单个传感器节点收集到的数据很难保证监测数据的正确性和精度，需要对监测同一目标的多个邻近节点的数据进行综合处理，以提高监测数据的准确度和可信度。当然，也可以在所有节点数据传输到 sink 后，在 sink 采取集中式汇聚处理。但采用这种汇聚处理有两个缺点：①汇聚精度和有效性不高，有时会产生汇聚误差，没有直接在网络中采用分布式汇聚的效果好；②影响网络数据使用的时效性，使用 sink 进行集中式汇聚需要所有的节点数据全部到达后才能进行，如果某些节点数据由于网络堵塞而未能及时发送到 sink，则得不到最终的汇聚结果，特别是在一些实时性较强的网络中将严重影响用户的使用。

（3）提高网络数据的收集效率。

在网络中对节点数据进行分布式汇聚时，如果汇聚数据间的相关性较大，则汇聚后的数据量相比原始数据量有明显地减少，可以有效减轻网络的传输堵塞，改善网络数据的传输延迟；即使汇聚数据间的相关性很小，汇聚后不能有效减少数据量，但由于通过汇聚把多个传感器节点的数据综合成了同一个数据包，减少了网络中数据包的个数，这样可以减小数据链路层的调控难度，减少数据传输时的冲突碰撞，提高网络信道的使用效率。所以在网络中对传输数据进行汇聚，可以在一定程度上提高网络数据的收集效率。

2. 数据汇聚技术的分类

在无线传感器网络的数据汇聚中，可以从不同的角度对汇聚技术进行相应分类，下面简要介绍几种常用的分类方法。

（1）按照传感器网络中数据分发/数据汇聚的方式划分，数据汇聚技术可以分为三类：集中式、分布式和混合式。

集中式数据汇聚是指所有的传感器节点将采集到的监测数据直接发送到 sink，然后由 sink 进行统一处理，得到汇聚结果。集中式汇聚可以综合全部的原始数据信息，得到最全面的输出报告，但巨大的数据传输量会对有限的网络链路容量和有限的节点能量造成很大的负担，容易引起网络传输的堵塞，消耗过多的节点能量，缩短网络的生存时间。

分布式汇聚利用节点自身的计算和存储能力进行数据汇聚处理，删除冗余信息，有效地减少了网络中的数据传输量，提高了监测数据的精度和可信度。但分布式数据汇聚有两个问题需要考虑：①数据汇聚时需要运行一定数量的指令，尽管单条指令的能耗开销远小于单比特数据的传输开销，但当监测数据格式比较复杂时，汇聚处理的能量开销并不能忽略；②如果采用有损压缩技术进行汇聚，则会降低采集数据的精度。在实际的传感器网络中，针对不同的网络环境和数据使用目标，可以采用混合方式来汇聚网络数据。

（2）按照汇聚前后数据精度的变化情况，可以把汇聚技术分为无损汇聚和有损汇聚两种[204]。

在无损汇聚中，原始数据的细节信息都被保留，汇聚时只删除各组数据中的冗余信息，将多个数据包汇聚成一个数据包，汇聚前后数据所包含的信息总量保持不变。有损汇聚通常会损失一些细节信息，汇聚后的数据质量有所降低，但有损汇聚可以更大限度地减少汇聚后的数据量，以节省传感器网络资源。在有损汇聚中，信息的损失必须要有一定的限度，应保留用户所需要的全部信息，不能影响用户的使用需求。

（3）根据汇聚操作的级别来划分，传感器网络汇聚技术可以分为三类：数据级汇聚、特征级汇聚和决策级汇聚[208]。

数据级汇聚是最底层的汇聚，操作对象是传感器节点采集到的原始数据。数据级汇聚通常不考虑用户的需求，仅依赖于传感器节点的类型和采集到的数据类型。在目标识别的传感器网络中，节点采集到的数据是图像，数据级汇聚即为图像的像素级融合，进行的操作包括对图像像素进行分类或组合，以及去除冗余信息等。特征级汇聚中，先通过一定的方法将监测数据表示成一系列的特征向量，这些特征向量可以反映监测数据的某方面属性，然后对这些特征向量进行相应的汇聚操作。特征级汇聚是面向监测对象特征的汇聚方法。决策级汇聚是最高级别的汇聚，在对监测数据进行汇聚的同时还需要根据需要进行相应的决策。决策级汇聚的操作对象一般是特征级汇聚后得到的反映监测对象属性的特征向量，对监测对象进行相应的判别和分类，并根据需要进行简单的逻辑运算，执行相应的决策。因此决策级汇聚是一种面向对象的汇聚方法。

（4）根据汇聚算法所处的协议层可以把汇聚技术分为三类：应用层数据汇聚、网络层数据汇聚和独立于应用的数据汇聚[209]。

应用层数据汇聚最大的特点是汇聚前必须先了解数据的语义，在此基础上根据数据的语义信息对监测数据进行汇聚操作。无损汇聚、有损汇聚、数据级汇聚、特征级汇聚以及决策级汇聚等这些汇聚算法通常都是在应用层进行的。由于传感器网络是以数据为中心，因此应用层的设计应具有以下特点：①应用层的用户数据接口应对用户屏蔽底层的数据操作，即用户不需要了解数据是如何得到的，这样设计可以保证底层的数据实现方式发生了改变，对用户的操作习惯不会产生影响；②应用层应具有方便、灵活的查询方式，并能及时返回查询信息，而且网络应支持多任务并行；③为了便于进行汇聚操作，减小数据传输量节省网络资源，应用层数据的表现格式应便于进行网内计算。

网络层的数据汇聚算法本质上就是无线传感器网络的一种路由算法，应根据数据的融合度、汇聚能耗及传输能耗等因素决定数据的传输路径，并确定数据在网络中的融合位置，各节点的监测数据按照汇聚算法确定的路径逐步发送到 sink，并在传输的过程中根据算法确定的汇聚点进行相应的融合。

独立于应用的数据汇聚 AIDA[210]的主要特点是不需要了解应用层数据的语义，而根据下一跳的地址直接对数据链路层的多组数据进行汇聚。例如，将多组数据拼接成一组数据进行转发，通过减少数据分组的头部开销和 MAC 层的发送冲突来减小网络能耗。这种技术把数据汇聚作为一个独立的层来实现，简化了网络中各层次之间的关系。AIDA 的目的是建立独立于其他协议层的汇聚层协议，使其能够根据网络的负载变化进行动态调整，在保证数据完整性的前提下，以数据汇聚为手段，节省网络资源。但由于 AIDA 不对应用层数据进行处理，所以数据的融合度不高，在很多情况下，汇聚后数据传输量的减少非常有限。

3. 网络层中的数据汇聚

网络层中的数据汇聚是目前的一个研究重点，很多学者围绕网络层数据汇聚技术做了很多研究工作。在网络层进行汇聚可以利用恰当的路由策略实现。数据汇聚与网络路由相结合是处理网络内数据的重要方法，是实现以数据为中心的汇聚策略的关键技术，可以在保证网络性能的前提下达到很高的融合度。在网络层进行数据汇聚时，汇聚策略与网络的路由方式密切相关。根据数据是否进行汇聚，可以把传感器网络的路由方式大致分为两类[211]：以地址为中心的路由——AC 路由（address-centric routing）和以数据为中心的路由——DC 路由（data-centric routing）。

以地址为中心的路由中，不考虑数据汇聚，每个节点沿最短路径发送数据到 sink。如图 7-1(a)所示。以数据为中心的路由中，节点在向 sink 发送数据时，并不是寻找最短路径来发送，而是根据数据的内容在网络中寻找合适的中间节点，在中间节点上对多个节点的数据进行汇聚操作，然后再把汇聚后的数据向 sink 发送，如图 7-1(b)所示。在传感器网络中，AC 路由和 DC 路由哪一个能耗更多，与网络中数据的融合度有关。如果传感器节点采集到的监测数据融合度较大，则使用 DC 路由能更好地节省网络能量。因为 DC 路由可以有效减少网络中的传输数据量，而且数据的融合度越大，DC

路由的优势越明显，在数据可以被完全融合的情况下，DC 路由的优势最明显，此时两种路由的能耗差距达到最大。如果节点数据冗余度较小或完全没有冗余，那么 DC 路由的融合功能就不能发挥作用，通过融合无法有效减少网络中的数据传输量，此时由于 DC 路由选择的不是最短路径，因此会比 AC 路由消耗更多的能量。

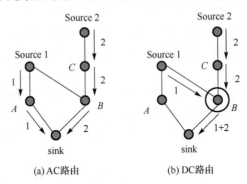

(a) AC路由　　　　　　　　　(b) DC路由

图 7-1　以地址为中心的路由和以数据为中心的路由

随着传感器的发展，节点采集到的监测数据越来越复杂，数据量也越来越大，采用数据汇聚可以显著减少数据量，因此 DC 路由有着更广阔的应用前景，目前以 DC 路由为基础的数据汇聚算法是一个非常重要的研究方向。

7.2.2　数据汇聚路由算法和能耗的相关研究

1. 数据汇聚树的构造

在无线传感器网络中，sink 通过反向传播的汇聚树收集节点监测数据，如果在数据传输的过程中，每个中间节点都对接收到的数据进行汇聚处理，那么数据就得到了及时且最大限度的融合，可以有效节省网络能量。文献[203]和[211]通过详细证明，发现在应用 DC 路由的网络中，当每个节点都发送数据时，最优的融合方案是一棵涵盖节点 $(v_1, v_2, \cdots, v_k, S)$ 的最小 Steiner 树，其中 v_i 表示传感器节点，S 表示 sink。因此 DC 路由中的最优融合问题就转变为在图 G 中寻找最小 Steiner 树，在节点任意部署的网络中寻找最小 Steiner 树是一个 NP 难问题。所以，文献[211]给出了以下三种次优的路由选择算法。

（1）近源汇聚（center at nearest source，CNS）。选择距离 sink 最近的源节点作为汇聚节点，其他的节点都将数据发送到该节点，由该节点对收到的数据进行汇聚处理，然后由这个节点将汇聚后的数据发送至 sink。在这种方法中，sink 一旦确定，整个汇聚树便随之确定。

（2）最短路径树（shortest paths tree，SPT）。每个节点各自沿着到 sink 的最短路径发送数据，在最短路径的每个交叠处，对数据进行汇聚。每个节点的最短路径交叠在一起就构成了汇聚树。在该方案中，当每个节点都确定了自身的最短传输路径后，汇聚树的结构也就相应确定了。

（3）贪心增长树（greedy incremental tree，GIT）。在该方案中，汇聚树是逐步建立的，先通过 sink 确定树的主干，再通过树的主干添加枝叶，逐步扩充。初始的 GIT 树只有 sink 和距离它最近的源节点之间的一条最短路径；然后从剩下的源节点中选择距离 GIT 树最近的节点连接到树上，逐步迭代循环，直到所有的节点都被连接到树上。这里所谓的"最近的节点"是指传输数据至 sink 时能耗最小的源节点。

上述三种次优方案的性能跟传感器网络的拓扑结构有关。如果 sink 距离网络源节点很远，此时三种方案都能工作，但 CNS 方案要比另外两种方法的节能效果差很多，因为尽早的汇聚可以有效减少网络数据的传输量，节省大量网络能量，因此在这种情况下，三种方案的节能效果通常为 GIT>SPT>CNS。如果 sink 距离网络的覆盖区域很近或就在其中时，CNS 方案此时不能发挥节能作用，而 SPT 与 GIT 方案哪个节能效果更好与传输数据的融合度有关：当传输数据的融合度很高时，GIT 的节能效果要优于 SPT，即 GIT>SPT；而随着融合度的降低，两种方案间的差距越来越小；当数据间的融合度很小或几乎不能融合时，将有可能是 SPT>GIT。

在传感器网络的实际应用中，影响数据汇聚路由的因素有很多。第一个重要因素是采集数据间的融合度，不同的传感器网络中，数据间的融合度差别很大。如果数据汇聚后，数据包的大小与原始数据包的大小保持一致，那么这种汇聚称为"完全融合"；如果数据间不存在冗余，则汇聚后数据包的大小等于所有被汇聚的数据包的大小的总和，说明此时数据完全不能融合，这种汇聚称为"零融合"。融合度介于"零融合"和"完全融合"之间的汇聚称为"部分融合"。

影响数据汇聚路由的第二个重要因素是能量消耗。这里所说的能量消耗不仅包括节点在接收、传输数据时的能量消耗，还包括执行数据汇聚算法时节点的能量消耗，因为当节点采集的数据比较复杂时，汇聚能耗较大，不能被忽略。因此在设计数据汇聚的路由算法时，需要充分考虑网络分布的拓扑结构和监测数据间的融合度，而且还要考虑数据的传输能耗和汇聚能耗，以设计适当的汇聚路由算法。

2. 数据汇聚路由算法已有的相关研究

由于分布式汇聚路由算法可以减少数据传输量，降低网络拥塞，提高网络的生存时间，因此近年来很多学者在这方面进行了大量的研究，提出了很多有效的支持数据汇聚的路由算法和协议，这些算法和协议基本可以被分为三种类型：路由驱动型、编码驱动型和汇聚驱动型。

1）路由驱动型算法

路由驱动型算法的基本思想是首先为网络中的每个源节点选择到 sink 的最佳传输路径，在数据传输的过程中，如果最佳路径相互交叠，则在交叠处对数据进行汇聚。路由驱动型的算法中比较经典的有：定向扩散算法（DD）、贪心增长树（GIT）、最短路径树（SPT），以及基于层次的 LEACH 算法、TEEN 算法，基于链的 PEGASIS 路由算法等。

定向扩散路由是一种基于查询的汇聚路由算法，整个算法包括兴趣扩散、建立梯度和路径加强三个阶段。定向扩散路由中的汇聚包括两种：在广播兴趣阶段的汇聚和路径加强阶段的汇聚。贪心增长树 GIT 算法通过合理的调整数据传输路径上的汇聚点位置，尽量使两条传输路径有更多的交叠部分，从而增大数据的融合力度，更多的节省能量。文献[203]中的实验证明，在密度较高的传感器网络中，GIT 算法比 DD 算法节省大约 45%的能量。

LEACH 算法和 TEEN 算法使用分簇的方法进行数据汇聚。网络在选择合适的簇头后，划分为若干个簇，簇内节点采用贪婪路由算法发送数据到簇头节点，簇头节点在收到簇内成员节点的数据后进行汇聚处理，并将汇聚后的数据发送到 sink。LEACH 算法是一种经典的无线传感器路由算法，但该算法中仅在簇头节点进行汇聚，簇内成员发送数据到簇头的过程中以及簇头发送数据到 sink 的过程中，都没有考虑对数据进行汇聚处理。TEEN 算法应用于事件驱动型网络，是 LEACH 算法的一种改进，该算法中定义了硬、软两个阈值，通过动态调节阈值的大小可以在监测精度和网络能耗之间取得比较合理的平衡。

2）编码驱动型路由算法

编码驱动型路由算法的思想是：在发送数据前，源节点首先对采集到的原始数据进行压缩，以减小数据传输量。常用的压缩编码模型有两种：基于显式参考信息的联合熵编码模型和基于隐式参考信息的联合熵编码模型。

如果事先知道网络中所有节点数据间的相关性，则理论上的最佳方法是使用文献[212]~[214]提出的隐式参考信息的联合熵编码。在这种编码方案中，在数据的源节点对数据进行压缩，使网络的数据传输量最小，且压缩后的数据互不相关，不需要再进行汇聚处理，直接采用最短路径树算法发送到 sink。这种方法尽管在理论上能达到很好的效果，但在实际应用中很难预先知道网络中所有节点数据间的相关性，因此，该类算法的实用性较差。目前降低网络传输数据量的编码方法普遍采用基于显式参考信息的联合熵编码，即数据的参考信息要显式地传给压缩节点。文献[215]中提出了一种显式参考信息的编码算法，该算法假设数据只能被压缩一次，压缩后的数据间即使还有相关性也不能再汇聚。如果以本地数据为参考，对来自其他节点的数据进行压缩编码，则使用最优路由算法 MEGA；如果汇聚点以接收到的其他节点数据为参考，对本地数据进行压缩编码，则使用近似路由算法 LEGA，LEGA 算法采用 SLT（shallow light tree）树[216,217]作为数据的传输路径，能达到 $2(1+\sqrt{2})$ 的最优逼近度。但由于该算法中数据只能进行一次编码处理，因此传输数据量降低得很有限。

3）汇聚驱动型路由算法

汇聚驱动型路由算法更多地根据数据间的相关性来确定路由，在这类算法中源节点到 sink 的传输路径可能不是最短的，但由于可以把相关性较大的数据尽早汇聚从而尽量减少传输数据量，因此能耗可以达到最小。文献[218]通过深入研究已证明：联合考虑数据相关性和数据路由的最小能耗路径问题是一个 NP 难问题，最佳路由介于最短路径树 SPT 和最小生成树 MST 之间，因此通常求其次优解或在特定条件下求其最优解。

文献[219]和[220]提出的汇聚路由算法允许源节点数据在传输过程中被多次汇聚，采用分层匹配算法获得数据汇聚树，并且在汇聚函数为凸函数时具有对数形的最优逼近度。但该算法要求每个节点要等到所有子节点的数据都到达后才能进行汇聚，而且节点的汇聚函数只与子树中节点的个数有关，而不考虑子树中各节点的相关度，因此最优逼近度不高。文献[221]提出根据不同的数据相关度使用不同的汇聚路由算法。当节点数据可以完全融合时，使用 MDST（minimum degree spanning tree）作为数据汇聚树；而当节点数据融合度较小或者是零融合时，按照 LOCAL-OPT 或 ECRT 算法设计数据汇聚树。但该算法中 sink 要随时知道全部节点的感知内容，并不断地改变路由算法，对于大型的实际网络来讲，实用性较差。

上述具有代表性的汇聚路由算法，都假设汇聚开销可以忽略不计，主要根据数据融合度和传输路径进行优化，目标是使整个网络的传输开销达到最小或生存时间达到最长。但文献[204]和[222]指出，在音视频网络或加密传输的传感器网络中，数据汇聚的能量开销较大，不能被忽略。该类网络的应用已越来越普遍，因此综合考虑汇聚开销和传输开销，设计使整个网络的总能量开销达到最小的数据汇聚路由算法，是无线传感器网络路由设计的一个新的重要方向，目前对这类路由算法的研究还较少。

3. 数据汇聚能量开销的研究

无线传感器网络中，传感器节点的能量开销主要包括传感开销、通信开销和处理开销，对于某些具有控制功能的节点可能还包括其他相应开销等。当感知和处理任务比较简单时，节点的通信开销占了能耗的绝大部分[223,224]。但当感知和处理任务比较复杂时，处理开销所占的能耗比例有很大幅度的上升，如图 7-2 所示。可以看出，在处理声音信号时，处理开销有较大上升，但通信开销仍大于处理开销；在处理更复杂的图像数据时，处理开销已大于通信开销。

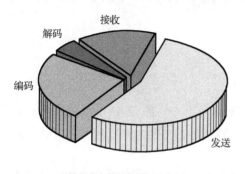

(a) 处理声音数据的能耗分布图

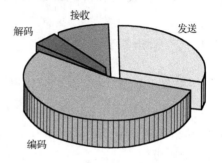

(b) 处理图像数据的能耗分布图

图 7-2 传感器节点能耗分布示意图

在无线传感器网络中，为了降低数据传输量以节省网络能量，常常采用数据汇聚方法对多个节点的数据包进行汇聚处理。例如，在一些温度监测的网络中，人们常常更关心被监测环境的最高/最低温度、平均温度等信息，此时如果传输经 AVERAGE、SUM、COUNT、MAX/MIN 等命令处理后的统计值，要比传输原始数据更实用也更有效[225]。在处理 AVERAGE、SUM、COUNT、MAX/MIN 等这类汇聚命令时，处理量非常小，所以在这类网络中汇聚开销一般可以忽略不计。像 AVERAGE、SUM 等这类单值汇聚处理在很多网络中都有应用，但某些网络可能需要更复杂的统计，如计算监测数据的分布等[226]。随着无线传感器网络的发展，越来越多的网络需要采集比较复杂的监测数据，例如，声音、图像或视频等，这类监测数据的汇聚是一个比较复杂的计算过程，汇聚开销不能被忽略。例如，文献[223]提出了对声音信号进行融合的Beamforming 算法，其处理开销为 5nJ/bit；文献[227]介绍了在逐跳加密的安全网络中，在数据汇聚前首先需要对数据进行加密/解密操作，这种操作的能量消耗往往达到十几nJ/bit 到几十 nJ/bit 的数量级。文献[222]、[223]和[226]对传感器网络中的图像数据汇聚开销进行了研究，实验结果表明，图像数据汇聚的能量开销在数十 nJ/bit 的数量级上（约为 75nJ/bit）。文献[223]还对 Byte 级的 Huffman 编码算法进行了仿真实验，发现这类汇聚算法的能量开销也在数十 nJ/bit 的数量级。已知传感器节点在接收数据时的能量开销是 50nJ/bit，因此在这类网络中，即使进行最简单的汇聚处理，汇聚开销也不能被忽略。

随着无线传感器技术和应用领域的不断发展，视频传感器网络、多功能监控网络、多媒体传感器网络等是今后发展的主要方向。在这些网络系统中，传感器节点采集的监测数据量很大，必须进行数据汇聚减小传输数据量，但复杂汇聚处理的能量开销与传感器节点的通信开销相当，在设计汇聚路由算法时完全不能被忽略。汇聚开销的存在会显著影响传感器网络的汇聚路由算法，因此综合考虑通信开销和汇聚开销，构造合适的汇聚路由算法，是今后非常重要的研究方向。

7.3　最小能耗自适应汇聚路由 MEAAT 的构造算法

7.3.1　汇聚网络模型

1. 数据汇聚模型和汇聚开销模型

传感器网络模型可以用图 $G=(V,E)$ 来表示，其中点集合 V 表示所有的源节点和 sink，边集合 E 表示节点之间所有可能的传输链路。在网内进行数据汇聚时，假设按照以下原则进行。

（1）数据汇聚可在网络内的任意一个节点上进行，该节点可充分利用自身数据和所有子节点数据的相关性进行汇聚处理，把所有的数据汇聚成一个数据包。

（2）按照逐步汇聚的原则进行汇聚处理，即节点在接收到子节点的一路输入数据后，将自身数据与该接收数据进行汇聚，然后把汇聚后的数据作为新的自身数据，再等待其他子节点的数据到达，直到所有的子节点数据都被处理完毕。

这种逐步汇聚的方式对系统的同步性没有严格要求，在汇聚处理时不必等待所有的子节点都到达后再进行集中处理，因此这种方式对网络的拓扑结构没有过多限制，而且由于不用存储过多的中间数据，所以对存储能力和计算能力都不强的传感器节点来讲是非常必要的。

节点间数据的融合度将直接影响汇聚后数据包的大小。传感器网络中，数据的融合度不仅和传输路径、具体的汇聚算法有关，还与传感器网络的类型及应用要求有关。例如，在监控某个地区最高、最低和平均温度的网络中，每次汇聚都能实现完全融合；而在交通监控的传感器网络中，每个节点负责监控一个小区域，虽然多个节点监控的区域可能有重叠部分，但为了获得完整的监控画面，在对各个节点的数据进行汇聚后，数据量还是会增大。为了简化，不针对某种具体的网络进行融合度分析。

对于传感器网络内的源节点 u，$v \in V$，使用符号 $m_0(v)$ 表示汇聚前 v 自身采集的数据量，用 $\tilde{m}(v)$ 表示汇聚后 v 中的数据量。如果节点 u 和 v 的数据在节点 v 处进行汇聚，则汇聚后的数据满足以下条件。

（1）汇聚后的数据量不小于节点 u、v 中的任何一个原始数据量。

（2）汇聚后的数据量不大于节点 u、v 的原始数据量之和。

即汇聚后的数据量 $\tilde{m}(v)$ 应满足：

$$\max\{m_0(u), m_0(v)\} \leqslant \tilde{m}(v) \leqslant m_0(u) + m_0(v)$$

对于传感器网络模型中的任意一条边 $e \in E$，且 $e = (u,v)$，其中 u 和 v 分别表示数据传输的起点和终点。每条边 e 上的开销包括两部分：传输开销和汇聚开销，分别用 $\text{Ener}_t(e)$ 和 $\text{Ener}_f(e)$ 来表示，其值应满足：

$$\text{Ener}_t(e) \geqslant 0, \quad \text{Ener}_f(e) \geqslant 0$$

传输开销与节点间的距离和传输的数据量有关，对于逐跳传输的网络，两相邻节点间的距离通常不大，采用自由空间通信模型，所以节点 u 和 v 之间的传输开销可以表示为

$$\text{Ener}_t(k,d) = E_{Tx\text{-elec}}(k) + E_{Tx\text{-amp}}(k,d) + E_{Rx}$$
$$= kE_{\text{elec}} + k\varepsilon_{fs} \cdot d^2 + kE_{\text{elec}} = k(2E_{\text{elec}} + \varepsilon_{fs} \cdot d^2)$$

其中，k 表示 u 和 v 之间的数据传输量，d 表示两节点间的距离。假设边 e 上的数据传输量用 $m(e)$ 表示，即 $m(e) = k$，而且边 e 上单位数据量的传输开销用 $p(e)$ 表示，则 $p(e) = 2E_{\text{elec}} + \varepsilon_{fs} \cdot d^2$，则边 e 上的传输开销 $\text{Ener}_t(e)$ 又可被简写为

$$\text{Ener}_t(e) = m(e) \cdot p(e)$$

边 e 上的汇聚开销与汇聚算法和汇聚数据量的大小有关，设 $q(e)$ 表示网络中单位数据量的汇聚开销，则节点 u、v 的数据在节点 v 进行汇聚时的能量开销 $Ener_f(e)$ 可以表示为

$$Ener_f(e) = q(e)[m_0(u) + m_0(v)]$$

2. 最优汇聚树模型

在考虑数据汇聚能耗的前提下，寻找一条传输路径，使得所有节点沿该路径把数据发送至 sink 时总能耗最小，则该传输路径的选择问题称为基于能耗的最优数据汇聚树问题。因此，对能耗最小的最优数据汇聚树可以进行如下定义[222,223]。

定义 7-1　对于给定的传感器网络 $G = (V, E)$，如果可以找到 G 的一个子图 $G^* = (V^*, E^*)$，该子图包含所有源节点及 sink，并使得

$$\sum_{e \in E^*} (Ener_f(e) + Ener_t(e))$$

的值达到最小，那么就称该子图 G^* 是能耗最小的最优数据汇聚树。

求解能耗最小的最优汇聚树问题是一个 NP 难问题。本章同时考虑网络的汇聚开销和传输开销，通过构造最小能耗自适应汇聚树（minimum energy adaptive aggregation tree，MEAAT），来设计最优汇聚路由的一个次优算法，并通过实验验证该算法性能的有效性。

7.3.2　自适应汇聚判断

文献[203]提出的 DD、PEGASIS、SPT、MST 和 GIT 等汇聚算法都没有考虑网络的汇聚开销，而是在所有的数据交汇点进行汇聚，以希望最大程度的合并信息。这种方式的优点是可以最大限度地降低网络中的数据传输量，减少传输能量开销；而且数据处理方式简单，对每个交汇点都采用相同的方式进行处理，即只要有其他节点的数据到达，就进行汇聚，所有子节点的数据汇聚完成后，将汇聚数据传输到下一个节点。在汇聚开销很小或所有交汇点处的数据融合度都很大时，采取这种汇聚方式非常有效。但是如果某些交汇点处的数据融合度较小或汇聚开销很大时，数据汇聚带来的传输开销的减少可能还不能弥补汇聚所消耗的能量，那么此时的数据汇聚不仅没有必要，而且还增大了网络的能耗。因此，在所有交汇节点都进行数据汇聚不再是最优的方式，而应该根据数据汇聚得益自适应地确定是否汇聚才能更好地减小能耗。如果需要进行汇聚处理，则按照逐步汇聚的方法对数据进行汇聚，以减小网络数据传输量；如果不需要进行汇聚，则应该直接把接收到的数据转发给下一个节点。为了对传感器网络实现自适应汇聚，应对节点的汇聚得益及在该节点处是否进行汇聚的判断方法进行研究。

1. 汇聚得益的定义

传感器网络 $G = (V, E)$ 中，节点间数据的融合度对汇聚路由算法有很关键的影响。

不同性质的应用系统中，对数据融合度的定义不同，不同的汇聚算法也会影响数据的融合度，这里不考虑具体的网络形式和汇聚算法，统一用 c 表示数据间的融合度。设节点 u 和 v 之间的数据融合度为 c_{uv}，则 c_{uv} 是指：节点 u 的当前数据（数据量为 $m_0(u)$）和节点 v 的当前数据（数据量为 $m_0(v)$）在节点 v 进行汇聚，汇聚后的数据量 $\tilde{m}(v)$ 与汇聚前的总数据量 $(m_0(u)+m_0(v))$ 相比减少了 c_{uv}，也即

$$\frac{\tilde{m}(v)}{m_0(u)+m_0(v)}=1-c_{uv}, \quad \tilde{m}(v)=(1-c_{uv})[m_0(u)+m_0(v)] \tag{7-1}$$

在传感器网络中，融合度 c_{uv} 与节点 u、v 间数据的相关性有很大关系，u 和 v 之间的数据相关性越大，融合度 c_{uv} 就越高；反之，则 c_{uv} 越低。

在汇聚路由算法中，同时考虑传输开销和汇聚开销，为了使网络的总能耗最小，会出现以下两种情况。

（1）节点 u 和 v 中的数据在 v 处汇聚后再转发，所花费的能量更小，此时节点 v 转发的数据量为

$$\tilde{m}(v)=(1-c_{uv})[m_0(u)+m_0(v)] \tag{7-2}$$

（2）不进行汇聚，直接对节点 u 和 v 中的数据进行转发所花费的能量更小，此时节点 v 转发的数据量为

$$\tilde{m}(v)=m_0(u)+m_0(v) \tag{7-3}$$

在传感器网络的汇聚算法中，所有节点向 sink 发送数据的路径构成一棵反向的传播树，如果不考虑汇聚开销，则在所有的中间节点都进行数据汇聚；如果同时考虑网络的传输开销和汇聚开销，根据汇聚得益自适应确定哪些中间节点需要进行汇聚，哪些中间节点不需要汇聚，这就是所谓的自适应最优汇聚路由。

根据边上的数据是否进行汇聚，可以把边集 E 分为两个子集：需要汇聚的边集合 E_f 和不需要汇聚的边集合 E_{nf}。如果用变量 $\theta_e=1$ 表示在边 $e=(u,v)$ 上传输数据时，需要进行汇聚，用 $\theta_e=0$ 表示在边 $e=(u,v)$ 上传输数据时，不需要进行汇聚，则 E'_f 和 E'_{nf} 可表示为

$$E_f=\{e\,|\,e\in E,\theta_e=1\}, \quad E_{nf}=\{e\,|\,e\in E,\theta_e=0\}$$

自适应最优汇聚路由就是要在边集 E 中，确定一个最优的汇聚边集合 E_f^* 和非汇聚边集合 E_{nf}^*，使得网络总能耗最低，也即使得式（7-4）达到最小值：

$$\sum_{e\in E_f^*}(\text{Ener}_f(e)+\text{Ener}_t(e))+\sum_{e\in E_{nf}^*}\text{Ener}_t(e) \tag{7-4}$$

由文献[203]可知，式（7-4）的最优解仍然是一个 NP 难问题，因此，本书提出的 MEAAT 汇聚路由算法是自适应最优汇聚路由算法的一个近似方法，在 MEAAT 汇聚路由算法中对每一个汇聚节点引入汇聚决策，判断在该节点进行汇聚是否可使总能

耗减小，对于能使网络总能耗减小的节点进行汇聚处理，对于不能达到此目的的节点则不进行汇聚处理，直接转发接收到的数据至下一个节点。下面首先对边的汇聚得益进行如下定义。

定义 7-2　在无线传感器网络的数据汇聚树中，边 $e=(u,v)$ 上的汇聚得益定义为：在该边上进行数据汇聚后可以为系统节省的能量。如果以 $\Delta(u,v)$ 表示边 $e=(u,v)$ 上的汇聚得益，则 $\Delta(u,v)$ 可表示为

$$\Delta(u,v) = (m_0(u)+m_0(v))T(v,S) - [(m_0(u)+m_0(v))(1-c_{uv})T(v,S) + q(e)(m_0(u)+m_0(v))]$$
$$= (m_0(u)+m_0(v))\{T(v,S) - [(1-c_{uv})T(v,S) + q(e)]\} \qquad (7\text{-}5)$$

其中，$T(v,S)$ 表示单位数据从节点 v 沿汇聚树路径发送至 sink 时的传输开销。

但在传感器网络中，两节点间数据的融合度不便于计算，因此利用式（7-5）计算边 e 的汇聚得益比较麻烦。由于汇聚后数据量的大小由汇聚数据的相关性决定，节点间的数据相关性可用相关系数 ρ 来表示。使用空间数据相关性模型，即节点间数据的相关性由节点间的距离决定：在节点相关范围内，两节点的距离越小，相关性越强，其数据的相关系数越大；当两节点的距离大于相关范围时，可认为其数据相关系数为 0。节点的相关范围 r_C 与节点的感知范围 r_S 有关，如图 7-3 所示。当两节点 u、v 间的距离 $d \geq 2r_S$ 时，两节点间的感知范围没有重叠，所以数据间的相关系数为 0，如图 7-3(a) 和 (b)；当 u、v 间的距离 $0 < d < 2r_S$，则两节点数据间的相关系数为 0～1，如图 7-3(c)；当 u、v 间的距离 $d=0$ 时，两节点采集到的数据相同，所以数据间的相关系数为 1。因此对于传感器节点间的相关范围，可进行如下定义。

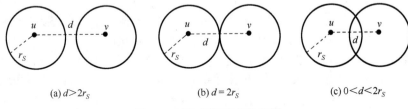

(a) $d>2r_S$　　　　　　　　(b) $d=2r_S$　　　　　　　　(c) $0<d<2r_S$

图 7-3　感知范围和相关范围

定义 7-3　在传感器网络中，设 r_S 表示节点的感知范围，则定义节点间的相关范围 r_C 为 $2r_S$，即 $r_C = 2r_S$。

两节点间的相关系数 ρ 可用相关范围 r_C 和距离 d 来进行定义。

定义 7-4　在传感器网络中，设 r_C 表示节点间的相关范围，d 表示两节点间的距离。

（1）如果 $d \geq r_C$，则两节点间的相关系数 $\rho = 0$。

（2）如果 $d < r_C$，则两节点间的相关系数 $\rho = 1 - \dfrac{d}{r_C}$。

假设节点 u 和 v 之间的相关系数为 ρ_{uv}，在节点 v 进行汇聚，汇聚前的数据量分别为 $m_0(u)$ 和 $m_0(v)$，则汇聚后的数据量可以表示为[215,219,224]

$$\tilde{m}(v) = \max(m_0(u), m_0(v)) + \min(m_0(u), m_0(v))(1 - \rho_{uv}) \tag{7-6}$$

根据式（7-5）和式（7-6），边 $e = (u, v)$ 上的汇聚得益可重新表示为

$$\Delta(u, v) = (m_0(u) + m_0(v))[T(v, S) - q(e)]$$
$$- [\max(m_0(u), m_0(v)) + \min(m_0(u), m_0(v))(1 - \rho_{uv})]T(v, S) \tag{7-7}$$

从汇聚得益 $\Delta(u, v)$ 的定义可以看出，如果 $\Delta(u, v) > 0$，则说明在边 $e = (u, v)$ 上进行汇聚可以减小网络能耗；如果 $\Delta(u, v) \leqslant 0$，则说明在边 $e = (u, v)$ 上进行数据汇聚不仅不能减小网络能耗，而且还会消耗更多的能量。

2. 汇聚得益的计算及汇聚判断算法

在汇聚路由树中，节点 v 的子节点个数有两种情况，如图 7-4 所示。

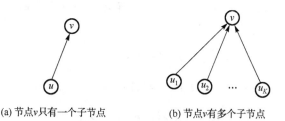

(a) 节点v只有一个子节点　　　　　　(b) 节点v有多个子节点

图 7-4　节点 v 及其子节点

如果节点 v 只有一个子节点 u，如图 7-4(a)所示，则 v 的汇聚得益 $\Delta(u, v)$ 可以根据式（7-7）直接计算；如果节点 v 有 $K(K \geqslant 2)$ 个子节点 u_1，$u_2, \cdots, u_K$，如图 7-4(b)所示，则需要用新的方法计算 v 的汇聚得益。下面推导 $\Delta(u_1, \cdots, u_K, v)$ 的计算方法。

假设节点 u_1，$u_2, \cdots, u_K$ 的数据和节点 v 的本地数据汇聚后，总的数据融合度为 $c(u_1, \cdots, u_K, v)$，则由式（7-5）类推可知

$$\Delta(u_1, \cdots, u_K, v) = (m_0(u_1) + \cdots + m_0(u_k) + m_0(v))$$
$$\{T(v, S) - [(1 - c(u_1, \cdots, u_K, v))T(v, S) + q(e)]\} \tag{7-8}$$

其中，$q(e)$ 表示单位数据量的汇聚开销，在同一个传感器网络中，$q(e)$ 为一定值。

当汇聚得益 $\Delta(u_1, \cdots, u_K, v) > 0$ 时有

$$(m_0(u_1) + \cdots + m_0(u_k) + m_0(v))\{T(v, S) - [(1 - c(u_1, \cdots, u_K, v))T(v, S) + q(e)]\} > 0$$

即

$$T(v, S) - [(1 - c(u_1, \cdots, u_K, v))T(v, S) + q(e)] > 0$$

化简得

$$c(u_1, \cdots, u_K, v) > \frac{q(e)}{T(v, S)}$$

所以，当节点 v 的本地数据及其所有子节点数据的融合度

$$c(u_1, \cdots, u_K, v) > \frac{q(e)}{T(v, S)}$$

时，进行汇聚能更好地节省能量；当融合度

$$c(u_1, \cdots, u_K, v) \leqslant \frac{q(e)}{T(v, S)}$$

时，不进行汇聚，直接把数据向 sink 发送更节省能量。

设 $u_0 = v$，则节点 $\{u_1, \cdots, u_K, v\}$ 可重新表示为 $\{u_0, u_1, \cdots, u_K\}$，设节点 $u_0, u_1, \cdots, u_K$ 中，节点 u_i 和 u_j 间数据的融合度最小，为 $c_{\min}$；节点 u_p 和 u_q 间数据的融合度最大，为 $c_{\max}$。由数据融合的知识可知[211,222]，节点 $u_0, u_1, \cdots, u_K$ 的数据融合后，总的融合度满足关系式：$c_{\min} \leqslant c(u_1, \cdots, u_K, v) \leqslant c_{\max}$。在传感器网络的汇聚树中，节点 v 的子节点个数有限，所以可以直接筛选出 $c_{\max}$ 和 $c_{\min}$，即

$$c_{\max} = \max\{c(u_i, u_j); \quad i = 0, 1, \cdots, K-1, \quad j = i+1, \cdots, K\} \tag{7-9}$$

$$c_{\min} = \min\{c(u_i, u_j); \quad i = 0, 1, \cdots, K-1, \quad j = i+1, \cdots, K\} \tag{7-10}$$

因此对于是否在节点 v 处进行汇聚，可分为以下三种情况。

（1）当 $c_{\min} > \dfrac{q(e)}{T(v, S)}$ 时，必有 $c(u_1, \cdots, u_K, v) > \dfrac{q(e)}{T(v, S)}$，在节点 v 进行数据汇聚。

（2）当 $c_{\max} \leqslant \dfrac{q(e)}{T(v, S)}$ 时，必有 $c(u_1, \cdots, u_K, v) \leqslant \dfrac{q(e)}{T(v, S)}$，不在节点 v 进行数据汇聚。

（3）当 $c_{\min} \leqslant \dfrac{q(e)}{T(v, S)} < c_{\max}$ 时，是否在节点 v 进行汇聚不确定，此时需要计算 $c(u_1, \cdots, u_K, v)$ 的值才能确定。

对于第一种和第二种情况，可以看出，关键是要算出每对节点间数据的融合度，由式（7-1）和式（7-6）可知，两节点汇聚后的数据可分别表示为

$$\tilde{m}(v) = (1 - c_{uv})[m_0(u) + m_0(v)]$$

$$\tilde{m}(v) = \max(m_0(u), m_0(v)) + \min(m_0(u), m_0(v))(1 - \rho_{uv})$$

联立以上两式可得

$$
\begin{aligned}
1 - c_{uv} &= \frac{\max(m_0(u), m_0(v))}{m_0(u) + m_0(v)} + \frac{\min(m_0(u), m_0(v))}{m_0(u) + m_0(v)}(1 - \rho_{uv}) \\
&= \frac{\max(m_0(u), m_0(v)) + \min(m_0(u), m_0(v))}{m_0(u) + m_0(v)} - \frac{\min(m_0(u), m_0(v))}{m_0(u) + m_0(v)} \rho_{uv} \\
&= 1 - \frac{\min(m_0(u), m_0(v))}{m_0(u) + m_0(v)} \rho_{uv}
\end{aligned}
$$

化简得

$$c_{uv} = \frac{\min(m_0(u), m_0(v))}{m_0(u) + m_0(v)} \rho_{uv} = h\rho_{uv} \tag{7-11}$$

其中，$h = \dfrac{\min(m_0(u), m_0(v))}{m_0(u) + m_0(v)}$。

即节点间数据的融合度 c_{uv} 和数据间的相关系数 ρ_{uv} 呈正比关系。

在传感器网络中任意两节点间距离已知，所以由定义 7-4 和式（7-11）可以求出每对节点间数据的融合度，也即可求出 $c_{\min}$ 和 $c_{\max}$ 的值。因此对于第一种和第二种情况，可以自适应判断出是否在节点 v 进行汇聚。对于第三种情况，需要计算总的数据融合度 $c(u_1, \cdots, u_K, v)$ 的值。节点 v 的子节点 $u_1, u_2, \cdots, u_K$ 的数据到达 v 的顺序并不确定，但在一个采集周期中，当 $u_1, u_2, \cdots, u_K$ 的采集数据固定后，不管按什么顺序到达 v，经同一种汇聚算法汇聚后的数据应该是相同的，所以这里在求 $c(u_1, \cdots, u_K, v)$ 的值时，不妨设各子节点到达 v 的顺序为 $u_1, u_2, \cdots, u_K$。由于采用逐步汇聚的方法，因此每个子节点的数据到达节点 v 后，根据该子节点与 v 之间的相关系数，可求出汇聚后的数据量和数据融合度。例如，节点 u_1 的数据到达 v 进行汇聚，由定义 7-4 可得

$$\rho(u_1, v) = 1 - \frac{d(u_1, v)}{r_C}$$

由式（7-6）可求出汇聚后的数据 $\tilde{m}(v)$，由式（7-11）可求出汇聚后数据的融合度 $c(u_1, v)$；对节点 v 的原始数据进行更新，令 $m_0(v) = \tilde{m}(v)$，则当节点 u_2 的数据到达后，按照同样的步骤，可以求出此时汇聚后的数据量 $\tilde{m}(v)$ 和数据融合度 $c(u_1, u_2, v)$；依此类推，可以分别求出各子节点 u_i $(1 \leqslant i \leqslant K)$ 到达 v 后并进行数据汇聚后的数据量和数据融合度 $c(u_1, \cdots, u_i, v)$。因此按照相同的步骤，进行 K 次计算后，可以求出所有子节点的数据在节点 v 汇聚后的数据融合度 $c(u_1, \cdots, u_K, v)$。因此对于第三种情况，可以根据 $c(u_1, \cdots, u_K, v)$ 的值来判断是否在节点 v 进行汇聚。

（1）当 $c(u_1, \cdots, u_K, v) > \dfrac{q(e)}{T(v, S)}$ 时，在节点 v 进行汇聚。

（2）当 $c(u_1, \cdots, u_K, v) \leqslant \dfrac{q(e)}{T(v, S)}$ 时，不在节点 v 进行汇聚。

按照上述方法，对于节点 v 仅有一个子节点和有多个子节点时，都可判断是否在 v 处进行汇聚，汇聚判断算法如图 7-5 所示。

（1）如果节点 v 只有一个子节点 u，则按照式（4-7）计算汇聚得益 $\Delta(u, v)$，当 $\Delta(u, v) > 0$ 时，在节点 v 进行汇聚；否则，不进行汇聚。

（2）如果节点 v 有 K 个子节点，$K \geqslant 2$，则首先按照式（4-9）和式（4-10）求出 $c_{\min}$ 和 $c_{\max}$，然后进行如下判断。

① 当 $c_{\min} > \dfrac{q(e)}{T(v, S)}$ 时，在节点 v 进行数据汇聚。

② 当 $c_{\max} \le \dfrac{q(e)}{T(v,S)}$ 时，不在节点 v 进行数据汇聚。

③ 当 $c_{\min} \le \dfrac{q(e)}{T(v,S)} < c_{\max}$ 时，按照所述算法求出 $c(u_1,\cdots,u_K,v)$，若 $c(u_1,\cdots,u_K,v) > \dfrac{q(e)}{T(v,S)}$，则在节点 v 进行数据汇聚；否则，不进行数据汇聚。

图 7-5　汇聚判断算法

7.3.3　MEAAT 汇聚路由算法及性能分析

1. MEAAT 汇聚路由算法描述

文献[203]和[218]中指出，如果不考虑网络的汇聚开销，则数据汇聚路由算法具有下面两个特性。

（1）如果每个节点的数据融合度都为100%（完全融合），即每次汇聚后数据包的大小始终保持不变，则网络的最小能耗汇聚树就是以 sink 为根节点的最小生成树 T_{MST}。

（2）如果每个节点的数据融合度都为0（零融合），即汇聚后数据包的大小等于各个原始数据包的总和，则网络的最小能耗汇聚树就是以 sink 为根节点的最短路径树 T_{SPT}。

虽然 MST 和 SPT 在网络数据融合度为两个极端的情况下可以表现出最佳性能，但在一般的传感器网络中，节点监测数据间的融合度通常为0～1，因此需要设计一种性能介于 T_{MST} 和 T_{SPT} 之间的汇聚树才能适应不同的传感器网络。

本书提出的 MEAAT 汇聚路由算法的主要思想是构造一棵性能介于最小生成树和最短路径树之间的平衡生成树 T_{BST}（balancing spanning tree），以该平衡生成树作为汇聚树，当节点数据沿该汇聚树传输时，根据能耗最小的原则自适应判断在交汇点是否对数据进行汇聚。构造 MEAAT 算法主要分为两步。

（1）遍历传感器网络的最小生成树 T_{MST}，遍历过程中对于 T_{MST} 的每个节点 v，判断该节点在 T_{MST} 中到根节点（即 sink）的路径权重和是否不超过 v 在 T_{SPT} 中到根节点的路径权重和的 $(1+\sqrt{2})$ 倍：如果没有超过，则保持 T_{MST} 的结构不变；如果超过，则把 T_{SPT} 中 v 到根节点的最短路径的边添加至 T_{MST} 中，更新 T_{MST} 的拓扑结构和相关节点到根节点的传输路径。当 T_{MST} 中每个节点都被遍历完后，最后所得到的树结构就是所要求的汇聚树，该汇聚树是一棵根在 sink 的有向树。

（2）所有节点沿所构造的汇聚树 T_{BST} 发送数据。传输路径为最短路径的节点直接发送监测数据，传输过程中不考虑汇聚；其他节点在交汇处综合考虑汇聚能耗和传输能耗，判断数据汇聚是否能降低网络能耗。如果能，则将数据进行汇聚处理后再发送；否则，则不对数据进行汇聚处理，直接把原数据按传输路径进行转发。

MEAAT 算法是在文献[217]、[227]所提出的平衡生成树构造算法的基础上演化而来的，但这些算法所面向的对象是一般的抽象网络，在这些网络中只考虑边的逻辑权重，不考虑节点间的实际距离和数据传输量的大小，这与传感器网络的特点不符；而且算法假设传输过程中数据量始终保持不变，不考虑数据的汇聚问题。因此所提算法不能直接用于本书所讨论的具有自适应汇聚处理功能的传感器网络路由设计中。MEAAT 算法描述如图 7-6 所示。

（1）网络初始化。在无线传感器网络 $G=(V, E)$ 中，如果节点 u、v 之间存在通信链路 $e=(u, v)$，则节点 u 向 v 传输单位数据时网络所消耗的能量定义为边 e 的权重 $\omega(e)$，即 $\omega(u,v) = \omega(e) = 2E_{\text{elec}} + \varepsilon_{fs} \cdot d^2$，$d$ 表示节点 u 和 v 之间的距离。

（2）以 sink 为根节点，分别利用 Prime 算法和 Dijkstra 算法计算无线传感器网络的最小生成树 T_{MST} 和最短路径树 T_{SPT}。

（3）为最小生成树 T_{MST} 中的每一个非根节点 v 分配一个估计变量 $d(v)$，$d(v)$ 用来记录 v 到根节点的路径权重和估计值。初始化时，对 T_{MST} 中的每个非根节点 v，令 $d(v) = \infty$；对 T_{MST} 中根节点 $r=$sink，令 $d(r) = 0$。

（4）按深度优先的原则遍历最小生成树 T_{MST}，遍历过程中对每个节点 v，判断该节点在 T_{MST} 中到根节点（即 sink）的路径权重和是否不超过 T_{SPT} 中 v 到根节点的路径权重和的 $(1+\sqrt{2})$ 倍。如果没有超过，则保持 T_{MST} 的结构不变；如果超过，则把 T_{SPT} 中 v 到根节点的路径边（即 v 到根节点的最短路径边）添加至 T_{MST} 中，更新 T_{MST} 的拓扑结构，更新节点 v 到根节点的传输路径及路径权重和估计值 $d(v)$。

（5）在后继的遍历中，如果某个节点 v 的路径权重和估计值 $d(v)$ 变小，那么遍历到与 v 直接相连的节点 u 时，对 u 的路径权重和估计值和传输路径作以下调整：如果 $d(u) > \omega(u,v) + d(v)$，则 u 到根节点 r 的路径权重和估计值调整为 $d(u) = \omega(u,v) + d(v)$，$u$ 到 r 的路径调整为 $u \to v \to \text{path}(v,r)$，其中 $\text{path}(v,r)$ 表示在当前 T_{MST} 中，节点 v 到根节点 r 的路径；否则，u 到 sink 的路径权重和估计值 $d(u)$ 及传输路径保持不变。

（6）当最小生成树的所有节点遍历完成后，记调整后的生成树结构为 T_{BST}，以 T_{BST} 树作为汇聚路由的数据传输路径。在平衡生成树 T_{BST} 中，如果节点 v 到 sink 的路径是其最短路径，令其节点判断标识 $\theta(v) = 0$，对于其他节点，令其节点判断标识 $\theta(v) = 1$。

（7）在数据传输的过程中，对于 $\theta(v) = 0$ 的节点，根据图 6-5 中的汇聚判断算法判断数据在节点 v 处是否需要进行汇聚。如果需要汇聚，在 v 处对其自身数据及接收的数据进行汇聚处理，把汇聚后的数据按传输路径（即最短路径边）向 sink 发送，传输过程中不再考虑汇聚；否则，直接将自身数据和接收的数据按最短路径边向 sink 发送，传输过程中也不再考虑汇聚。

（8）对于 $\theta(v) = 1$ 的节点，根据汇聚判断算法判断在节点 v 处是否需要进行汇聚。如果需要汇聚，则在节点 v 处对其自身数据及接收的数据进行汇聚处理，把汇聚后的数据按 T_{BST} 的传输路径向 sink 发送；否则，节点 v 的各子节点从 T_{SPT} 中获取各自的最短路径边，每个子节点将自身数据按各自的最短路径边直接向 sink 发送，在传输过程中不再考虑汇聚，而节点 v 的自身数据按 T_{BST} 的传输路径发送到下一跳节点。

图 7-6 MEAAT 算法

在 MEAAT 算法中，可以证明对于 $\theta(v) = 1$ 的节点，如果节点 v 的子节点 $u_1, \cdots, u_K$ 的数据在 v 处不需要汇聚，那么在以后的传输路径中，$u_1, \cdots, u_K$ 的数据也都不再需要汇聚，该结论详细的证明见定理 7-4。所以在 MEAAT 算法的步骤（8）中，如果在 $\theta(v) = 1$ 的节点处不需要汇聚，那所有的子节点可不再沿着 T_{BST} 的传输路径发送，而直接按各自的最短路径向 sink 发送数据，传输过程中也不用再考虑汇聚，这样可以更节省能量，而且节点能量消耗更均匀。

2. MEAAT 算法运行过程

在 MEAAT 算法中，对传感器网络的最小生成树 T_{MST} 采用深度优先搜索（depth-first search，DFS）的方法进行遍历。如果选树的根节点 r 为初始出发点，则深度优先遍历的定义如下[228]。

定义7-5 树的深度优先遍历：首先访问出发点 r，并将其标记为已访问过；然后依次从 r 出发搜索每个与 r 有边相连的邻接点 v。若 v 未曾访问过，则以 v 为新的出发点继续进行深度优先遍历，直至树中所有和源点 r 有路径相通的顶点均已被访问为止。

深度优先遍历的具体步骤如下：遍历过程中，设 v 是当前被访问的节点，在对 v 做过访问标记后，选择一条从 v 出发的未访问过的边 (v, u)。若发现顶点 u 已访问过，则重新选择另一条从 v 出发的未访问过的边，否则沿边 (v, u) 到达未曾访问过的 u，对 u 访问并将其标记为已访问过；然后从 u 开始搜索，直到搜索完从 u 出发的所有路径，即访问完所有从 u 出发可达的顶点之后，回溯到顶点 v，并且再选择一条从 v 出发的未访问过的边。上述过程持续至从 v 出发的所有边都已访问过为止。此时，若 v 不是源点，则回溯到在 v 之前被访问过的顶点；否则表明树中所有和源点有路径相通的顶点都已被访问过，遍历结束。

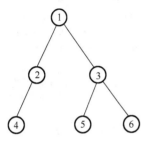

图 7-7　无向树

下面是对一棵树进行深度优先遍历的例子。图 7-7 是一棵无向树，设节点 1 是根节点，从节点 1 开始发起深度优先搜索（以下的访问顺序并不是唯一的，第二个点可以是节点 2，也可以是节点 3），则可以得到如下的一个访问过程：1→2→4，到节点 4 后，没有路了，则逐步回溯到节点 1，即 4→2→1；然后再从节点 1 出发进行另外一个分支的深度优先搜索，访问过程如下：1→3→5（没有路了，回溯到节点 3）→3→6→3→1。此时搜索结束。

从深度优先遍历的定义和实现步骤可知，在遍历最小生成树 T_{MST} 时，T_{MST} 中的每条边 (u, v) 要被访问两次，正方向（$u \to v$）和反方向（$v \to u$）各一次。

本书提出的 MEAAT 汇聚路由算法中，在构造汇聚树 T_{BST} 时需对 T_{MST} 进行遍历，遍历过程中 T_{MST} 的树结构在以下两种情况下会发生改变。

（1）添加最短路径边时，如果节点 v 是第一次被访问，若其路径权重和估计值 $d(v)$ 超过了 v 在 T_{SPT} 中到根节点路径权重和的 $(1+\sqrt{2})$ 倍，则 v 在 T_{SPT} 中的最短路径边被添加到 T_{MST} 中，此时原最小生成树 T_{MST} 的结构被相应更新。

（2）某些节点虽然没有添加最短路径边，但其到 sink 的路径权重和受到已添加的最短路径边的影响而变小。例如，在遍历从 v 到 u 的边 $e = (v, u)$ 时，如果节点 v 被添加了最短路径边（或因为某个与 v 有边连接的节点 v' 添加了最短路径边），使得 v 到根节点 r 的路径权重和 $d(v)$ 变小。此时，如果发现 $d(u) > \omega(u, v) + d(v)$，则 u 到根节点 r 的路径权重和估计值应调整为 $d(u) = \omega(u, v) + d(v)$，$u$ 到 r 的路径也相应调整为 $u \to v \to \text{path}(v, r)$，其中 $\text{path}(v, r)$ 表示在当前 T_{MST} 中，节点 v 到根节点 r 的路径。此时也应根据传输路径的改变更新当前的 T_{MST} 树结构。

下面给出 MEAAT 算法中平衡生成树 T_{BST} 的一个构造例子。在图 7-8 的(a)～(f)中，节点 v_1 表示 sink，即根节点。假设图 7-8(a)是一个传感器网络简化后的拓扑结构图

$G = (V, E)$，设图中各边的权重是按照 MEAAT 中的规定按比例赋值后的结果，下面按照 MEAAT 算法中的步骤（1）～（6）来构造图 G 的平衡生成树 T_{BST}。

按照 T_{BST} 的构造步骤，首先使用 Prime 算法和 Dijkstra 算法找到 G 的最小生成树 T_{MST} 和最短路径树 T_{SPT}，如图 7-8(b)和(c)所示。然后对网络进行初始化：对于每个非根节点 v_i（$2 \leqslant i \leqslant 8$），令其到 sink 的路径权重和估计值 $d(v_i) = \infty$；对根节点 v_1，令其路径权重和估计值 $d(v_1) = 0$。

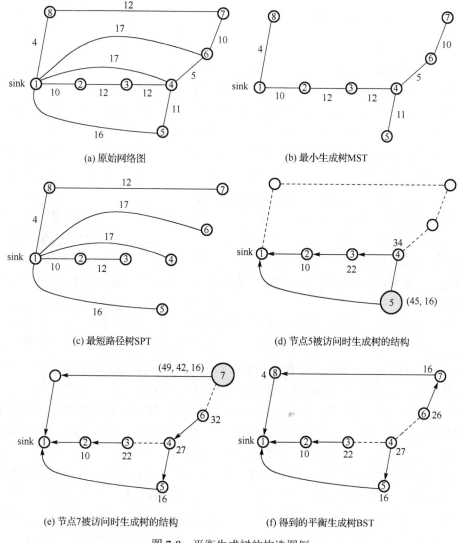

(a) 原始网络图　　　　　　　　　　　(b) 最小生成树MST

(c) 最短路径树SPT　　　　　　　　　(d) 节点5被访问时生成树的结构

(e) 节点7被访问时生成树的结构　　　(f) 得到的平衡生成树BST

图 7-8　平衡生成树的构造图例

接着，按照深度优先遍历的方法对 T_{MST} 进行遍历，由深度优先遍历的过程可知，遍历时对节点的访问顺序如下。

第一阶段：$v_1 \rightarrow v_2 \rightarrow v_3 \rightarrow v_4 \rightarrow v_5$；节点 v_5 没有子节点，所以需要回溯到节点 v_4，然后再继续访问，因此第二阶段的访问为：$v_5 \rightarrow v_4 \rightarrow v_6 \rightarrow v_7$；同理节点 v_7 也没有子节点，因此回溯到节点 v_6 后继续访问，所以第三阶段的访问为：$v_7 \rightarrow v_6 \rightarrow v_4 \rightarrow v_3 \rightarrow v_2 \rightarrow v_1 \rightarrow v_8 \rightarrow v_1$。如果把最小生成树 T_{MST} 深度优先遍历的完整过程用边描述，则访问过程如下：

$$(v_1, v_2)，\quad (v_2, v_3)，\quad (v_3, v_4)，\quad (v_4, v_5)，\quad (v_5, v_4)，\quad (v_4, v_6)，\quad (v_6, v_7)，\quad (v_7, v_6)，$$

$$(v_6, v_4)，\quad (v_4, v_3)，\quad (v_3, v_4)，\quad (v_2, v_1)，\quad (v_1, v_8)，\quad (v_8, v_1)$$

在遍历过程中，当某个节点 v_i 被访问时，要比较在当前树结构中 v_i 到 sink 的路径权重和是否超过要求，如果超过，则应将 v_i 到 sink 的最短路径边添加进来，并调整当前生成树的拓扑结构。当节点 v_1, v_2, v_3, v_4 被访问时，由于它们到 sink 的路径权重和都没有超过 MEAAT 算法中的距离要求，所以路径权重和的估计值以及到 sink 的传输路径都保持不变。当访问到节点 v_5 时，由于 v_5 的路径权重和估计值 $d(5) = 45$，超过了 v_5 到 sink 最短路径权重和（$=16$）的 $(1+\sqrt{2})$ 倍，因此添加 v_5 到 sink 的最短路径边到当前的 T_{MST} 树结构中，并将 v_5 到 sink 的传输路径调整为 $v_5 \rightarrow v_1$。图 7-8(d) 显示了节点 v_5 被访问后，T_{MST} 的拓扑结构被更新后的当前生成树结构。

从节点 v_5 回溯到 v_4 时，由于 $d(5)$ 变小，因此要重新确定 $d(4)$ 的值，计算发现 $d(4) > \omega(4,5) + d(5)$，所以 $d(4)$ 调整为 $d(4) = \omega(4,5) + d(5)$，同时改变 v_4 到 sink 的传输路径，更改后的路径为：$v_4 \rightarrow v_5 \rightarrow v_1$。由于 $d(4)$ 变小，同理，在访问边 (v_4, v_6) 时，节点 v_6 到 sink 的传输路径和权重和估计值 $d(6)$ 都要进行相应更改。调整后的生成树结构如图 7-8(e) 所示。

图 7-8(e) 同时也显示了节点 v_7 被访问后的情况。当节点 v_7 被访问时，由于 $d(6)$ 变小且 $d(7) > \omega(7,6) + d(6)$，所以导致 $d(7)$ 被调整 $d(7) = \omega(7,6) + d(6) = 42$，调整后 $d(7)$ 仍大于 v_7 到 sink 最短路径权重和 16 的 $(1+\sqrt{2})$ 倍，因此 v_7 的最短路径边被添加到当前生成树结构中，并调整 v_7 的路径权重和估计值 $d(7) = 16$。

从节点 v_7 回溯访问节点 v_6 时，也即访问边 (v_7, v_6) 时，由于 $d(7)$ 变小，因此要重新确定 $d(6)$ 的值，因为 $d(6) > \omega(6,7) + d(7)$，所以调整 $d(6) = \omega(6,7) + d(7)$，同时相应的改变 v_6 到 sink 的传输路径，调整后的传输路径如图 7-8(f) 所示。

从 v_6 回溯访问 v_4 时，由于在当前生成树结构中，$d(4) < \omega(4,6) + d(6)$，所以 $d(4)$ 和 v_4 到 sink 的传输路径都保持不变。因为此时 $d(4)$ 保持不变，所以在回溯访问边 (v_4, v_3)，(v_3, v_2)，(v_2, v_1) 时，被访问节点的路径权重和估计值及当前生成树结构都保持不变。最后从节点 v_1 遍历访问节点 v_8，由于 v_8 在 T_{MST} 中到 sink 的传输路径恰好是它到 sink 的最短路径，所以保持 $d(8)$ 和传输路径不变。当 v_8 被访问后，最小生成树的遍历完成，最终得到的平衡生成树 BST 的拓扑结构如图 7-8(f) 所示。

3. MEAAT 汇聚路由算法性能分析

下面分析 MEAAT 汇聚路由算法中，每个节点到 sink 的路径长度以及整个汇聚树权重和的性能特点。

定理 7-1　在 MEAAT 汇聚路由算法中，每个源节点 v 到 sink 的路径权重和不超过该节点在最短路径树 T_{SPT} 中到 sink 路径权重和的 $(1+\sqrt{2})$ 倍。

证明　根据平衡生成树 T_{BST} 的构造算法，可以很简单地证明该结论。在对最小生成树 T_{MST} 的遍历过程中，当访问到节点 v 时，如果 v 到 sink 的路径权重和估计值 $d(v)$ 超过了 v 在最短路径树 T_{SPT} 中到 sink 的路径权重和的 $(1+\sqrt{2})$ 倍时，则节点 v 在 T_{SPT} 中的最短路径边被添加到当前的 T_{MST} 树结构中。添加后，节点 v 到 sink 的路径权重和 $d(v) = SP(v,S)$，这里 $SP(v,S)$ 表示在 T_{SPT} 中节点 v 到 sink 的路径权重和。因此当节点 v 被访问后，其到 sink 的路径权重和 $d(v)$ 一定不会超过 $(1+\sqrt{2})SP(v,S)$，所以结论成立。

定理 7-2　MEAAT 汇聚路由算法中，汇聚树的权重和不超过最小生成树 T_{MST} 权重和的 $(1+\sqrt{2})$ 倍。

证明　用 v_0 表示汇聚树的根节点，即 $v_0 = \text{sink}$。构造平衡生成树 T_{BST} 时，在遍历 T_{MST} 的过程中，所有节点可以分为两类：一类是被添加了最短路径边的节点，另一类是其余节点。假设共有 K 个节点被添加了最短路径边，分别记为 $v_1, v_2, \cdots, v_K$，当节点 $v_i (1 \leqslant i \leqslant K)$ 在 T_{SPT} 中的最短路径边被添加后，它在当前 T_{MST} 树结构中到根节点的路径权重和等于 $SP(v_i, S)$。设 v_i 到根节点的路径权重和为 $d(v_i)$，下面来考察当 v_{i-1} 的最短路径边被添加后对 $d(v_i)$ 的影响：由于 v_{i-1} 被添加了最短路径边，所以当访问到节点 v_i 时，$d(v_i)$ 可能会被调整，根据平衡生成树的构造规则，如果

$$d(v_i) \leqslant SP(v_{i-1}, S) + MS(v_{i-1}, v_i)$$

则 $d(v_i)$ 应保持不变，其中 $MS(v_{i-1}, v_i)$ 表示在 T_{MST} 中 v_i 到 v_{i-1} 的路径权重和；如果

$$d(v_i) > SP(v_{i-1}, S) + MS(v_{i-1}, v_i)$$

则 $d(v_i)$ 应调整为

$$d(v_i) = SP(v_{i-1}, S) + MS(v_{i-1}, v_i)$$

因此，当 v_{i-1} 的最短路径边被添加后，$d(v_i)$ 一定满足：

$$d(v_i) \leqslant SP(v_{i-1}, S) + MS(v_{i-1}, v_i) \tag{7-12}$$

因为节点 v_i 被访问后，其最短路径边最终被添加到当前网络中，所以可知调整后的 $d(v_i)$ 一定满足：

$$d(v_i) > (1+\sqrt{2})SP(v_i, S) \tag{7-13}$$

由式（7-12）和式（7-13）可知

$$(1+\sqrt{2})SP(v_i,S) < SP(v_{i-1},S) + MS(v_{i-1},v_i)$$

将上式从 $1 \sim K$ 进行累加，有

$$(1+\sqrt{2})\sum_{i=1}^{K}SP(v_i,S) < \sum_{i=1}^{K}[SP(v_{i-1},S) + MS(v_{i-1},v_i)]$$

移项得

$$\sqrt{2}\sum_{i=1}^{K}SP(v_i,S) < \sum_{i=1}^{K}MS(v_{i-1},v_i) \tag{7-14}$$

因为在深度优先遍历时最小生成树的每条边都被访问了两次，因此式（7-14）中右边的累加和至多只有最小生成树权重和的两倍，即

$$\sum_{i=1}^{K}MS(v_{i-1},v_i) \leqslant 2\omega(T_{MST}) \tag{7-15}$$

联合式（7-14）和式（7-15）可得

$$\sum_{i=1}^{K}SP(v_i,S) \leqslant \sqrt{2}\omega(T_{MST})$$

上式表明在遍历最小生成树时，添加到当前树结构中的所有最短路径边的总和不大于 T_{MST} 权重和的 $\sqrt{2}$ 倍。因此，最后所得到的 MEAAT 汇聚树 T_{BST} 的权重和

$$\omega(T_{BST}) \leqslant (1+\sqrt{2})\omega(T_{MST})$$

定义 7-6　在 MEAAT 算法中，遍历最小生成树 T_{MST} 时，如果节点 v 到 sink 的路径权重和大于 v 在 T_{SPT} 中到 sink 路径权重和的 α（$\alpha>1$）倍，则添加 v 的最短路径边到当前 T_{MST} 树结构中，这样最终得到的生成树称为 α - 平衡生成树 α - T_{BST}（α -balancing spanning tree）。

引理 7-1　在 α - 平衡生成树中，有

（1）每个节点 v 到 sink 的路径权重和不超过它到 sink 最短路径权重和的 α 倍。

（2）α - T_{BST} 树的权重和不超过最小生成树 T_{MST} 权重和的 $\left(1+\dfrac{2}{\alpha-1}\right)$ 倍。

证明　（1）由 α - T_{BST} 的定义 7-6 显然可知，α - T_{BST} 中任意一个节点 v 到 sink 的路径权重和不会超过 v 在最短路径树 T_{SPT} 中到 sink 路径权重和的 α 倍。

（2）该结论的证明与定理 7-2 的证明类似，在定理 7-2 证明过程中的式（7-12）中，将 $(1+\sqrt{2})$ 换为 α，则有

$$d(v_i) > \alpha SP(v_i,S) \tag{7-16}$$

联合式（7-12）和式（7-16）可知

$$\alpha SP(v_i,S) < SP(v_{i-1},S) + MS(v_{i-1},v_i)$$

同样将上式从 $1\sim K$ 进行累加，有

$$\alpha\sum_{i=1}^{K}SP(v_i,S) < \sum_{i=1}^{K}[SP(v_{i-1},S)+MS(v_{i-1},v_i)]$$

移项得

$$(\alpha-1)\sum_{i=1}^{K}SP(v_i,S) < \sum_{i=1}^{K}MS(v_{i-1},v_i) \qquad （7\text{-}17）$$

因为在深度优先遍历时最小生成树的每条边都被访问了两次，所以式（7-17）中右边的累加和至多只有最小生成树权重和的两倍，即

$$\sum_{i=1}^{K}MS(v_{i-1},v_i) \leqslant 2\omega(T_{\text{MST}}) \qquad （7\text{-}18）$$

联合式（7-17）和式（7-18）可得

$$\sum_{i=1}^{K}SP(v_i,S) \leqslant \frac{2}{\alpha-1}\omega(T_{\text{MST}})$$

上式表明在遍历最小生成树时，添加到当前树结构中的所有最短路径边的权重总和不大于 T_{MST} 树权重和的 $\dfrac{2}{\alpha-1}$ 倍。因此，最后所得到的汇聚树 T_{BST} 的权重和

$$\omega(T_{\text{BST}}) \leqslant \left(1+\frac{2}{\alpha-1}\right)\omega(T_{\text{MST}})$$

所以引理中的结论（2）成立。

定理 7-3　在 α-平衡生成树中，如果以 $\gamma=\alpha+\beta\left(令\beta=1+\dfrac{2}{\alpha-1}\right)$ 来综合衡量 α-T_{BST} 的性能，则当 $\alpha=(1+\sqrt{2})$ 时，α-平衡生成树的性能达到最佳。

证明　因为 $\gamma=\alpha+\beta$，$\beta=1+\dfrac{2}{\alpha-1}$，所以有

$$\gamma=\alpha+1+\frac{2}{\alpha-1}=(\alpha-1)+\frac{2}{\alpha-1}+2$$

$$\geqslant 2\sqrt{(\alpha-1)\frac{2}{\alpha-1}}+2=2(1+\sqrt{2})$$

当且仅当 $\alpha-1=\dfrac{2}{\alpha-1}$ 时等式成立，此时 $\alpha=(1+\sqrt{2})$。

在无线传感器网络 $G=(V,E)$ 中，如果以 sink 为根节点，在 $\alpha>1$ 的条件下构造 α-平衡生成树 α-T_{BST}，那么由引理 7-1 可知，所得到的 α-T_{BST} 树与 T_{SPT} 和 T_{MST} 的逼近

程度下限值分别是 α 和 $\left(1+\dfrac{2}{\alpha-1}\right)$。为了尽可能提高 MEAAT 汇聚路由树的性能以适应不同融合度的传感器网络，应让 $\alpha\text{-}T_{BST}$ 的性能尽可能小的同时逼近 T_{SPT} 和 T_{MST}，即在满足 $\alpha>1$ 的条件下，α 和 $\beta=1+\dfrac{2}{\alpha-1}$ 的值都越小越好，但 α 越小，β 的值就越大。所以，我们可以使用 $\gamma=\alpha+\beta$ 来综合衡量 $\alpha\text{-}T_{BST}$ 的性能。为了使 $\alpha\text{-}T_{BST}$ 的性能达到最优，应使 γ 达到最小值，即当 $\alpha=(1+\sqrt{2})$ 时，γ 达到最小值。所以，本书以 $\alpha=(1+\sqrt{2})$ 时构造的平衡生成树作为 MEAAT 算法的拓扑结构。

下面证明图 7-6 中 MEAAT 算法步骤（8）的结论，如定理 7-4 所述。

定理 7-4　在 MEAAT 算法中，设节点 v 所有子节点为 $u_1,\cdots,u_K$，$K\geqslant1$，如果 $u_1,\cdots,u_K$ 的数据在节点 v 处不需要进行汇聚，那么在以后的传输路径中，$u_1,\cdots,u_K$ 的数据也都不需要再进行汇聚。

证明　在 MEAAT 汇聚路由中，除了根节点的节点分为两大类，第一类是沿最短路径边发送数据的节点，记为 V_1；其他的节点归为第二类，记为 V_2。对于第一类节点，直接沿最短路径发送数据，不考虑汇聚，对于第二类节点，应根据其汇聚得益来判断是否进行汇聚处理。设节点 $v\in V_2$，在节点 v 处不需要进行汇聚处理，不妨设节点 v 的子节点为 $u_1,\cdots,u_K$，其中 $K\geqslant1$。设 u_i 为节点 v 的任一子节点，u_i 在汇聚树中到 sink 的传输路径为 $\text{path}(u_i,S)$，v 在传输路径 $\text{path}(u_i,S)$ 中的相邻节点为 w，即 u_i 在汇聚树中向 sink 发送数据的路径为

$$u_i\to v\to w\to\cdots\to\text{sink}$$

因为节点 v 处不需要进行汇聚，所以 v 处汇聚得益小于零，由式（7-8）可知

$$c(u_1,\cdots,u_K,v)T(v,S)\leqslant q(e)$$

要证明节点 $u_1,\cdots,u_K$ 的数据在以后的传输路径中都不需要再进行汇聚，只需证明在 w 处不需要进行汇聚，即只需证明 $c(u_1,\cdots,u_K,w)T(w,S)\leqslant q(e)$，其他后继节点可依此类推。显然 $T(w,S)<T(v,S)$，所以只需证明 $c(u_1,\cdots,u_K,w)\leqslant c(u_1,\cdots,u_K,v)$。

由式（7-11）可知，两节点间数据的融合度与相关系数成正比，相关系数随着节点距离的增大而减小，所以两节点间数据的融合度也随着节点间距离的增大而减小。如果能证明 v 的任一子节点 u_i 到 w 的距离一定不小于 u_i 到 v 的距离（即 $d(u_i,w)\geqslant d(u_i,v)$），则可知 u_i 和节点 v、w 间的融合度一定满足：

$$c(u_i,w)\leqslant c(u_i,v)$$

由于每一个子节点 u_i 与 w 的数据融合度都小于 u_i 与 v 的融合度，所以 $u_1,\cdots,u_K$ 与节点 w 的总体融合度 $c(u_1,\cdots,u_K,w)$ 一定不大于与节点 v 的融合度 $c(u_1,\cdots,u_K,v)$。

由以上分析可知，要证明 $c(u_1,\cdots,u_K,w)\leqslant c(u_1,\cdots,u_K,v)$，则只需证明 v 的任一子节点到 w 的距离一定大于或等于到 v 的距离，即 $d(u_i,w)\geqslant d(u_i,v)$。

由 MEAAT 的算法可知，如果节点 $v \in V$ 需要进行汇聚判断，则 v 的子节点 u_i 是按照最小生成树 T_{MST} 路径向 v 发送数据的。由最小生成树的性质可知，u_i 到节点 v 的距离比 u_i 到最小生成树上其他节点的距离都要小，所以，u_i 到节点 v 的距离一定小于 u_i 到节点 w 的距离，即一定有 $d(u_i,w) \geq d(u_i,v)$，所以定理成立。

由 MEAAT 算法性能分析可知，汇聚树 T_{BST} 的性能介于 T_{MST} 和 T_{SPT} 之间，因此该汇聚路由方案可以适应不同融合度的传感器网络。与 SPT、MST 及 GIT 等汇聚算法不同的是，MEAAT 算法在考虑传输开销的同时，也考虑了网络的汇聚开销，是一种基于汇聚决策的自适应数据汇聚路由算法。在 MEAAT 算法中，中间节点将根据汇聚得益决定是否对接收到的数据进行汇聚处理。如果需要进行汇聚处理，则按照逐步汇聚的方法对数据进行汇聚，以减小网络数据传输量；如果不需要进行汇聚，则其子节点直接按最短路径发送数据至 sink。

7.4　基于压缩的最小能耗自适应汇聚路由算法

目前，基于小波变换的数据压缩算法已经比较成熟，特别是基于第二代小波分解的编码算法有着很高的压缩比率。由文献[229]～[232]可知，采用基于第二代小波分解的零树编码算法（embedded zerotree coding based on second generation wavelets，EZC_SGW）对图像进行有损压缩时，压缩比率 τ 通常为 20:1～40:1（$\tau = 20:1$，即表示 20MB 的数据经压缩后，只有 1MB 的数据量）；采用该算法对图像进行无损编码时，压缩比率通常为 6:1 到 8:1。因此，在传感器网络中引入压缩算法，可以在很大限度上减小数据传输量，节省网络能量，提高网络生存时间[233-237]。

但是，已有的基于压缩算法的传感器网络路由算法都没有考虑压缩能耗。由文献[238]和[239]可知，传感器网络中对数据进行压缩时的能耗不能被忽略，特别是节点监测的数据量较大时，数据压缩会消耗较多的能量，有时压缩算法自身所消耗的能量可能比数据被压缩后为系统节省的传输能量还要大，此时压缩是没有必要的。因此在传感器网络中对监测数据压缩后再传输是否能更节省能量，需要根据网络的特征进行具体分析。本节将 EZC_SGW 算法引入到上节所提出的 MEAAT 路由算法中，根据压缩算法自身所消耗的能量和数据被压缩后为网络所节省的能量，自适应地判断是否对数据进行压缩。

7.4.1　第二代小波分解零树编码算法能耗分析

近些年来，基于小波变换的压缩编码算法已经得到很大的发展，被广泛应用于图像和信号的压缩。但传统小波在用于压缩时，面临着计算复杂度高、运算时间长且不能直接用于无损压缩等缺点，因此基于第二代小波的压缩算法被大量研究。1994 年 Sweldens 等提出了一种新的小波构造算法[240,241]，称为提升格小波或第二代小波，该方法不依赖于傅里叶变换，而且具有第一代小波的多分辨率特性。第二代小波计算简单、运算速度快，与第一代小波相比，计算速度至少提高一倍，信号分解时的分解质量与边界采用何种延拓方式进行延拓无关。此外，第二代小波具有一个非常重要的性质：它可以实现整数到整数的变换，这就给信号或图像的无损压缩提供了理论基础。已有的研究表明，利用第二代小波既可以进行有损压缩，也可以进行无损压缩。

在无线传感器网络中，由于监测目的的不同，对数据压缩的精度要求也不同。如果在网络中对监测数据的精度要求不是很高，那么可以采用压缩比率比较大的有损压缩进行处理以减小传输数据量；如果网络对监测数据的要求很高，不允许有细节的损失，则必须采用无损压缩对数据进行处理。同时，由于网络中每个节点的能量有限，所以希望压缩算法的运算量尽可能的小，以便节省能量。为了满足无线传感器网络对压缩算法的性能要求，本书采用 EZC_SGW 算法对传感器的监测数据进行压缩。在处理图像或视频数据时，采用 Le Gall 5/3 整型小波变换进行无损压缩，采用 CDF9/7 小波变换进行有损压缩。无损压缩和有损压缩相比，只是滤波器系数和分解过程中的取值有所不同，其压缩过程是一致的。由第二代小波分解算法及零树编码算法的分析可知[230,231]，解压时的运算量和压缩时的运算量基本相同，因此解压能耗与压缩能耗相同，所以只需要考察单位数据的压缩能耗。采用传统小波对图像数据进行压缩时[224,233,239]，单位数据的压缩能耗约为70nJ/bit，由于第二代小波比传统小波的运算量至少小一半，因此采用第二代小波进行压缩时，理论上来讲单位数据的压缩能耗只有传统小波压缩能耗的一半。下面通过实验分析 EZC_SGW 算法的能量消耗。

本书选择由 Simple Scalar[242]扩展而来的 Sim-panalyzer 系统作为数据压缩能耗的测试平台。通过 Sim-panalyzer 能够构造基于 ARM CPU 和 Alpha CPU 的周期级处理器的功率仿真分析模型。在传感器网络的工业和学术研究中，StrongARM SA-1110 被大量用于传感器节点中充当 CPU，因此，本书选择 Sim-panalyzer 作为仿真模型进行压缩能耗的测试研究。在测试的传感器网络中，假设每个节点具有数据感知、压缩和解压等功能。如果节点接收到来自子节点的压缩数据，则首先对接收到的数据进行解压，然后将解压后的数据与自己感知的原始数据一起再进行压缩，将压缩后的数据发送到传输路径上的下一跳节点。由于本书使用 EZC_SGW 算法，压缩能耗和解压能耗基本相同，所以没有单独测试压缩能耗或解压能耗，而是把压缩和解压放在一起进行测试，将测试结果除以 2 即为压缩或解压能耗。CPU 工作时的能耗包括静态能耗和动态能耗两部分，通常静态能耗是一定值，而动态能耗与处理程序的复杂度和处理数据有关，程序的指令集和被处理数据越大，则动态能耗越大。文献[223]中给出了 CPU 动态能耗 E_{total} 的通用测量模型：

$$E_{\text{total}} = C_{\text{total}} V_{dd}^2 + V_{dd} \left(I_0 \mathrm{e}^{\frac{V_{dd}}{nV_T}} \right) \left(\frac{N}{f} \right)$$

其中，N 表示在执行给定的程序任务时 CPU 需要运行的周期数，N 受算法复杂度和编译方法的影响。C_{total} 表示所执行的算法中总的开关电容量，一般与 N 呈正比关系。f 表示 CPU 的时钟频率，V_{dd} 表示 CPU 的内核供电电压，在 StrongARM SA-1110 模拟测试系统中，f 和 V_{dd} 可根据需要自行配置，I_0 和 n 是 CPU 的内核参数，本书参照文献[223]中的取值，分别设置为 f=100MHz，V_{dd}=1.5V，I_0=1.196mA，n=21.26。

在实验中，分别选用 5 幅标准的灰度测试图像作为节点感知数据，包括：House、Barbara、Baboon、Peppers、Lena 等，图 7-9 是所选测试图像中的两幅：House 和 Peppers 图像。实验时，将图像的尺寸从128×128 像素增长到 512×512 像素，增长速率为16×16 像素，模拟节点感知数据量的变化。将测试图像所得的实验数据取均值，得到如图 7-10 所示的实验结果，其中 x 轴表示运行压缩算法时的输入数据量，y 轴表示对该输入数据量进行处理时单位数据量的压缩能耗。可以看出，EZC_SGW 编码算法的总能耗随着输入数据量的增加而相应增加，而单位数据量的压缩能耗在 40nJ/bit 上下波动，与文献[204]、[224]和[238]中的实验结果大致相当。所以，本书假设 EZC_SGW 算法对单位数据的压缩能耗等于 40nJ/bit。

图 7-9　压缩能耗测试所用数据

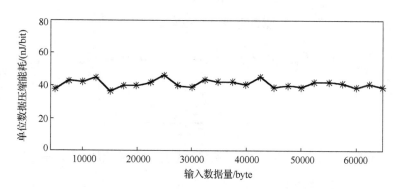

图 7-10　基于第二代小波分解零树编码算法的能量消耗

7.4.2　MEAAT 汇聚路由中压缩性能分析

根据文献[222]、[223]和[238]和本书的压缩能耗实验可知，当节点监测的数据量较大时，数据压缩会消耗较多的能量，必须根据网络结构具体分析节点数据被压缩后再传输是否能够节省网络能量。

设压缩算法的压缩比率为 τ，单位数据的压缩能耗和解压能耗分别为 E_{comp} 和 E_{decomp}，且 $E_{\text{comp}} = E_{\text{decomp}}$。传感器网络中，假设节点 v 的数据量为 k。在 MEAAT 算法中，根据节点数据的后继传输方式可以把节点分为两类：一类是将数据按汇聚路由的传输路径继续发送，在后继的传输过程中，需要对数据继续进行汇聚；另一类是将数据直接按最短路径发送至 sink，在后继的传输过程中，不再进行汇聚。下面，分别对这两类节点数据的压缩有效性进行分析。

（1）如果节点 v 属于第一类节点。由于 v 的数据在后继传输中需要汇聚，因此当数据在节点 v 中被压缩后，在 v 的下一跳节点 u 中，需要解压后才能进行汇聚。此时需要比较数据压缩前从 v 发送到 u 时的传输能耗 $E_0(v,u)$，是否大于压缩后的传输能耗与压缩、解压所消耗的能量和 $E_1(v,u)$。如果 $E_0(v,u) > E_1(v,u)$，则表明压缩是有效的；否则，表明压缩是无效的，直接发送更节省能量。

设节点 v 和 u 之间的距离为 d，如果对节点 v 的数据不进行压缩，直接发送到节点 u，则消耗的网络能量为

$$E_0(v,u) = E_{Tx-\text{elec}}(k) + E_{Tx-\text{amp}}(k,d) + E_{Rx}(k) = k \cdot (2E_{\text{elec}} + \varepsilon_{fs}d^2)$$

将节点 v 的数据采用压缩比率为 τ 的编码算法进行压缩，然后发送至 u 所消耗的能量为

$$E_1(v,u) = E_{Tx-\text{elec}}(k/\tau) + E_{Tx-\text{amp}}(k/\tau,d) + E_{Rx}(k/\tau) + k(E_{\text{comp}} + E_{\text{decom}})$$
$$= \frac{k}{\tau} \cdot (2E_{\text{elec}} + \varepsilon_{fs}d^2) + 2kE_{\text{comp}}$$

如果数据压缩对节省网络能量有效，则应有 $E_0 > E_1$，即

$$k \cdot (2E_{\text{elec}} + \varepsilon_{fs}d^2) > \frac{k}{\tau} \cdot (2E_{\text{elec}} + \varepsilon_{fs}d^2) + 2k \cdot E_{\text{comp}}$$

化简得

$$1 - \frac{1}{\tau} > \frac{2E_{\text{comp}}}{2E_{\text{elec}} + \varepsilon_{fs}d^2} \tag{7-19}$$

所以对于第一类节点，压缩比率 τ 和单位数据的压缩能耗 E_{comp} 确定时，如果压缩有效，则两节点间的距离应满足：

$$d > \sqrt{\frac{2\tau \cdot E_{\text{comp}}}{\varepsilon_{fs} \cdot (\tau-1)} - \frac{2E_{\text{elec}}}{\varepsilon_{fs}}} \tag{7-20}$$

（2）如果节点 v 属于第二类节点。由于 v 的数据按最短路径直接发送至 sink，在后继的传输过程中不再汇聚，所以数据可以在 sink 处进行解压。此时，只需要考虑对

数据进行一次压缩后再发送到 sink 所消耗的能量 $E_1(v,\text{sink})$，与直接将数据发送到 sink 时所消耗的能量 $E_0(v,\text{sink})$ 相比哪个更小。如果 $E_0(v,\text{sink}) > E_1(v,\text{sink})$，则表明压缩后再发送，可以节省网络能量；否则，则表明不压缩直接传输更节省能量。

假设节点 v 需要经过 n 跳将数据传送至 sink，第 i 跳时两节点间的距离为 d_i。如果对其数据不进行压缩，直接发送至 sink，则所消耗的网络能量为

$$E_0(v,\text{sink}) = k[(2n-1)E_{\text{elec}} + n\varepsilon_{fs}\overline{d}^2]$$

其中，$\overline{d}^2$ 表示相邻节点间距离平方的均值，即

$$\overline{d}^2 = \frac{1}{n}\sum_{i=1}^{n}d_i^2$$

采用压缩算法对数据进行压缩后，再转发至 sink 所消耗的总能量为

$$E_1(v,\text{sink}) = \frac{k}{\tau}[(2n-1)E_{\text{elec}} + n\varepsilon_{fs}\overline{d}^2] + k\cdot E_{\text{comp}}$$

如果数据压缩对节省网络能耗有效，则应有 $E_0 > E_1$，即

$$k[(2n-1)E_{\text{elec}} + n\varepsilon_{fs}\overline{d}^2] > \frac{k}{\tau}[(2n-1)E_{\text{elec}} + n\varepsilon_{fs}\overline{d}^2] + k\cdot E_{\text{comp}}$$

化简得

$$(2n-1)E_{\text{elec}} + n\varepsilon_{fs}\overline{d}^2 > [(2n-1)E_{\text{elec}} + n\varepsilon_{fs}\overline{d}^2]\cdot\frac{1}{\tau} + E_{\text{comp}}$$

也即

$$1 - \frac{1}{\tau} > \frac{E_{\text{comp}}}{(2n-1)E_{\text{elec}} + n\varepsilon_{fs}\overline{d}^2} \tag{7-21}$$

所以对于第二类节点，当压缩比率 τ 和单位数据的压缩能耗 E_{comp} 确定时，如果压缩有效，则节点间的距离平方的均值 $\overline{d}^2$ 应满足：

$$\overline{d}^2 > \frac{\tau\cdot E_{\text{comp}}}{(\tau-1)\cdot n\varepsilon_{fs}} - \frac{(2n-1)E_{\text{elec}}}{n\varepsilon_{fs}} \tag{7-22}$$

由以上分析可知，当在 MEAAT 汇聚路由中引入压缩算法时，存在以下定理。

定理 7-5　假设在 MEAAT 汇聚路由中采用压缩比率为 τ、单位数据的压缩能耗为 E_{comp} 的压缩算法对发送前的数据进行压缩，则如果 v 属于第一类节点，那么当 v 和下一跳节点 u 之间的距离满足：

$$d > \sqrt{\frac{2\tau\cdot E_{\text{comp}}}{\varepsilon_{fs}\cdot(\tau-1)} - \frac{2E_{\text{elec}}}{\varepsilon_{fs}}}$$

时，压缩是有效的；如果 v 属于第二类节点，那么从 v 到 sink 的传输路径上的节点间距离平方的均值满足：

$$\overline{d}^2 > \left[\frac{\tau \cdot E_{comp}}{(\tau-1) \cdot n\varepsilon_{fs}} - \frac{(2n-1)E_{elec}}{n\varepsilon_{fs}} \right]$$

时，压缩是有效的。

由 EZC_SGW 算法的性能和压缩能耗实验可知，$E_{comp} = E_{decomp} = 40\text{nJ/bit}$，进行无损压缩时，$6 \leqslant \tau \leqslant 8$，进行有损压缩时，$20 \leqslant \tau \leqslant 40$。如果采用 EZC_SGW 编码算法对数据进行压缩，则压缩的有效性有以下结论成立。

定理 7-6　在 MEAAT 汇聚路由中，如果采用压缩能耗 $E_{comp} = 40\text{nJ/bit}$，压缩比率 $\tau \geqslant 6:1$ 的 EZC_SGW 算法进行数据压缩，则一定可以减小网络能耗。

证明　如果节点 v 属于第一类节点，当压缩有效时，由式（7-19）可知压缩比率 τ 应满足：

$$1 - \frac{1}{\tau} > \frac{2E_{comp}}{2E_{elec} + \varepsilon_{fs}d^2}$$

化简可知 τ 应满足：

$$\tau > \frac{2E_{elec} + \varepsilon_{fs}d^2}{2E_{elec} + \varepsilon_{fs}d^2 - 2E_{comp}} \tag{7-23}$$

令

$$\rho(d) = \frac{2E_{elec} + \varepsilon_{fs}d^2}{2E_{elec} + \varepsilon_{fs}d^2 - 2E_{comp}}$$

则

$$\frac{\partial \rho}{\partial d} = \frac{-4E_{comp} \cdot \varepsilon_{fs}d}{(2E_{elec} + \varepsilon_{fs}d^2 - 2E_{comp})^2}$$

当 $\frac{\partial \rho}{\partial d} = 0$ 时，可求出 $d = 0$，即当 $d = 0$ 时，ρ 取得最大值，$\rho_{max} = \dfrac{E_{elec}}{E_{elec} - E_{comp}}$，将 $E_{comp} = 40\text{nJ/bit}$，$E_{elec} = 50\text{nJ/bit}$，$\varepsilon_{fs} = 10\text{pJ/(bit/m}^2)$ 代入上式，计算可得 $\rho_{max} = 5$。

由以上分析可知，对于第一类节点，如果采用 EZC_SGW 算法对数据进行压缩时，则当压缩比率 $\tau > \rho_{max} = 5$ 时，压缩是有效的，对数据压缩后再发送可节省网络能量。

如果节点 v 属于第二类节点，当压缩有效时，由式（7-21）可知，压缩比率 τ 应满足：

$$1 - \frac{1}{\tau} > \frac{E_{comp}}{(2n-1)E_{elec} + n\varepsilon_{fs}\overline{d}^2}$$

化简可得

$$\tau > \frac{(2n-1)E_{\text{elec}} + n\varepsilon_{fs}\overline{d}^2}{(2n-1)E_{\text{elec}} + n\varepsilon_{fs}\overline{d}^2 - E_{\text{comp}}}$$

令

$$\rho(\overline{d}) = \frac{(2n-1)E_{\text{elec}} + n\varepsilon_{fs}\overline{d}^2}{(2n-1)E_{\text{elec}} + n\varepsilon_{fs}\overline{d}^2 - E_{\text{comp}}}$$

则

$$\frac{\partial\rho}{\partial\overline{d}} = \frac{-2n\varepsilon_{fs}\overline{d}}{[(2n-1)E_{\text{elec}} + n\varepsilon_{fs}\overline{d}^2 - E_{\text{comp}}]^2}$$

由 $\dfrac{\partial\rho}{\partial\overline{d}} = 0$，可得 $\overline{d} = 0$。也即当 $\overline{d} = 0$ 时，ρ 取得最大值

$$\rho_{\max}(n) = \frac{(2n-1)E_{\text{elec}}}{(2n-1)E_{\text{elec}} - E_{\text{comp}}} \tag{7-24}$$

所以对于第二类节点，当压缩比率满足 $\tau > \rho_{\max}(n)$ 时，压缩一定是有效的。

如果 $n=1$，即节点 v 只需要一跳到达 sink 时，$\rho_{\max} = \dfrac{E_{\text{elec}}}{E_{\text{elec}} - E_{\text{comp}}} = 5$，所以此时只要压缩比率 $\tau > 5$，压缩一定是有效的。

如果 $n=2$，即节点 v 需要两跳到达 sink 时，$\rho_{\max} = \dfrac{3E_{\text{elec}}}{3E_{\text{elec}} - E_{\text{comp}}} \approx 1.4$，所以此时只要压缩比率 $\tau > 1.4$，压缩一定是有效的。

由式（7-24）可知，$\rho_{\max}(n)$ 随着 n 的增大而减小，所以对于第二类节点，当所用压缩算法的压缩比率 $\tau > \rho_{\max}(1)$ 时，压缩一定是有效的。

由于 EZC_SGW 算法的压缩比率 $\tau \geqslant 6$，所以无论对于 MEAAT 算法中的第一类节点还是第二类节点，将其数据先压缩后再传输，一定可以节省网络能量，提高网络的生存时间。故定理成立。

7.4.3　CMEAAT 路由算法结构

由以上的分析可知，当在 MEAAT 汇聚路由算法中采用基于第二代小波分解的零树编码算法（EZC_SGW）时，不论 v 是第一类节点还是第二类节点，对 v 的数据压缩后再发送，一定可以节省网络能量。因此，本书在 MEAAT 算法中引入压缩机制，对 MEAAT 汇聚路由算法进行改进，提出了基于压缩的 CMEAAT（compressing MEAAT）路由算法，该算法的具体过程如图 7-11 所示。

（1）重复 MEAAT 算法中的 1～6 步。

（2）对于 $\theta_v=0$ 的节点，根据图 7-5 的汇聚判断算法判断数据在节点 v 处是否需要进行汇聚。如果需要汇聚，在 v 处对其自身数据及接收数据进行汇聚处理，把汇聚后的数据利用 EZC_SGW 算法进行压缩，将压缩后的数据沿最短路径边直接发送至 sink，在 sink 处进行解压；否则，将自身数据和接收数据利用 EZC_SGW 算法进行压缩，将压缩后数据沿 v 的最短路径边直接发送至 sink，在 sink 处进行解压。

（3）对于 $\theta_v=1$ 的节点，根据汇聚判断算法判断在节点 v 处是否需要进行汇聚。如果需要汇聚，则在节点 v 处对其

自身数据及接收数据进行汇聚处理，把汇聚后的数据利用 EZC_SGW 算法进行压缩，将压缩后的数据按传输路径向 sink 发送，发送过程中应继续考虑汇聚；否则，节点 v 的各子节点从 T_{SPT} 中获取各自的最短路径边，每个子节点将自身数据利用 EZC_SGW 算法压缩，按各自的最短路径边直接发送至 sink，在 sink 处进行解压，而节点 v 将其自身数据压缩后按传输路径发送到下一跳节点。

图 7-11　CMEAAT 算法

在 CMEAAT 算法中，尽管每个节点的数据处理流程和消息格式变得复杂了一些，但这种处理开销非常小，与汇聚、压缩或传输开销相比，可以忽略不计。基于压缩的自适应汇聚路由算法 CMEAAT 的伪代码表示如图 7-12 所示。

%函数：Transmission-By-BST( )，功能：通过传感器网络 G 的一棵最小生成树 T_{MST} 和一棵最短路径树 T_{SPT}，寻找 G 的一棵根节点在 sink 的平衡生成树（BST），并以 BST 的拓扑结构作为路由进行自适应汇聚传输

(1) Function Transmission-By-BST(G, sink)

(2)　　　set　r=sink；

(3)　　　find T_{MST} and T_{SPT} from G；

(4)　　　Initialize(T_{MST})；　%初始化最小生成树

(5)　　　DFS(r)；　　%按深度优先遍历最小生成树

(6)　　　Return tree $T_{BST} = \{(v, p(v), \theta(v)) \mid v \in V - \{r\}\}$；　% 返回平衡生成树的拓扑结构

(7)　　　If $\theta(v)$=0　　　%节点 v 到 sink 的传输路径是其最短路径

(8)　　　　　Compute($\Delta(v)$)　%计算节点 v 的汇聚得益 $\Delta(v)$

(9)　　　　　　If $\Delta(v)$>0　　%在节点 v 处对数据进行汇聚可节省网络能量

(10)　　　　　　　dataA=Aggregation(v, v_children)
　　　　　　　　　　%对 v 及子节点数据进行汇聚

(11)　　　　　　　dataC=Compression Of EZC_SGW(dataA)
　　　　　　　　　　%将汇聚数据采用 EZC_SGW 算法进行压缩

(12)　　　　　　　Transmit_NoAgg(dataC, $SP(v)$,r)
　　　　　　　　　　%将压缩数据沿 v 最短路径发送至 sink，传输中不再汇聚

(13)　　　　　　Else If　$\Delta(v) \leqslant 0$
　　　　　　　　　　%在节点 v 处对数据进行汇聚不能节省网络能量

(14)　　　　　　　dataC=Compression Of EZC_SGW(v, v_children)
　　　　　　　　　　%对 v 及其子节点数据采用 EZC_SGW 算法进行压缩

(15)　　　　　　　Transmit_NoAgg(dataC, $SP(v)$, r)
　　　　　　　　　　%将压缩数据沿 v 最短路径发送至 sink 传输中不再汇聚

(16)　　　　　　End If

(17)　　　Else If $\theta(v)$=1　　%节点 v 到 sink 的传输路径不是其最短路径

(18)　　　　　Compute($\Delta(v)$)；　　%计算节点 v 的汇聚得益 $\Delta(v)$

(19)　　　　　If $\Delta(v)$>0　　　%在节点 v 处对数据进行汇聚可节省网络能量

(20)　　　　　　　dataA=Aggregation(v, v_children)
　　　　　　　　　　%对节点 v 及其子节点数据进行汇聚

(21)　　　　　　　dataC=Compression Of EZC_SGW(dataA)
　　　　　　　　　　%将汇聚数据采用 EZC_SGW 算法进行压缩

(22)　　　　　　　Transmit_WithAgg(dataC, $BSTP(v)$, r)
　　　　　　　　　　%将压缩数据沿 v 传输路径发送至 sink，传输中考虑汇聚

(23)　　　　　　Else If　$\Delta(v) \leqslant 0$　%在节点 v 处对数据进行汇聚不能节省网络能量

(24)　　　　　　　dataA_1 = Compression Of EZC_SGW (v)；%压缩节点 v 数据

(25)　　　　　　　Transmit_WithAgg(dataA_1 , $BSTP(v)$, r)；

%将压缩数据沿 v 传输路径发送，考虑汇聚

(26)　　　　　　　dataA_2 = Compression Of EZC_SGW (v_children);

%压缩节点 v 的子节点数据

(27)　　　　　　　Transmit_NoAgg(dataA_2 , SP(v_children), r)

%将压缩数据沿子节点最短路径发送，不再汇聚

(28)　　　　　End If

(29)　　　End If

(30)　End Function

%函数 Initialize( )，功能：初始化 T_{MST} 树中节点的父指针和到根节点 r 的路径权重和估计值

(31) Function Initialize(T_{MST})

(32)　　For　each non-root vertex v　%对每个非根节点进行初始化

(33)　　　　$p[v]$ = NULL，　$d[v] = \infty$，　$\theta(v) = 1$；

(34)　　End For

(35)　　　　$d(r) = 0$，$\theta(r) = -1$；　%对根节点进行初始化

(36) End Function

%函数：DFS( )，功能：从节点 u 开始按照深度优先法则遍历 T_{MST} 中根节点在 u 的子树，并根据估计值判断是否需要添加 T_{SPT} 中的最短路径边，是否需要改变节点到根节点 r 的路径

(37) Function DFS(u)

(38)　　If　$d(u) > (1+\sqrt{2})D_{SPT}(r,u)$　%如果 u 到 sink 的路径权重和估计值超过规定

(39)　　　　Add-Path Of SPT(u);　% 调用添加最短路径边的子程序

(40)　　　　$\theta(u)$=0;

(41)　　End If

(42)　　For each child v of u in T_{MST}

(43)　　　　Adjustment(u, v);　%调整 u 的子节点的路径权重和估计值

(44)　　　　DFS(v);　%继续深度优先遍历

(45)　　　　Adjustment(v, u);

(46)　　End For

(47) End Function

%函数：Add-Path Of SPT( )，功能：在当前树结构中添加 v 到根节点 r 的最短路径边，即 v 在最短路径树 T_{SPT} 中到 r 的路径边。程序中，$D_{SPT}(r,v)$ 表示节点 v 在最短路径树 T_{SPT} 中到根节点 r 的路径权重和估计值，$p_{SPT}(v)$ 表示节点 v 在最短路径树 T_{SPT} 中的父节点

(48) Function Add-Path Of SPT(v)

(49)　　If　$d(v) > (1+\sqrt{2})D_{SPT}(r,v)$

(50)　　　　Add-Path Of SPT($p_{SPT}(v)$); %添加 v 的最短路径边到当前网络结构中

(51)　　　　Adjustment($p_{SPT}(v)$, v);　%调整 v 父节点的传输路径

(52)　　End IF

(53) End Function

%函数：Adjustment( )，功能：在遍历边(u, v)时，调整 v 到根节点的路径权重和估计值并确定 v 到根节点的最短路径

(54) Function Adjustment(u, v)

(55)　　If　$d(v) > d(u) + \omega(u,v)$　　%如果 v 到 sink 的估计值变小

(56)　　　　$d(v) = d(u) + \omega(u,v)$；　%调整 v 的距离估计值

(57)　　　　$p(v) = u$；　　%调整 v 的传输路径

(58)　　End If

(59) End Function

图 7-12　CMEAAT 算法的伪代码表示

7.5 仿真实验与分析

实验在基于 Omnet++开发的无线传感器网络仿真环境中进行，假设 100 个节点随机分布在 100m×100m 的正方形区域内，网络中只有一个 sink。设节点的初始能量为1.5J，每个节点在一个监测周期内采集到的监测数据是一个 2000bit 的数据包，数据汇聚时采用逐步汇聚的方法进行。节点间传输数据时采用 Heinzelman 提出的 first order 自由空间射频模型，即发送 k bit 数据时发送节点的能耗为

$$E_{Tx}(k,d) = E_{Tx-elec}(k) + E_{Tx-amp}(k,d) = kE_{elec} + k\varepsilon_{fs}d^2$$

接收节点的能耗为

$$E_{Rx}(k) = E_{elec} \times k$$

其中，参数 $E_{elec} = 50nJ/bit$，$\varepsilon_{fs} = 10pJ(bit/m^2)$。设网络中单位数据的汇聚开销为常数，即 $q(e) = q_0$，节点 u 和 v 的数据进行汇聚时，汇聚开销与总数据量的关系按照公式 $Ener_f(u,v) = q_0(m_0(u) + m_0(v))$ 进行计算。在 CMEAAT 汇聚路由中，采用基于第二代小波分解的零树编码算法（EZC_SGW）对节点采集到的监测数据进行无损压缩，为了验证算法的有效性，实验中取该算法进行无损压缩时压缩比率的下限值，即 $\tau = 6:1$。

节点数据的融合度主要由数据间的相关性决定，在计算两节点间的数据相关性时采用定义 7-4 中所给出的空间数据相关模型，即如果节点 u、v 间的相关范围为 r_C，节点间的距离为 d，则其相关系数 ρ_{uv} 为：①当 $d < r_C$ 时，$\rho_{uv} = 1 - d/r_C$；②当 $d \geq r_C$ 时，$\rho_{uv} = 0$。

由相关系数 ρ_{uv} 的计算公式可知，当改变相关范围 r_C 的大小时，可以相应地改变传感器网络节点间数据的融合度。例如，当相关范围 r_C 很小时，两节点间的相关系数 ρ_{uv} 就很小趋近于 0，此时网络节点间数据的融合度也趋近于 0，是一个零融合网络；而当相关范围 r_C 很大时，两节点间的相关系数 ρ_{uv} 趋近于 1，此时网络节点间数据的融合度也趋近于 1，是一个完全融合网络。为了简化，实验直接使用节点间的相关系数 ρ_{uv} 来代替节点数据的融合度，通过调整相关范围 r_C 的取值，模拟不同融合度的传感器网络，研究不同数据融合度对各种汇聚算法性能的影响。通过对仿真区域的多次模拟计算可知，当相关范围 $r_C = 2r_S \geq 1000m$，即节点的感知半径 $r_S \geq 500m$ 时，网络节点间数据的平均融合度可接近于 1。所以，实验将 r_C 的取值设置为[0.1m,1000m]，使得网络中数据的融合度从 0～1 变化，显然，相关范围 r_C 增大时融合度也相应增大。

1. 特定条件下 MEAAT 和 CMEAAT 的仿真实验与性能分析

本组实验分别在两种特定条件下（$\rho = 0$ 和 $\rho = 1$）分析 MEAAT 和 CMEAAT 的性能。通过调整节点的最大通信半径 R 来调整网络的连通性，研究不同连通条件下各

种路由算法的网络总能耗。设 R 的取值为[5m,40m]，分别用 $r_c = 0.1m$ 模拟零融合网络（ $\rho = 0$ ），用 $r_c = 1000m$ 模拟完全融合网络（ $\rho = 1$ ）。

1）不考虑汇聚开销（ $q_0 = 0$ ）

首先比较 SPT、MST 和 BST 的能耗。从图 7-13(a)可知，当 $\rho \rightarrow 0$ 时，MST 总能耗最大，SPT 总能耗最小，而 BST 介于 MST 和 SPT 之间；从图 7-13(b)可知，当 $\rho \rightarrow 1$ 时，MST 总能耗最小，而 SPT 总能耗最大，BST 仍介于两者之间。这与前面定理 7-1～定理 7-3 中的 BST 性能分析是一致的，即 BST 可以在 SPT 和 MST 之间保持平衡，其性能在任何极端的情况都有较好的表现。

再比较 MEAAT 和 CMEAAT 的性能。图 7-13(a)的实验结果表明，当 $\rho \rightarrow 0$ 时，MEAAT 和 SPT 的总能耗非常接近，因为在不考虑汇聚开销且零融合的网络中，MEAAT 算法的汇聚得益不会大于 0，节点将会按照最短路径发送数据，因此能耗情况和 SPT 基本一致，而 CMEAAT 采用了压缩节省能耗，因此性能比 MEAAT 更优一些。而图 7-13(a)的实验结果表明，当 $\rho \rightarrow 1$ 时，MEAAT 的能耗与 BST 基本一致，因为在这种情况下，MEAAT 中的节点数据都是按 T_{BST} 原始路径进行发送。此外，由于 CMEAAT 采用了压缩，因此其能耗比 MEAAT 减小了很多，比较接近于 MST。

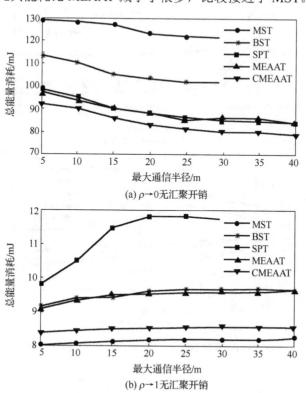

(a) $\rho \rightarrow 0$ 无汇聚开销

(b) $\rho \rightarrow 1$ 无汇聚开销

图 7-13　特定条件下，不考虑汇聚开销的能耗比较

2）考虑汇聚开销（$q_0 = 15\text{nJ/bit}$）

从图 7-14(a)和(b)可以看出，当 $\rho \rightarrow 0$ 或 $\rho \rightarrow 1$ 时，SPT、MST 和 BST 之间的能耗比较结果和不考虑汇聚开销时的相同，BST 的能耗仍介于 SPT 和 MST 之间。而当 $\rho \rightarrow 0$ 时，MEAAT 的能耗比 SPT 小，因为在这种情况下 MEAAT 中的汇聚得益总小于 0，节点直接沿最短路径发送数据，不考虑汇聚，所以与 SPT 相比节省了大量的汇聚开销；而 CMEAAT 的总能耗最小，因为该算法对数据压缩后再发送，比 MEAAT 相比进一步节省了能量。当 $\rho \rightarrow 1$ 时，MEAAT 的能耗略小于 MST，这是因为 MST 中虽然总路径长度更短，但汇聚次数多，汇聚开销比较大。而 MEAAT 中虽然总路径长度比 MST 大，但汇聚次数要少，而且对某些汇聚得益小于 0 的节点，不再考虑汇聚而直接按最短路径发送，节省了能耗，因此在数据相关性很强且汇聚开销较大时，MEAAT 通过调整汇聚点的个数和汇聚路由的结构，可以保证总能耗随网络连通性的增大而迅速下降。而 CMEAAT 的能耗仍比 MEAAT 小，可见在任何情况下，在 CMEAAT 路由中采用了压缩，总可以进一步节省网络能量。

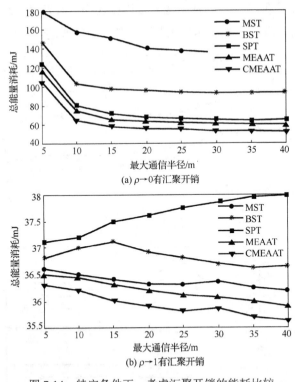

图 7-14　特定条件下，考虑汇聚开销的能耗比较

2. 不同单位汇聚开销时，MEAAT 和 CMEAAT 的仿真实验与性能分析

本组实验在不同单位汇聚开销的情况下，分析比较 MEAAT、CMEAAT 与 SPT、

MST、GIT 等经典的汇聚路由算法的性能。设节点间的最大通信半径 R=30m，只有当两个节点间的距离小于 R 时，节点间才会存在通信链路。为了测试不同类型的网络性能，实验取 3 种不同的单位汇聚开销进行仿真，分别为轻度汇聚开销：q_0=10nJ/bit；中度汇聚开销：q_0=60nJ/bit；重度汇聚开销：q_0=120nJ/bit。为了更好地观察实验结果，对每种实验进行 20 次仿真，然后取各次仿真实验结果的均值作为最终结果。

图 7-15(a)～(c)分别显示了单位汇聚开销 q_0=10nJ/bit、60nJ/bit、120nJ/bit 时，各汇聚路由算法在不同融合度的网络中总能量的消耗。从图 7-15 的 3 个实验结果可知，随着网络中数据融合度的增大，每种算法的能耗都相应减少。这是因为随着融合度的增大，数据汇聚导致了网络传输数据量的减少，从而节省能量消耗。

首先对 MEAAT 和经典汇聚路由进行比较。

（1）当网络的融合度非常小趋近于 0 时，不管单位汇聚开销 q_0 为何种程度的值，MEAAT 的能耗总比 SPT、MST 和 GIT 的要小。

这是因为当融合度非常小时，SPT、MST 和 GIT 三种经典的汇聚路由算法中 SPT 的总能耗最小。MEAAT 与 SPT 相比传输路径基本相同，但是 MEAAT 汇聚路由考虑了汇聚开销，融合度很小时，汇聚后数据量减小的很少，所以中间节点数据几乎不汇聚，减小了汇聚开销，因此 MEAAT 的总能耗比 SPT 的要小。

（2）当融合度非常大趋近于 1 时，SPT、MST 和 GIT 三种算法中 MST 的总能耗最小，MEAAT 的总能耗比 SPT 和 GIT 都要小，但此时 MEAAT 与 MST 总能耗的高低与单位汇聚开销 q_0 有关。

在轻度汇聚开销的网络中，当融合度趋近于 1 时，MEAAT 的能耗略高于 MST，如图 7-15(a)所示。这是因为当网络是一个完全融合网络且汇聚开销又很小时，MST 路由是最佳路由，MEAAT 的路径权重和比 MST 大，不是最佳路由。由于融合度大汇聚开销很小，所以在 MEAAT 路由中几乎每一个节点交汇处都会进行融合，自适应汇聚此时并不能节省能耗。因此当融合度大汇聚开销小时，MST 优于 MEAAT。但由于 MEAAT 的权重性能接近 MST，所以 MEAAT 的总能耗比 MST 高出的并不多。

在中度和重度汇聚开销的网络中，当融合度趋近于 1 时，MEAAT 的总能耗比 MST 的小，如图 7-15(b)和(c)所示。这是因为随着单位汇聚开销 q_0 的增加，MEAAT 和 MST 的总能量消耗都相应增加，但增长方式不同。MST 汇聚路由只与传感器网络的拓扑结构有关，而且汇聚树一旦生成后就不再改变，其传输路径不考虑数据的汇聚程度和汇聚处理的能量开销，在所有交汇节点进行汇聚。因此，当汇聚开销 q_0 增大时，总能量消耗随 q_0 成线性增加。在 MEAAT 的汇聚路由中，考虑了汇聚后的数据量和汇聚开销，根据每个中间节点的汇聚得益自适应确定是否进行汇聚处理，当汇聚开销过大时，MEAAT 可以通过动态调整路由，减少数据汇聚的次数，从而减少汇聚开销。对于不需要再汇聚的数据，直接通过最短路径发送，进一步节省了能量的消耗。因此，当单位汇聚开销 q_0 增大时，与 MST 算法相比，MEAAT 的总能耗增加的较慢。

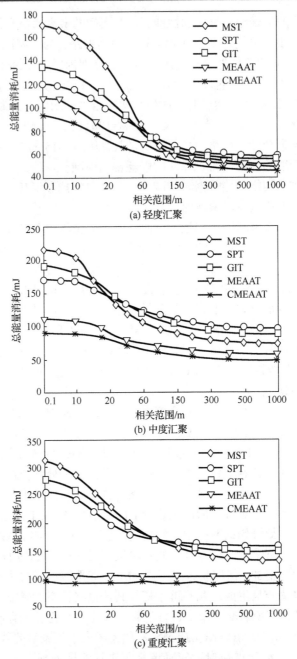

图 7-15 不同汇聚算法能耗图

（3）当网络的融合度处于中等水平时，对于不同程度的汇聚开销，MEAAT 的总能耗都是最小的。这是因为 SPT、GIT 和 MST 这三种路由的传输路径固定且不考虑汇聚处理的能量开销，在所有中间节点进行汇聚，当网络的融合度不是特别高时，很多不必要的汇聚会浪费较多的能量。而 MEAAT 根据汇聚得益自适应的进行汇聚，减小了汇聚开销，而且在数据不能再汇聚时通过最短路径进行传输，进一步减小了能量消耗。

根据图 7-15 的实验结果对 MEAAT 和 CMEAAT 进行比较可知：CMEAAT 在各种情况下的总能耗都比 MEAAT 的小；而且与 SPT、GIT 和 MST 三种汇聚路由相比，在不同情况下 CMEAAT 的能耗也是最小的。这是因为 CMEAAT 在 MEAAT 路由算法的基础上，对数据采用 EZC_SGW 算法进行压缩后再传输，EZC_SGW 算法具有较高的压缩比率，因此可以进一步节省能量，特别是对于在以后的传输中不需要再进行汇聚的数据，压缩后传输可以节省大量的能耗。所以如果以总能耗最小作为标准，与其他三种算法相比，MEAAT 只有在融合度很大且汇聚开销较小时性能不是最优，在一般情况下性能都是最优的。但是，不管融合度和汇聚开销 q_0 如何取值，基于压缩的 CMEAAT 汇聚路由的能耗总是最小的。

通过对实验数据的分析可知，在轻度汇聚开销的网络中，MEAAT 算法的总能耗与 SPT 相比平均减小了约 15%，与 MST 相比平均减小了约 18%，与 GIT 相比平均减小了约 16%；在中度汇聚开销的网络中，MEAAT 算法的总能耗与 SPT、MST、GIT 相比，平均减小了约 28%、37% 和 32%；在重度汇聚开销的网络中，MEAAT 算法的总能耗与 SPT、MST、GIT 相比，平均减小了约 38%、47% 和 31%。而 CMEAAT 与 MEAAT 相比，在轻度开销的网络中，总能耗减小了约 11%；在中度开销的网络中，总能耗减小了约 15%；在重度开销的网络中，总能耗减小了约 17%。

由于监测目的和节点采集的监测数据的不同，不同传感器网络的单位汇聚开销的差别可能很大。例如，在温度监测网络中，对于求最高、最低及平均温度的汇聚，其汇聚开销几乎可以忽略不计；但对于监测数据是图像或视频的网络中，如果进行融合，那么单位汇聚开销会达到几十 nJ/bit，和传输开销相当。通过本章实验可以看出，MEAAT 算法在单位汇聚开销比较大的网络中具有非常好的性能，具有更广泛的适用性，特别是对于一些监测声音、图像或视频等网络中，MEAAT 算法的优势非常明显。而 CMEAAT 算法与 MEAAT 相比，能耗性能有明显提高，当采用最小压缩比率（$\tau=6:1$）进行无损压缩时，能耗与 MEAAT 相比平均减小了约 14%。如果网络对监测结果的精度要求不是特别高，在 CMEAAT 中可采用有损压缩，则压缩比率能达到 20:1～40:1，必然使得 CMEAAT 的能量消耗有更大幅度的减小。

因此本书所提出的 MEAAT 和 CMEAAT 汇聚路由都能较好地适应不同类型的传感器网络，有效地改善传感器网络的性能，CMEAAT 比 MEAAT 具有更好的能耗性能，是 MEAAT 算法的一个改进。

7.6 本 章 小 结

在越来越多的无线传感器网络中，由于需要采集声音、图像或视频等类型的监测数据，数据的汇聚开销对于网络总能耗的影响不能被忽略。针对该问题，本章联合考虑汇聚开销和传输开销，在对最优汇聚路由进行建模和分析的基础上，提出了一种基于平衡生成树的近似最优路由算法，即最小能耗自适应汇聚路由算法 MEAAT。该算法中除了按最短路径发送数据的节点，对剩余的每一个汇聚节点引入汇聚决策，汇聚得益大于零表明在该节点进行汇聚可以减少网络总能耗，汇聚得益小于零表明数据汇聚不能改善网络的总能耗。通过理论分析并证明该算法在融合度为 0（或为 1）的极端情况下，对 SPT 路由（或 MST 路由）至少有 $(1+\sqrt{2})$ 的逼近度，通过仿真实验和其他常用算法进行比较，验证了 MEAAT 算法能有效节省能量且可在不同类型的网络中使用，具有比较广泛的适应性。

　　此外，本章还对 MEAAT 算法进行了改进，提出了基于第二代小波压缩的 CMEAAT（compressing MEAAT）算法。CMEAAT 也是一个基于汇聚决策的自适应汇聚路由算法，它的初始汇聚树结构和 MEAAT 算法相同，该算法和 MEAAT 算法的区别是：无论数据在某节点是否进行汇聚，原始数据或汇聚后的数据在被传输之前，先采用第二代小波零树编码算法进行压缩，然后将压缩后的数据沿 SPT 路由直接转发至 sink 或沿 BST 路由转发至下一跳节点。当网络环境、节点密度、传输开销或汇聚开销等发生改变时，该算法可以自适应的调整汇聚决策和路由。仿真实验结果表明，CMEAAT 的性能比 MEAAT 提高了约 14%。

第 8 章　基于动态规划的传感器网络路径选择算法

8.1　问题的提出

　　无线传感器网络中的路由问题就是寻找从监测点或监测区域到 sink 的最优路径，以便及时检测监测点或监测区域的数据并进行相应的处理。最优路径不仅是路径的欧氏距离最短，还可以是数据在该路径上的传输能耗最低或时延最小等其他含义。简单起见，给网络中的每条边赋一个非负常数权值，代表相应的含义，因此，此处的最优路径相当于最短路径。目前求最短路径的算法有多种，如 Dijkstra 算法、矩阵算法、贪婪算法和 Floyd 算法等。Dijkstra 算法是典型的单源最短路径算法，用于计算一个节点到其他所有节点的最短路径，其主要特点是以起始点为中心向外层层扩展，直至扩展到终点为止，该算法虽然能得出最短路径的最优解，但由于它遍历计算的节点很多，所以效率低，时间复杂性是 $O(n^2)$。矩阵算法能够求解所有节点间的最短路径，但是该算法计算量比较大，适用于计算机计算，时间复杂度比较高，一般为 $O(n^3)$。贪婪算法比较简单易行，但是该算法在进行路由选择时，不从整体最优上加以考虑，所做出的决策只是在某种意义上的局部最优解。Floyd 算法主要应用在有向图中，可以算出任意两个节点之间的最短距离，但是时间复杂度也比较高，为 $O(n^3)$，不适合计算大量数据。相比之下，动态规划算法比较简单，进行路径优化时一般具有高时效性。假设解决问题的规模为 n，分解的所有子问题的数目为 k，则动态规划算法的线性时间复杂度为 $O(n*k)$，最差为 $O(n^2)$。此外，无线网络中通常用动态规划来解决满足一定条件的最优策略问题。目前已经有一些学者运用动态规划的思想来解决网络的相关问题。例如，文献[243]将动态规划应用于无线 Mesh 网络中的多目标优化，在路由过程中满足带宽和差错率的 QoS 要求；文献[244]将传感器网络中簇头的轮换描述为不定阶段的动态规划过程，结合能量守恒关系推导出网络寿命的上下界，提出能量优先的簇头轮换策略。文献[245]在线性网络中采用动态规划选择最优能量消耗的路由节点及其传输范围；文献[246]在基于 IEEE802.15.4 的传感器网络中，将动态规划的思想和率失真理论结合解决网络寿命的问题；因此，本章考虑用动态规划方法来优化无线传感器网络路由算法的设计。

　　由于能量是无线传感器网络中非常有限而宝贵的资源，所以在路由选择中，弄清每一跳距离所消耗的能量，从源节点到 sink 的路径长度及节点的能量消耗均衡情况非常重要。特别是在无线传感器网络的实时应用场景中，不仅要求节约能量，而且在时延方面也有一定的要求。基于此，本章的结构安排如下：首先介绍动态规划的基本原理，并提出一种将实际无线传感器网络转化为标准动态规划模型的方法；然后在该模型的基础上，基于动态规划的思想分别提出最小能耗、能耗均衡和最小时延低能耗三种路由算法；最后通过仿真实验对这三种路由算法的性能进行评价。

8.2　动态规划模型

8.2.1　动态规划的基本原理

动态规划（dynamic programming，DP）[247]是贝尔曼提出的一种研究多阶段决策过程最优化的非线性规划方法。而多阶段决策过程是指这样一类特殊的活动过程，该过程可以按照时间或空间分解成若干相互关联的阶段，在每一个阶段都要做出决策，全部决策形成一个前后关联的序贯性决策序列。其中，每个阶段决策的选择依赖于该阶段的状态以及前或后阶段的变化，如图 8-1 所示。现实生活中，求解的关键在于如何将实际问题构造成多阶段的系统，并且在各个阶段能做出序贯性的决策，以使在序贯决策的状态推移进程中达到整个系统的最优决策。

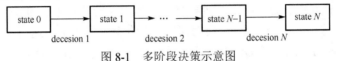

图 8-1　多阶段决策示意图

使用动态规划思想解决最优决策问题必须符合以下两个条件。

（1）最优化原理。动态规划的最优化原理是指不论过去的状态及决策如何，如果把现存的状态看作后续过程的初始状态，余下的诸决策仍必须构成一个最优策略。简言之，一个最优策略的子策略一定是最优的。

（2）无效性原则。动态规划的无效性原则是指某阶段的状态一旦确定，则此后过程的演变不再受此前各状态及决策的影响。具体而言，如果一个问题被划分各个阶段之后，阶段 I 中的状态只能由阶段 I+1 中的状态通过状态转移方程得来，与未发生的状态没有关系。

下面以图 8-2 求最短距离的路径为例说明动态规划的基本概念和最优值函数的建立。图中连线上的数字表示两点之间的距离。

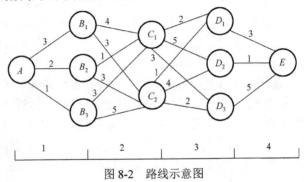

图 8-2　路线示意图

1. 阶段

把所给的系统，适当地依据具体情况分成若干个相互联系的阶段，描述阶段的变量称为阶段变量，用 k 表示，并将各个阶段按顺序或逆序加以编号，如图 8-2 可以分为 4 个阶段，$k = 1, 2, 3, 4$。从 $A \rightarrow B_i (i = 1, 2, 3)$ 是第 1 阶段，从 $B_i \rightarrow C_j (j = 1, 2)$ 是第 2 阶段，从 $C_j \rightarrow D_t (t = 1, 2, 3)$ 是第 3 阶段，从 $D_t \rightarrow E$ 是第 4 阶段。

2. 状态

一个阶段会存在若干个可能的状态，一般第 k 阶段的状态就是第 k 阶段所有起点的集合。在图 8-2 中，第 1 阶段有 1 个状态就是初始位置 A，第 2 阶段有 3 个状态，即集合 $\{B_1, B_2, B_3\}$。描述过程状态的变量称为状态变量，用 S_k 表示第 k 阶段所有可能状态变量的集合，其元素为 s_k，可以是数、数组或向量。第 3 阶段有 2 个状态，则 s_k 可能取 2 个值，即 C_1, C_2，并且 $S_3 = \{C_1, C_2\}$ 称为第 3 阶段的可能状态集合。第 4 阶段有 3 个状态，则 s_k 可能取 3 个值，即 D_1, D_2, D_3，并且 $S_4 = \{D_1, D_2, D_3\}$ 称为第 4 阶段的可能状态集合。

3. 决策

决策表示当系统处于某一阶段的某个状态时，可以做出不同的选择，确定下一阶段的状态，这种选择称为决策。描述决策的变量称为决策变量，常用 $d_k(s_k)$ 表示第 k 阶段当状态处于 s_k 时的决策变量，它是状态变量的函数，而用 $D_k(S_k)$ 表示相应的决策变量的函数集，即有 $d_k(s_k) \in D_k(S_k)$。在图 8-2 第 2 阶段中，从状态 B_2 出发，其允许的决策集合为 $D_2(B_2) = \{C_1, C_2\}$，某一阶段的状态变量及决策变量的值取定以后，那么下一阶段的状态随之确定。例如，选取的点为 C_2，则 C_2 是状态 B_2 在决策 $d_2(B_2)$ 作用下的一个新的状态，记作 $d_2(B_2) = C_2$。

4. 策略

由系统各阶段确定的决策所形成的决策序列称为策略。从初始状态 s_1 出发由系统的所有 n 个阶段的决策所形成的策略称为全过程策略，记为

$$P_{1,n}(s_1) = \{d_1(s_1), d_2(s_2), \cdots, d_n(s_n)\}$$

由系统的第 k 个阶段出发的后面 $(n - k + 1)$ 个阶段的决策过程称为全过程的后部子过程，相应的策略称为后部子过程策略，记为

$$P_{k,n}(s_k) = \{d_k(s_k), d_{k+1}(s_{k+1}), \cdots, d_n(s_n)\}$$

所有可供选择的策略集合称为策略集合，用 P 表示，从策略集合中找出达到最优效果的策略称为最优策略。

在图 8-2 中，从初始状态 A 出发，经历 4 个阶段到达终点 E 的策略集合 P 包括 18

个全过程策略，这个可以用穷举法列出。通过计算，路径距离最短的最优策略为 $A \xrightarrow{2}$ $B_2 \xrightarrow{3} C_2 \xrightarrow{1} D_1 \xrightarrow{3} E$，最短距离为 $2+3+1+3=9$。

5. 状态转移方程

状态转移方程表示第 $(k+1)$ 阶段的状态对第 k 阶段的状态和决策变量的依赖关系，表示为 $s_{k+1} = T_k(s_k, d_k(s_k))$，其中 T_k 称为第 k 阶段的状态转移系数。在图 8-2 中，状态转移方程为：$s_{k+1} = d_k(s_k)$。

6. 阶段效益

阶段效益是阶段状态和决策变量的函数，反映该阶段的价值和目标。对第 k 阶段的某一状态 s_k 执行某一决策 $d_k(s_k)$ 的阶段效益可用 $r_k(s_k, d_k(s_k))$ 来表示。在图 8-2 中的阶段效益为走完一阶段路程的距离。如 $r_2(B_2, C_2)$ 表示在第 2 阶段的状态变量 B_2 执行决策 C_2 的阶段效益，其值为 3。

7. 指标函数和最优值函数

指标函数反映整个系统的总效益，它是各个阶段状态和决策的函数。在图 8-2 中，从第 k 阶段点 s_k 出发的后部子过程的指标函数记为

$$F_{k,n}(s_k) = r_k(s_k, d_k(s_k)) + F_{k+1,n}(s_{k+1}), \quad k = n, n-1, \cdots, 1$$

其中，$s_{j+1} = T_j(s_j, d_j(s_j)), j = k, k+1, \cdots, n-1$。

而最优值函数记为

$$f_k(s_k) = \operatorname*{opt}_{\{d_k(s_k)\}} \{r_k(s_k, d_k(s_k)) + f_{k+1}(s_{k+1})\}, \quad k = n, n-1, \cdots, 1$$

其中，opt 可以依据题意取 min 或 max。在图 8-2 中，由于求最短距离的路径，所以

$$f_k(s_k) = \min_{\{d_k(s_k)\}} \{r_k(s_k, d_k(s_k)) + f_{k+1}(s_{k+1})\}, \quad k = n, n-1, \cdots, 1$$

当 $k = n+1$ 时，$f_{n+1}(s_{n+1}) = 0$，称为边值条件。动态规划是对 $k = n, n-1, \cdots, 1$ 依次按照最优值函数求解的过程，如图 8-3 所示。

图 8-3　动态规划求解过程

8.2.2　实际网络的标准化转换

通常，一个标准的动态规划模型要求具有明显的离散阶段，并且同一阶段的不同状态变量之间不能存在通路，如图 8-2 所示，每一个状态变量实际上就是一个节点。但是实际无线传感器网络结构一般不满足这个要求，如图 8-4 所示，网络无法直接划分出明显的阶段，而且同一阶段的节点 B 和节点 C 之间存在通路。因此，必须先将其转化成标准形式，再建立最优值函数。

首先，在保持原网络连通性的前提下，我们做如下分析：从起点 A 出发到终点 F 的路径中，C 的后继节点是 D, E，由于 $B \rightarrow C$ 通路的存在，导致 A 到 C 有 2 条路径，分别是 $A \rightarrow C$ 和 $A \rightarrow B \rightarrow C$，可见，$C$ 距离 A 的跳数可能是 1 或 2。同理，A 到 D 有 3 条路径，分别是 $A \rightarrow B \rightarrow D$，$A \rightarrow C \rightarrow D$ 和 $A \rightarrow B \rightarrow C \rightarrow D$，$D$ 距离 A 的跳数可能是 2 或 3。A 到 E 有 2 条路径，分别是 $A \rightarrow C \rightarrow E$ 和 $A \rightarrow B \rightarrow C \rightarrow E$，$E$ 距离 A 的跳数可能是 2 或 3。如果把每一跳看作一个阶段，则 C, D, E 都分别有可能是两个阶段的状态变量。例如，C 有可能是第 2 或 3 阶段的状态变量，D 和 E 有可能是第 3 或 4 阶段的状态变量。但是在动态规划的标准模型中，一个节点仅且只能作为某一个阶段的状态变量。因此，考虑采用增加虚拟节点的方法解决此问题。具体如下：对于有可能处于 n 个不同阶段的节点分别增加相应的 $(n-1)$ 个虚拟节点，如 C, D, E 都分别有可能作为两个阶段的状态变量，于是针对每个节点分别设一个虚拟节点 C^1, D^1, E^1，这样分别构成了 3 条虚拟链路 $(C, C^1), (D, D^1)$ 和 (E, E^1)，记每条虚拟链路上的权值为 0，即欧氏距离、跳数、能耗和时延等指标值均为 0。增加了虚拟节点后，网络具有明显的阶段，每个节点都可以被明确地划分在唯一的阶段中，同一阶段的不同节点之间不存在通路，满足动态规划标准模型的要求，如图 8-5 所示。在这个标准模型中，包括 4 个离散的阶段，每个阶段的状态变量集分别是 $S_1 = \{A\}, S_2 = \{B, C^1\}, S_3 = \{C, D^1, E^1\}, S_4 = \{D, E\}$。假设节点 A 是无线传感器网络中监测区域的源节点，节点 F 是 sink，监测数据从 A 发往 F。

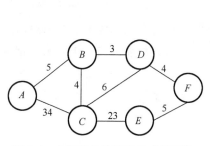

图 8-4　非标准化的无线传感器网络

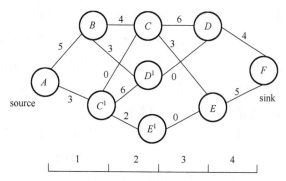

图 8-5　增加虚拟节点后的无线传感器网络

8.3　基于动态规划的路由算法

首先，网络模型做如下设定：假设在无线传感器网络中，传感器节点均匀地分布在一个 $A \times B$ 的矩形区域内并保持相对静止，节点位置信息已知，用 (x, y) 表示，其中 $0 \leqslant x \leqslant A-1$，$0 \leqslant y \leqslant B-1$，而且这些节点同构，节点相互合作完成给定的通信任务。网络中只有一个 sink，可以部署在任何位置，位置记为 (x_S, y_S)。通常用带有权重的连通图 $G = (V, E, d)$ 表示给定的无线传感器网络。在连通图 G 中，V 表示节点集，E 表示边 (v_i, v_j) 的集合，其中，$v_i, v_j \in V$，$E \subseteq V^2$，且 v_i 和 v_j 之间可以直接通信，则称 v_i 和 v_j 是邻节点，d 表示 v_i 和 v_j 之间的距离。由于受到能量的限制，并非所有节点之间可以直接通信，而是每个节点只能和它的发射半径之内的其他节点通信，该发射半径记作 R，因此，$0 < d(v_i, v_j) \leqslant R$，可见，$G$ 不是完全图，并且感知数据是以多跳的方式进行传输，假设 G 总是连通的。由于节点同构，传感器节点具有相同的发射半径 R 和相同的初始能量 E_0，而 sink 节点的发射能力较强，具有较高的能量，可以把数据发回任务管理节点。

8.3.1　最小能耗路由算法

无线传感器网络中能量资源非常宝贵而且有限，所以在路由选择中，弄清每一跳距离所消耗的能量，并以最节能的方式将监测数据传给 sink，显得非常重要。可见，最小能耗路由是最基本的路由策略。前面已经讨论过，在大多数解决最优路径问题的方法中，动态规划算法是一个比较高时效的方法。所以，本节借鉴动态规划的思想，提出一种最小能耗路由算法（the lowest energy consumption routing algorithm，LECR）。

1.　前提条件

在 LECR 算法中，每个节点 v_i 在本地保存一个局部信息列表{节点标识号 id、剩余能量 E_{v_i}、节点位置信息 (x_i, y_i)，邻节点相关信息}，假设 v_i 的邻节点是 v_j，那么邻节点相关信息包括{邻节点标识 id、邻节点位置信息 (x_j, y_j)，邻节点的剩余能量 E_{v_j}}。在路由选择开始时，通过局部的消息交换，节点就可以及时获知邻居节点的信息，并通过欧氏距离计算公式 $d(v_i, v_j) = \sqrt{(x_i - x_j)^2 + (y_i - y_j)^2}$ 得到与邻节点 v_j 的距离。相邻节点间的能耗模型采用自由空间射频模型。

在相距为 d 的两个节点间以速率 Kbit/s 发送数据的能耗为

$$E_{Tx}(K, d) = KE_{\text{elec}} + K\varepsilon_{fs}d^2$$

传感器节点接收数据的能耗为

$$E_{Rx}(K, d) = KE_{\text{elec}}$$

可见，发送和接收的总能耗为 $E_x = K(2E_{\text{elec}} + \varepsilon_{fs} d^2)$，其中 $E_{\text{elec}} = 50\text{nJ/bit}$，$\varepsilon_{fs} = 10\text{pJ/(bit·m}^2)$。

2. 算法步骤

LECR 算法步骤如下。

（1）采用增加虚拟节点的方法，将实际无线传感器网络转化为标准动态规划模型，具体转化方法如 8.2.2 节所述。

（2）按照动态规划的原理，可以建立从监测节点到 sink 的最小能耗函数，如下：

$$\begin{cases} f_{k,n}(s_k) = \min\limits_{d_k(s_k)} \left\{ E_k(s_k, d_k(s_k)) + f_{k+1,n}(s_{k+1}) \right\}, & k = n, n-1, \cdots, 1 \\ f_{n+1}(s_{n+1}) = 0 \end{cases} \tag{8-1}$$

其中，k 表示模型的阶段变量，n 为阶段数，在动态规划的标准模型建立好后，n 值确定。$f_{k,n}(s_k)$ 表示从第 k 阶段的状态变量 s_k 出发到 sink 的最小能耗，该值包括两部分：① $f_{k+1,n}(s_{k+1})$，即从第 $k+1$ 阶段的状态变量 s_{k+1} 出发到 sink 的最小能耗，对应的是从第 $k+1$ 阶段到 sink 的后部子过程的能耗，由于动态规划算法是从最后一个阶段（即 $k=n$）向第一个阶段（即 $k=1$）的方向递推求解，所以，在求第 k 阶段的 $f_{k,n}(s_k)$ 时，$f_{k+1,n}(s_{k+1})$ 的值已经求解，值已知；② $E_k(s_k, d_k(s_k))$，即在第 k 阶段从状态变量 s_k 到决策变量 $d_k(s_k)$ 的能耗，对应的是第 k 阶段的能耗。第 k 阶段的 $d_k(s_k)$ 与第 $k+1$ 阶段的 s_{k+1} 满足关系：$s_{k+1} = d_k(s_k)$。由于模型的最大阶段数为 n，所以 $f_{n+1,n}(s_{n+1})$ 不存在，取值为 0。

（3）对于小规模的网络，可以采用穷举法来寻求最优路径，但是对于大规模传感器网络，采用逆序法来递推求解。从 $k=n$ 开始，由后向前逐步递推，求出各阶段节点到 sink 的最小能耗，最后求得由监测节点到 sink 的最小总能耗。

为了更好地描述 LECR 算法，以图 8-5 为例说明。简单起见，假设监测节点 A 发射数据的速率为 $K=1\text{bit/s}$，相邻两节点的距离标注在连线上，虚拟链路的距离设为 0。在图 8-5 中，网络被划分为 4 个明显的阶段，即 $n=4$。由于在求解过程中，n 值保持不变，函数 $f_{k,n}(s_k)$ 简写成 $f_k(s_k)$，在后续的 8.3.2 节和 8.3.3 节中指标函数可以采用类似的简写。具体求解步骤如下。

（1）当 $k=4$ 时，$S_4 = \{D, E\}$，$f_4(D) = 2 \times 50 + 10 \times 10^{-3} \times 4^2 = 100.16\text{nJ}$，同理，$f_4(E) = 100.25\text{nJ}$。

（2）当 $k=3$，$S_3 = \{C, D^1, E^1\}$，出发点有 C, D^1, E^1 三个，若从 C 出发，有两种选择，一种是至 D，另一种是至 E。由于 $f_4(D)$ 和 $f_4(E)$ 的值在第（1）步求解得到，则

$$f_3(C) = \min \begin{cases} E_3(C, D) + f_4(D) \\ E_3(C, E) + f_4(E) \end{cases} = \min \begin{cases} 100.36 + 100.16 \\ 100.09 + 100.25 \end{cases} = 200.34\text{nJ}$$

其相应的决策为 $d_3(C) = E$，表示由 C 到终点 F 的最小能耗路径为 $C \rightarrow E \rightarrow F$。

同理，从 D^1, E^1 出发，由于 D^1 和 D，E^1 和 E 分别构成虚拟链路，则有

$$f_3(D^1) = \min \left\{ E_3(D^1, D) + f_4(D) \right\} = \min \left\{ 0 + 100.16 \right\} = 100.16 \text{nJ}$$

其相应的决策为 $d_3(D^1) = D$。

$$f_3(E^1) = \min \left\{ E_3(E^1, E) + f_4(E) \right\} = \min \left\{ 0 + 100.25 \right\} = 100.25 \text{nJ}$$

其相应的决策为 $d_3(E^1) = E$。

（3）当 $k = 2$，$S_2 = \{B, C^1\}$，出发点有 B, C^1 两点，若从 B 出发，则有

$$f_2(B) = \min \left\{ \begin{matrix} E_2(B, C) + f_3(C) \\ E_2(B, D^1) + f_3(D^1) \end{matrix} \right\} = \min \left\{ \begin{matrix} 100.16 + 200.34 \\ 100.09 + 100.16 \end{matrix} \right\} = 200.25 \text{nJ}$$

其相应的决策为 $d_2(B) = D^1$。

$$f_2(C^1) = \min \left\{ \begin{matrix} E_2(C^1, C) + f_3(C) \\ E_2(C^1, D^1) + f_3(D^1) \\ E_2(C^1, E^1) + f_3(E^1) \end{matrix} \right\} = \min \left\{ \begin{matrix} 0 + 200.34 \\ 100.36 + 100.16 \\ 100.04 + 100.25 \end{matrix} \right\} = 200.29 \text{nJ}$$

其相应的决策为 $d_2(C^1) = E^1$。

（4）当 $k = 1$，$S_1 = \{A\}$，从 A 出发，则有

$$f_1(A) = \min \left\{ \begin{matrix} E_1(A, B) + f_2(B) \\ E_1(A, C^1) + f_2(C^1) \end{matrix} \right\} = \min \left\{ \begin{matrix} 100.25 + 200.25 \\ 100.09 + 200.29 \end{matrix} \right\} = 300.38 \text{nJ}$$

其相应的决策为 $d_1(A) = C^1$。

从上述步骤可见，决策序列为 $\{A, C^1, E^1, E, F\}$，由于 C 和 C^1、E^1 和 E 实质分别为同一节点，所以最小能耗路径为 $A \rightarrow C \rightarrow E \rightarrow F$，最小能耗值为 300.38nJ。如果计算出最小能耗路径不止 1 条，则随机选择 1 条，其余路径作为备份。

3. 算法分析

在网络初始化并开始投入运作的早期路由阶段，由于所有节点同构，初始能量 E_0 相同，如果每个监测节点都将监测数据以最小能耗路由发送给 sink，这样可以保证网络的总能耗最小，使用 LECR 算法比较合适。但是能耗最小的路由基本上是静态路由，能节省能量的消耗，但忽略了网络的能量消耗平衡。随着网络的正常运行，最小能耗路由上的某些关键节点被频繁地使用，这样就会使其能量消耗过快，甚至过早耗尽。此外，LECR 算法仅以网络总能耗最小为主要目标，没有考虑无线传感器网络在军事和交通领域的实时应用需求。所以，在 LECR 算法的基础上，8.3.2 节和 8.3.3 节分别对其加以改进。

8.3.2　基于能量均衡的低能耗路由算法

在建立路由的过程中，上述 LECR 算法考虑了网络总能耗最小，如果该算法能够在路由建立过程中选取剩余能量较多的节点作为路径，将可以更好地均衡网络的能量消耗，避免部分节点提前失效，有效延长网络的生命周期。为了既节省能量又平衡网络能量消耗，本节将在 LECR 的基础上加以改进，提出一种基于能量均衡的低能耗路由算法（energy-balance and low energy-consumption routing algorithm，EB-LECR）。

1. 算法步骤

定义 8-1　网络能量均值：假设在 t 时刻，节点 v_i 的剩余能量为 $E_{v_i}(t)$。网络能量均值 $\hat{E}(t)$ 衡量网络中 N 个节点在 t 时刻的能量消耗水平，其值越大，网络能耗越低，反之，能耗越高。网络能量均值为节点剩余能量的平均值，即

$$\hat{E}(t) = \frac{\sum\limits_{i=1}^{N} E_{v_i}(t)}{N}$$

EB-LECR 算法仍然采用动态规划的思想，但是在每个阶段进行决策选择时，考虑节点的能耗均衡，将根据该阶段决策变量的剩余能量大小动态调整允许的决策集合。具体步骤如下。

（1）将实际传感器网络转化为标准动态规划模型，转化方法如 8.2.2 节所述。

（2）按照动态规划的原理，在式（8-1）的基础上，可以建立从监测节点到 sink 的基于剩余能量的最小能耗函数，如下：

$$\begin{cases} f_{k,n}(s_k, \hat{E}_{s_k}(k)) = \min\limits_{d_k(s_k)} \left\{ E_k(s_k, (d_k(s_k), \hat{E}_{s_k}(k))) + f_{k+1,n}(s_{k+1}, \hat{E}_{s_{k+1}}(k+1)) \right\}, k = n, n-1, \cdots, 1 \\ f_{n+1}(s_{n+1}) = 0 \end{cases}$$

$$(8-2)$$

其中，$\hat{E}_{s_k}(k)$ 表示第 k 阶段状态处于 s_k 时的决策集合 $D_k(s_k)$ 剩余能量平均值，以该平均值作为衡量标准来调整 $D_k(s_k)$。$E_k(s_k, (d_k(s_k), \hat{E}_{s_k}(k)))$ 表示第 k 阶段从状态变量 s_k 到调整后的决策集合中某一决策变量 $d_k(s_k)$ 的能耗。$D_k(s_k)$ 的具体调整步骤如下。

采用逆序法来递推求解。从 $k = n$ 开始，由后向前逐步递推。

（1）找出第 k 阶段状态处于 s_k 时的决策集合 $D_k(s_k)$，假设调整前 $D_k(s_k)$ 中决策变量的个数为 m。

（2）根据定义 8-1 中网络能量均值的计算公式求 $\hat{E}_{s_k}(k)$，即

$$E_{s_k}^{\wedge}(k) = \frac{\sum_{i=1}^{m} E_{d_k(s_k)_i}(k)}{m}$$

其中，$E_{d_k(s_k)_i}(k)$ 表示第 k 阶段状态变量为 s_k 时，不同决策变量 $d_k(s_k)_i$ 的剩余能量。

（3）将 $D_k(s_k)$ 中每个决策变量的剩余能量与 $E_{s_k}^{\wedge}(k)$ 进行比较，从 $D_k(s_k)$ 删除剩余能量小于 $E_{s_k}^{\wedge}(k)$ 的变量，调整后的决策集合记作 $D_k'(s_k)$，$D_k'(s_k)$ 由剩余能量不低于平均能量的决策变量组成，这样避免了剩余能量较低的节点再次被选中而可能过早耗尽能量。

（4）采用上述 LECR 算法的思想，从 $D_k'(s_k)$ 中选择决策变量 $d_k(s_k)$ 作为中继节点，使得从 s_k 到达终点的子路径 $s_k \rightarrow d_k(s_k) \xrightarrow{f_{k+1}(d_k(s_k))} end$ 的能耗最低。在该子路径中，$d_k(s_k)$ 是第 k 阶段选择的剩余能量高于均值的决策变量，同时它也是第 $k+1$ 阶段的状态变量，$f_{k+1}(d_k(s_k))$ 是从 $d_k(s_k)$ 到终点所构成的路径的最小能耗值，由于动态规划的计算方向从 $k=n$ 开始，由后向前逐步递推，所以 $f_{k+1}(d_k(s_k))$ 在选择 $d_k(s_k)$ 之前已经计算得到。

以图 8-6 为例说明删除某阶段剩余能量较低的决策变量的过程。假设 $k=3$，则 $S_3 = \{C_1, C_2, C_3, C_4\}$，并且该阶段所有可能的决策变量的剩余能量分别假定为 $E_{D_1}(3) = 900$，$E_{D_2}(3) = 800$，$E_{D_3}(3) = 760$，$E_{D_4}(3) = 700$，$E_{D_5}(3) = 600$，能量单位均为 mJ。现在假设从状态 C_2 出发，则决策集合 $D_3(C_2) = \{D_1, D_2, D_3, D_4, D_5\}$，但是 $D_3(C_2)$ 的剩余能量均值 $E_{C_2}^{\wedge}(3) = (900 + 800 + 760 + 700 + 600)/5 = 752$。将 $E_{D_1}(3)$、$E_{D_2}(3)$、$E_{D_3}(3)$、$E_{D_4}(3)$ 和 $E_{D_5}(3)$ 分别与该均值 $E_{C_2}^{\wedge}(3)$ 比较，可知 $E_{D_4}(3) < E_{C_2}^{\wedge}(3)$ 和 $E_{D_5}(3) < E_{C_2}^{\wedge}(3)$，则

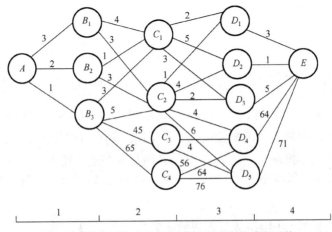

图 8-6　具有标准动态规划模型的无线传感器网络

D_4 和 D_5 从 $D_3(C_2)$ 被删除，这样调整后的决策集合 $D_3'(C_2) = \{D_1, D_2, D_3\}$。然后按照 LECR 算法的步骤，从 $D_3'(C_2)$ 中选择最佳的决策变量 $d_3(C_2)$ 作为中继节点，使得从 C_2 经由 $d_3(C_2)$ 到达终点 E 的能耗最小。同理，从该阶段的其余节点 C_1, C_3, C_4 出发，在进行路由选择前，都要根据剩余能量筛选各自的决策集合，然后再从调整后的决策集合中选择最佳的决策变量作为路径的中继节点。

2. 算法分析

EB-LECR 算法描述的路由过程属于动态路由，在每个周期的每个阶段，每个状态变量 s_k 对应的决策集合 $D_k(s_k)$ 不是固定的，而是根据当时的剩余能量进行动态调整，调整后的决策集合 $D_k'(s_k)$ 是由剩余能量高于 $D_k(s_k)$ 能量均值的节点构成的，这样可以尽量保证网络能耗均衡，并且从 $D_k'(s_k)$ 中选择一决策 $d_k(s_k)$，使得从 s_k 经 $d_k(s_k)$ 达到终点的能耗最小。虽然在每个阶段调整每个状态变量对应的决策集合时，EB-LECR 算法花费了一些处理开销，但是这些处理是一些非常简单的计算和比较，开销很小，甚至可以不计，却有效地避免了剩余能量较低的节点被频繁使用，平衡了网络能量，提高了节点和网络的寿命。同时，EB-LECR 算法在考虑能耗均衡的前提下，也考虑了路由的总能耗最小，所以，在一定程度上也节省了网络能量。

8.3.3　基于最小时延的低能耗路由算法

上面讨论的最小能耗路由算法 LECR 和基于剩余能量的低能耗路由算法 EB-LECR，都是以节能为主要目标，而没有考虑实时应用的需求。首先，LECR 算法能够保证网络能耗最小，但不一定保证路径长度最小，因为能量的消耗通常不满足"三角不等式"，这在第 2 章中已经讨论过。其次，EB-LECR 算法在路由过程中尽量达到能耗平衡意味着使用剩余能量较多的节点来转发数据，经常会导致数据经历的总跳数增加，路径长度有可能过长，从而无法保证无线传感器网络满足实时传输的要求。然而在军事和交通领域的目标跟踪、监控系统紧急事件触发等实时应用中，实时传输非常重要。传感器网络必须将监测数据以最小时延传给监控站，以便及时做出决策。所以，在保证最小时延的前提下，结合最小能耗路由算法 LECR，本节提出一种基于最小时延的低能耗路由算法（least-delay and low energy-consumption routing algorithm，LD-LECR），兼顾实时传输和网络低能耗。

1. 基本概念

数据包从 v_i 到节点 v_j 的通信时延可以分为竞争时延、传输时延和重传时延。在此，假设数据包一次性传输成功，不存在信道的竞争和数据包的重传，这样，通信时延主要指传输时延。传输时延主要包括以下两部分。

（1）数据在信道上传播所花费的时间。对于某条边 $e \in E$，在链路 e 上的传输时延表示为时延函数 $\text{delay}(e)$。

（2）将数据由节点加载到信道上所需的时间，也就是发送时延。对于某个节点 $v_i \in V$，在节点 v_i 上的时延表示为时延函数 delay(v_i)。

这样，对于单条路径，总传输时延函数为 $\text{delay}(P(S,D)) = \sum_{e \in E} \text{delay}(e) + \sum_{v_i \in V} \text{delay}(v_i)$，其中，$P(S,D)$ 表示某个源节点 S 到目标节点 D 的路径。

在无线传感器网络中，无线信号的传播速度为 300m/μs，无线传感器设备之间的距离通常小于 100m，所以传播时延非常小，可以忽略，主要讨论在节点上的发送时延。而数据包的长度和无线设备的传输速度已知，因此，发送时延可以估算。

设在传输的过程中，数据包长度保持不变，记为 s，传感器节点的传输速度相同，记为 r，则数据包在节点 v_i 的发送时延 $\text{delay}(v_i) = s/r$。那么，从源节点到 sink 的跳数为 n 时，总的传输时延 $\text{delay}_{\text{total}} = \text{delay}(v_1) + \text{delay}(v_2) + \cdots + \text{delay}(v_{n-1}) + \text{delay}(v_n) = ns/r$。由该式可知，数据包经历的中继节点数越多，相应的传输时延 $\text{delay}_{\text{total}}$ 越大；反之，数据包经历的中继节点数越少，则传输时延 $\text{delay}_{\text{total}}$ 越小。在标准动态规划模型中，传感器网络被划分为若干明显的离散阶段，每经历一个阶段相当于经历了一跳，由于阶段数是已知的，所以，从形式上看，每条路由经历的总跳数应该是一样的，与阶段数相同。但是由于模型中存在虚拟链路，而虚拟链路的跳数记为 0，所以，不同路由的总跳数可能不同，如图 8-5 所示。所以，求最小时延的路由在此相当于求最小跳数路由，而基于最小时延的低能耗路由相当于最小跳数路由和最小能耗路由的结合，优先考虑路径的最小跳数。下面是 LD-LECR 基本步骤。

2. 算法步骤

（1）将实际传感器网络转化为标准的动态规划模型，转化方法如 8.2.2 节所述。

（2）每个传感器节点维持着一个变量 h，表示从该节点到 sink 的最小跳数值，初始值为 $h=0$，建立从第 k 阶段的状态变量 s_k 到 sink 最小跳数路由的指标函数，即

$$\begin{cases} h_{k,n}(s_k) = \min_{d_k(s_k)} \{ \text{hop}_k(s_k,(d_k(s_k)) + h_{k+1,n}(s_{k+1}) \}, k = n, n-1, \cdots, 1 \\ h_{n+1}(s_{n+1}) = 0 \end{cases} \quad (8\text{-}3)$$

其中，$\text{hop}_k(s_k, d_k(s_k))$ 表示第 k 阶段从状态变量 s_k 与某决策变量 $d_k(s_k)$ 构成的链路是否为虚拟链路，它的取值如下：

$$\text{hop}_k(s_k, d_k(s_k)) = \begin{cases} 0, & (s_k, d_k(s_k)) \text{ 是一条虚拟链路} \\ 1, & \text{否则} \end{cases}$$

（3）在选择最小跳数路由的过程中，为了保证路由能耗尽可能低，同时需要建立最小能耗路由的指标函数。该函数如上述 LECR 算法中的式（8-1），即

$$\begin{cases} f_{k,n}(s_k) = \min\limits_{d_k(s_k)} \left\{ E_k(s_k, d_k(s_k)) + f_{k+1,n}(s_{k+1}) \right\}, k = n, n-1, \cdots, 1 \\ f_{n+1}(s_{n+1}) = 0 \end{cases}$$

（4）式（8-3）和式（8-1）不是独立的，而是相互关联且同步计算的，从 sink 往源节点的方向递推，依次选择每个阶段不同状态变量的最佳决策变量。它们的关联如下。

① 根据式（8-3）确定每个阶段不同状态变量 s_k 允许的决策集合 $D_k(s_k)$，只有满足条件的决策变量能够保留下来。该条件是能够提供从 s_k 经 $D_k(s_k)$ 中的决策到 sink 的最小跳数路由。

② 若满足上述条件的决策集合 $D_k(s_k)$ 中的变量有多个，则根据式（8-1）选择能够提供从 s_k 到 sink 的最小能耗的决策变量 $d_k(s_k)$。

简言之，由式（8-3）筛选第 k 阶段能够提供从 s_k 到 sink 的最小跳数路由的决策集合 $D_k(s_k)$，再由式（8-1）从筛选后的 $D_k(s_k)$ 中选择从 s_k 到 sink 能耗最小的某个决策变量 $d_k(s_k)$。这样，在保证最小跳数路由的前提下，路由能耗也尽可能保证最低。以图 8-5 为例说明 LD-LECR 算法的基本思想，为了简便，监测节点 A 的发射速度仍为 1bit/s。在图 8-5 中，共有 4 个阶段，从 sink 往源节点 A 的方向递推。

（1）当 $k=4$ 时，$S_4 = \{D, E\}$，根据式（8-3），$h_4(D)=1$，$h_4(E)=1$。

根据式（8-1），$f_4(D) = 2 \times 50 + 10 \times 10^{-3} \times 4^2 = 100.16\text{nJ}$，$f_4(E) = 100.25\text{nJ}$。

（2）当 $k=3$，$S_3 = \{C, D^1, E^1\}$，若从 C 出发，有 2 种选择，一种是至 D，另一种是至 E，根据式（8-3），则

$$h_3(C) = \min \begin{cases} \text{hop}_3(C, D) + h_4(D) \\ \text{hop}_3(C, E) + h_4(E) \end{cases} = \min \begin{cases} 1+1 \\ 1+1 \end{cases} = 2$$

上式表明 $C \to D \to F$ 和 $C \to E \to F$ 的最小路径跳数相同，均为 2，为了选定从 C 出发的该阶段的决策变量 $d_3(C)$，根据式（8-1），计算

$$f_3(C) = \min \begin{cases} E_3(C, D) + f_4(D) \\ E_3(C, E) + f_4(E) \end{cases} = \min \begin{cases} 100.36 + 100.16 \\ 100.09 + 100.25 \end{cases} = 200.34\text{nJ}$$

上式表示由 C 到终点 F 的最小能耗路径为 $C \to E \to F$。综合考虑 $h_3(C)$ 和 $f_3(C)$，选择最小跳数的低能耗路由，则 $d_3(C) = E$。

同理，从 D^1, E^1 出发，由于 D^1 和 D，E^1 和 E 分别构成虚拟链路，即 $\text{hop}_3(D^1, D) = 0$，$\text{hop}_3(E^1, E) = 0$，则 $h_3(D^1)=1$，$h_3(E^1)=1$。此外

$$f_3(D^1) = \min \left\{ E_3(D^1, D) + f_4(D) \right\} = \min \left\{ 0 + 100.16 \right\} = 100.16\text{nJ}$$

$$f_3(E^1) = \min \left\{ E_3(E^1, E) + f_4(E) \right\} = \min \left\{ 0 + 100.25 \right\} = 100.25\text{nJ}$$

其相应的决策为 $d_3(D^1) = D$，$d_3(E^1) = E$。

（3）当 $k=2$，$S_2=\{B,C^1\}$，出发点有 B,C^1 两点，若从 B 出发，根据式（8-3），则有

$$h_2(B)=\min\begin{Bmatrix}\text{hop}_2(B,C)+h_3(C)\\\text{hop}_2(B,D^1)+h_3(D^1)\end{Bmatrix}=\min\begin{Bmatrix}1+2\\1+2\end{Bmatrix}=3$$

上式表明 $B\to C\to D\to F$ 和 $B\to C\to E\to F$ 的最小跳数相同，均为 3，为了选定从 B 出发的该阶段的决策变量 $d_2(B)$，根据式（8-1），计算

$$f_2(B)=\min\begin{Bmatrix}E_2(B,C)+f_3(C)\\E_2(B,D^1)+f_3(D^1)\end{Bmatrix}=\min\begin{Bmatrix}100.16+200.34\\100.09+100.16\end{Bmatrix}=200.25\text{nJ}$$

综合考虑 $h_2(B)$ 和 $f_2(B)$，选定 $d_2(B)=D^1$。

同理，从 C 出发，根据式（8-3），则有

$$h_2(C^1)=\min\begin{Bmatrix}\text{hop}_2(C^1,C)+h_3(C)\\\text{hop}_2(C^1,D^1)+h_3(D^1)\\\text{hop}_2(C^1,E^1)+h_3(E^1)\end{Bmatrix}=\min\begin{Bmatrix}0+2\\1+1\\1+1\end{Bmatrix}=2$$

根据式（8-1），则有

$$f_2(C^1)=\min\begin{Bmatrix}E_2(C^1,C)+f_3(C)\\E_2(C^1,D^1)+f_3(D^1)\\E_2(C^1,E^1)+f_3(E^1)\end{Bmatrix}=\min\begin{Bmatrix}0+200.34\\100.36+100.16\\100.04+100.25\end{Bmatrix}=200.29\text{nJ}$$

综合考虑 $h_2(C^1)$ 和 $f_2(C^1)$，选定 $d_2(C^1)=E^1$。

（4）当 $k=1$，$S_1=\{A\}$，从 A 出发，根据式（8-3），则有

$$h_1(A)=\min\begin{Bmatrix}\text{hop}_1(A,B)+h_2(B)\\\text{hop}_1(A,C^1)+h_2(C^1)\end{Bmatrix}=\min\begin{Bmatrix}1+3\\1+2\end{Bmatrix}=3$$

上式表明从 A 经由 C^1 到 sink 的跳数最小，即其相应的决策为 $d_1(A)=C^1$。

从上述步骤可见，决策序列为 $\{A,C^1,E^1,E,F\}$，由于 C 和 C^1，E^1 和 E 实质分别为同一节点，所以最小跳数的低能耗路由为 $A\to C\to E\to F$。

3. 算法分析

为满足实时需求，LD-LECR 算法的路由过程以最小时延为主要目标，保证路由的总跳数最小。虽然时延最小的路由，总能耗不一定最小，但是在每个阶段选择决策变量作为中继节点时，能耗最小是除时延外选择路由的另外一个标准，也就是如果时延相同或非常相近的路由不止一条，则在这些路由中，选择能耗最小的一条。可见，LD-LECR 算法不仅可以满足时间敏感领域的实时应用需求，而且可以在一定程度上节约网络能耗。

8.4　仿真实验与分析

本书采用 Omnet++进行仿真实验，将所提出的最小能耗路由算法（LECR）、基于能量均衡的低能耗路由算法（EB-LECR）和基于时延的低能耗路由算法（LD-LECR）与经典的洪泛路由（flooding）、定向扩散路由（directed diffusion，DD）进行性能比较。实验在 6 种不同大小的仿真环境中进行，将 50、100、150、200、250 和 300 个节点分别部署在边长为 160m、226m、277m、320m、358m 和 392m 的正方形区域内，以保证每个区域内节点的平均密度近似相等，节点的位置随机均匀分布，部署后位置固定不变。网络中包括 1 个 sink。

数据采用双向无差错无线传输，兴趣报文为 2byte，数据包为 20byte，节点的最大通信半径为 30m，初始能量为 0.5J，节点间发送、接收数据的能耗采用 Heinzelman 提出的 first order 自由空间射频模型，节点对数据的处理延迟为 5～10ms。

规定网络中第一个节点死亡的时间为网络的稳定周期，10%的节点死亡时间为网络的生命周期，平均时延是指发送一个事件到接收这个事件的平均等待时间。实验分别对各算法的能耗、稳定周期、生命周期和延迟时间进行比较，在不同的仿真环境下各进行 20 次实验，取实验结果的均值作为最终值。图 8-7 是各算法在不同仿真环境中节点平均能耗的实验结果，图 8-8(a)和(b)分别是稳定周期和生命周期的实验结果，图 8-9 是延迟时间的实验结果。

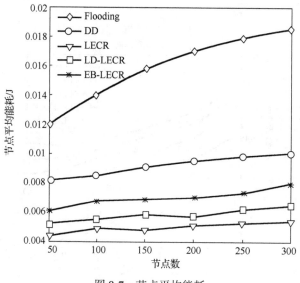

图 8-7　节点平均能耗

从图 8-7 可以看出，Flooding 路由的节点平均能耗远远大于其他四种路由算法，这是由 Flooding 路由的传输方式所造成的。Flooding 路由中，节点将其接收到的数据包向所有邻居节点转发，而不管这些节点是否在最终的转发路径上，直到数据包发送到目标节点为止。这种传输方式导致网络中产生了大量重复的无用数据包，而且一个节点很可能会多次接收到同一个数据包，严重浪费了节点的能量，在很大程度上影响网络的稳定周期和生命周期。DD 路由的能耗与 Flooding 相比减少了很多，因为 DD 路由根据采集内容建立优化的传输路径，路由中通过周期性的兴趣扩散建立反向梯度场，并将节点的采集数据沿梯度方向发送到 sink。因此与 Flooding 路由相比，DD 可以大量减少网络中无用的重复信息，降低网络的能耗。但在 DD 路由的初期需要利用洪泛方式传播兴趣报文，即中间节点要将第一次接收到的兴趣报文向其所有的邻居节点进行发送，因此在兴趣扩散阶段会造成较大的能量消耗，并会增加传输时间的开销。

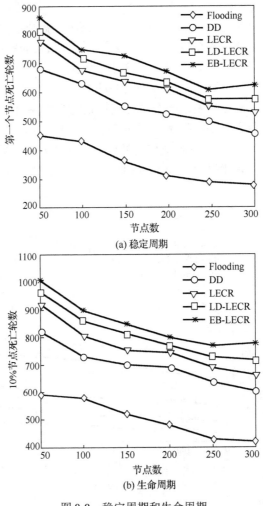

(a) 稳定周期

(b) 生命周期

图 8-8　稳定周期和生命周期

本章提出的 LECR、EB-LECR 和 LD-LECR 算法，都引入了动态规划的思想，根据具体的要求对网络传输路径进行优化,有效地避免了 DD 算法中初期路由的盲目性,可以大大减少网内传播的数据包总数,不在正确传输路径上的节点不再参与数据的转发。因此在很大限度上节省了节点的能耗,提高了节点能量的利用率,使网络的稳定周期和生命周期都得到了相应的提高。从实验结果也可看出本章所提出的基于动态规划的三种路由算法,其节点平均能耗与 DD 相比,有较大限度的减小,LECR、LD-LECR和 EB-LECR 的节点平均能耗与 DD 相比,分别减小了约 46%、37%和 23%。

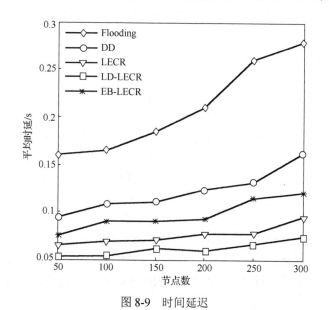

图 8-9　时间延迟

通过图 8-7 也可以看出,在所提出的三种基于动态规划的路由算法中,LECR 的平均能耗最小,EB-LECR 路由的节点平均能耗比 LD-LECR 稍高。这是因为 LECR 中仅以节点传输能耗最小为目标,所以节点在数据传输时都是按能耗最小的路径来进行发送,导致能量开销最小。而 EB-LECR 路由中为了使节点能量均匀消耗,只能从下一跳节点集中选择剩余能量不低于平均能量的节点作为传输路径,所以选择出的传输路径通常并不是能耗最小的路径,这就使得 EB-LECR 的平均能耗要大于 LECR。LD-LECR 路由是从节点到 sink 的最小跳数路径集合中选择能耗最小的作为传输路径,节点的传输路径通常也不是其最小能耗路径,所以 LD-LECR 的节点平均能耗也大于LECR。通过实验数据分析可知,LECR 路由的节点平均能耗与 LD-LECR 相比平均减少了约 14%,与 EB-LECR 相比平均减少了约 29%。

从图 8-8(a)可以看出,Flooding 路由的稳定周期最小,DD 路由的稳定周期与Flooding 相比有很大提高,而本章提出的三种路由算法的稳定周期与 DD 相比,都有较大程度的提高。这是因为 Flooding 路由中节点将接收到的数据包向所有邻居节点转发,使得网络中产生了大量重复无用的数据包,浪费了很多节点能量,导致节点过早死亡，严重影响了网络的稳定周期；DD 在一定程度上对传输路径进行了优化，但在初始兴趣扩散阶段节点以洪泛方式传播兴趣，造成了节点能耗的大量消耗，减小了节点的生存时间，使得网络的稳定周期降低。本章提出的三种路由算法都是根据动态规划建立明确的传输路径，节点在传输数据时会根据要求选择最优路径，因此有效地避免了 DD 算法中初期路由的盲目性，减少了节点的能量消耗，从而延长了网络的稳定周期。通过实验结果的分析可知，LECR 的稳定周期与 DD 相比，平均提高了约 14%；EB-LECR 的稳定周期与 DD 相比，平均提高了约 27%；LD-LECR 的稳定周期与 DD 相比，平均提高了约 20%。

由图 8-8(a)中的实验结果可知，在所提出的三种算法中，EB-LECR 的稳定周期最长。这是因为 LECR 路由和 LD-LECR 路由中节点的传输路径均保持不变，属于静态路由，传输路径缺少变化，各节点的能量消耗很不均匀，不利于网络稳定周期和生命周期的提高。而 EB-LECR 路由中为了使节点能量均匀消耗，只能从下一跳节点集中选择剩余能量不低于平均能量的节点作为传输路径，节点的传输路径会随着网络的运行自适应调整，是一种动态路由。因此在 EB-LECR 路由中各节点的能量均匀消耗，延长了节点的死亡时间，有效地提高了网络的稳定周期。在仿真实验中，EB-LECR 的稳定周期比 LECR 平均提高了约 12%，比 LD-LECR 平均提高了约 6%。

分析图 8-8(b)可知，各种算法中网络生命周期的情况与稳定周期基本类似。所提出的三种算法的生命周期都有了较好的提高，其中 LECR、EB-LECR、LD-LECR 的生命周期与 DD 相比，分别平均提高了约 9.3%、22%和 16%；而 EB-LECR 与 LECR 和 LD-LECR 相比，生命周期最长，与 LECR 相比平均提高了约 14%，与 LD-LECR 相比平均提高了约 5%。

图 8-9 显示的是各种路由算法在不同仿真环境中平均时延的实验结果。从图 8-9 中可以看出，DD 的平均时延远小于 Flooding，但比本章所提出的三种路由的时延要大。这是因为 Flooding 路由中每次发送数据时都采用洪泛的方式进行广播，导致数据包的传输路径具有很大的盲目性，传输路径比较混乱，根本谈不上优化，从而导致网络具有非常高的平均时延。DD 路由算法优化了节点数据的传输路径，有效地减小了网络的时延，但在路由的初期即兴趣扩散阶段需要用洪泛的方式传播兴趣报文，增加了传输时间。而 LECR、EB-LECR 和 LD-LECR 路由中根据具体的要求，通过动态规划直接建立明确的优化传输路径，与 DD 相比减少了非常费时的兴趣扩散阶段，所以 DD 路由的平均时延比本章提出的三种方法都要高。在提出的三种路由算法中，LD-LECR 是从最小跳数的路径集合中选择合适的节点作为传输路径，所以 LD-LECR 与 LECR、EB-LECR 相比应具有更小的时延，图 8-9 中的实验结果也验证了这一点。

通过分析实验数据可知，LD-LECR 的平均时延比 LECR 约小 19%，比 EB-LECR 约小 37%；而 LECR 的平均时延比 DD 减小了约 38%，EB-LECR 的时延比 DD 减小了约 20%，LD-LECR 的平均时延比 DD 减小了 50%。

8.5　本　章　小　结

由于无线传感器网络应用于不同的具体环境中，因此设计通用的路由算法通常比较困难。采用动态规划算法来设计传感器网络的路由，可以非常好地吻合传感器网络数据多跳传输的特点，使得通用路由算法的设计成为可能，采用动态规划设计的路由可在不同形式的传感器网络中广泛使用。根据传感器网络的应用目的，可以根据不同的准则来选择下一跳路由节点。本章首先介绍了动态规划的基本原理，并提出一种将实际无线传感器网络转化为标准动态规划模型的方法；然后基于该模型分别提出了最小能耗路由算法 LECR、能量均衡和低能耗路由算法 EB-LECR、最小时延和低能耗路由算法 LD-LECR。最后通过仿真实验对这三种路由算法的性能进行评价。但如何设计一种路由使其在能量消耗、生存时间和延迟方面同时到达较好的性能仍有待于进一步的研究，这也是今后需要努力改进的一个方向。

第 9 章　无线传感器网络在现代农业中的应用

9.1　智能温室环境监控系统架构

　　环境监测是一类典型的传感器网络应用，而温室监控系统则是目前无线传感器网络最广泛的应用系统之一。使用传感器网络进行温室环境监控具有数据采集量大、精度高的优点，除此之外，无线传感器节点不但本身具有一定的计算能力和存储能力，可以根据物理环境的变化进行较为复杂的监控，还具有无线通信能力，可以在节点间进行协同监控[248,249]。

　　温室监控系统融合了公共无线通信网络和无线传感器网络，它由部署在农业监测区域的多种类型传感器节点构成，传感器节点根据自身携带的传感器类型，实时地从外界采集相应类型的环境信息，及时处理数据并根据自身路由协议，将环境信息发送到网关，再经网络把数据传输到服务器。服务器处理接收到的环境信息，并储存到相应的数据库内，方便软件平台显示和调用。管理员或用户通过访问服务器获知远程监测区域内的环境状况，并自动采取相应设备的启动、停止等措施，从而达到远程监控农作物生长环境的目的[250-253]。该系统的整体架构如图 9-1 所示。

　　整个温室监控系统架构主要由分布于温室的多个传感器节点、汇聚节点（网关）、服务器以及远程客户端组成。网关包括处理器模块、网络通信模块、存储模块、节点通信模块、供电模块。传感器节点则包含传感器模块、处理器模块、无线通信模块以及供电模块。大量传感器节点布设在监测区域内，节点之间通过自组织的方式快速形成一个感知网络。在感知网络内部，每个传感器节点既是信息的采集者和发送者，又是信息的路由者。传感器节点所探测到的信息（传感数据），以多跳中继的方式传送给网关。当感知网络与用户网络距离较远时，为了实现它们之间的相互通信，通常需要借助广域网（如 Internet、全球通、卫星网等）进行互联。网关充当感知网络与广域网之间通信的桥梁。这样当传感数据传送到网关后，网关将传感数据经广域网传送给用户所在的任务管理节点。任务管理节点中运行着上位机管理软件，在接收到传感数据后，上位机管理软件根据温室环境的农作物生长需要，形成控制决策，并通过网关将控制指令发送给相应的执行机构，控制与其相连的各种物理装置，实现设施环境的精确控制[254-257]。

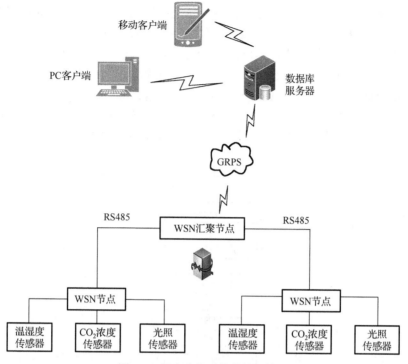

图 9-1　温室监控系统整体架构图

9.2　智能温室环境监控系统硬件

　　根据农业环境的特殊要求，无线传感器网络的硬件设备要求具备供电能力强、传输距离远、穿透力强、抗腐蚀性强、节能等特点。同时，考虑农产品的利润空间和国家农业设施发展现状，传感器网络的组建要充分考虑经济性和收益率。因此，传感器网络硬件的性价比应当在硬件设备选型和网络搭建时予以重视。此外，为了应对不同层次温室具有的网络设施标准，网关的互联网接入形式应当多样化，支持多种传输途径，保证温湿度监测信息实时、有效地进行传输。

　　传感器节点需完成工作与休眠状态的切换功能，实现对主协调节点命令的接受、执行功能，环境信息周期性的感知、采集、过滤、转换、发送功能。终端节点的工作流程图如图 9-2 所示。

　　终端传感器节点具有工作和休眠两种状态，当有事件需要处理时，处于工作状态；当没有事件处理时，处于低功耗的休眠状态，两种状态模式靠定时器通过事件响应机制完成切换。周期性定时器为整个网络提供时钟控制功能，能够有效实现网络中断处理。无线传感器网络各个相关模块直接或间接调用周期性定时器的相关功能，保证网络系统的正常运行。由于必须考虑无线传感器网络监测系统工作环境的特殊性要求，即当部分节点遭遇不可预见情况而成为失效节点时，其他有效节点必须能够在有限能量资源的维系下，实现数据的可靠采集及传输工作，这就要求节点在事件处理队列中，有效完成任务后，进入低功耗的休眠状态，以降低整个系统的能量开支。事件响应机制对两个节点间的通信请求进行处理，当某个节点收到另一节点的命令和消息后，执行相应的事件处理机制。另外，在某些特殊情况下，事件响应机制可及时处理网络系统中一些紧急突发事件，起到有效保护网络的特殊作用[258-261]。

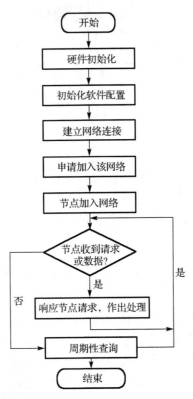

图 9-2　终端节点的工作流程图

　　传感器模块温湿度测量范围应当超过农业设施正常的生产环境；处理器模块能够快速响应和处理信息，将其子节点数据和自身数据融合后打包发送至上一级传感器节点；无线通信模块采用 GPRS 技术实现数据传输，传感元件电路集成在一块微型电路板上，输出标定的数字信号，具有低功耗、低成本、可靠安全等传输特点；供电模块要能够保障长时间稳定工作，避免频繁更换电池造成的不便。总体讲，传感器节点应具有功耗低、体积小、抗干扰能力强等特点。传感器节点的具体参数见表 9-1，实物图如图 9-3 所示。

表 9-1　传感器节点的具体参数

直流供电/V		DC 10～30
最大功耗	电流输出/W	1.2
	电压输出/W	1.2
	RS485 输出/W	0.4
A 精准度	湿度/(%RH)	±2
	温度/℃	±0.4
B 精准度（默认）	湿度/(%RH)	±3
	温度/℃	±0.5
变送器电路工作温度		−20+60℃，0～80%RH
探头工作温度/℃		默认−40+120
探头工作湿度/(%RH)		0～100
长期稳定性	湿度/(%RH/y)	≤1
	温度/(℃/y)	≤0.1
输出信号	电流输出/mA	4～20
	电压输出/V	0～5/0～10
	RS485 输出	RS485（Modbus 协议）
负载能力	电压输出/Ω	输出电阻≤250
	电流输出/Ω	≤600

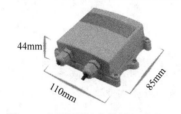

44mm
110mm
85mm

图 9-3　无线温湿度传感器实物图

节点间的通信主要依靠 MAC 层和网络层来实现，其中，MAC 层主要利用 PAN ID 标识实现共享信道的接入，网络层主要实现数据转发功能。

9.3　智能温室环境监控系统软件

9.3.1　智能温室监控系统的 Web 架构

为实现标准定义、逻辑复用、松散耦合的软件系统，提高开发效率、增强系统的可扩展性、降低维护成本，智能温室监控系统采用三层 Web 架构，即将应用程序分为表示层、业务逻辑层和数据访问层，采用 Struts2、Spring 和 Hibernate 框架实现，主要配置过程如下。

1. 添加 Struts2、Spring 和 Hibernate 支持

通过 Add Spring Capabilities 添加 Spring 架包，包括 AOP Libraries、Core Libraries、Persistence Core Libraries、Persistence JDBC Libraries、Web Libraries 等；通过 Add Hibernate Capabilities 添加 Hibernate 架包，包括 Annotations&Entity Manager、Core Libraries、Advanced Support Libraries 等；通过 Add Struts Capabilities 添加 Struts2 架包，包括 Core Libraries、JSF Libraries、Spring Libraries 等。

2. 配置 Web.XML 文件

Struts2 的搭建需要对 Web.XML 进行配置，包括加载 Spring、监听 Spring、配置 Struts2 等，主要配置代码如下。

```
<!--加载 Spring 的配置文件-->
<context-param>
    <param-name>contextConfigLocation</param-name>
    <param-value>classpath:/spring/applicationContext.xml</param-value>
</context-param>
<!--spring 监听-->
<listener>
    <listener-class>org.springframework.web.context.ContextLoaderListener
    </listener-class>
</listener>
<!--Struts2 的配置-->
<fileter>
    <filter-name>struts2</filter-name>
    <filter-class>org.apache.struts2.dispatcher.ng.filter.Struts
PrepareAndExcuteFilter
        </filter-class>
    <init-param>
    <param-name>config</param-name>
    <param-value>struts-defaut.xml,struts-plugin.xml,struts.xml
</param-value>
    </init-param>
</fileter>
<filter-mapping>
    <filter-name>strus2</filter-name>
    <url-pattern>/content/*</url-pattern>
</filter-mapping>
```

3. 配置 Hibernate 映射文件

Hibernate 实现了数据关系向数据对象的转化，Hibernate 映射文件规定了这种对象和关系的映射规则。温湿度监测系统中，数据分别存储在 sensor_info、gateway_info、 sensor_data、gateway_data、sensor_threshold、threshold_data 六张数据表中，因此需要分别对 Hibernate 的映射文件进行配置，实现数据对象化调用。以针对 sensor_data 数据表的配置文件 Sensor Data.hbm.XML 为例，部分关键代码如下。

```
<hibernate-mapping>
<class name="entity.sensor.sensorData" tabale="sensor_data">
    <comment></comment>
<id name="sensor_data_id" type="int">
    <colum name="sensor_data_id"/>
    <generator class="native/>"
</id>
<property name="gatewayId" type="string">
    <colum name="sensor_data_id" length="100"/>
    <comment>&#205;&#248;&#185;&#205;&#226;</comment>
</property>
</class>
</hibernate-mapping>
```

4. 配置 Struts-sensor.XML 文件

Struts.XML 是 Struts2 的核心配置文件，位于 src\main\config\struts 目录下，主要负责管理应用中的 Action 映射，包括用户请求和响应 Action 之间的对应关系、Action 中的相关方法返回参数、页面返回结果等。平台中设施农业温湿度监测系统部分的 struts 配置如下所示。

```
<!--传感器 Pachage-->
<struts>
<package name="gatewayregister" extends="default" namespace=
"/content/gatewayregister">
<action name="gatewayregister_*" class="action.sensor.GatewayRigister
Action" method="{1}">
    <result name="success"></result>
</action>
<action name="SensorInfo_**" class="action.sensor.SensorInfoAction"
    method="{1}">
    <result name="success"></result>
</action>
</package>
</struts>
```

5. 三层架构的实现

按照三层架构设计，本系统实现了表示层、业务逻辑层和数据访问层三层的函数调用。需要指出的是，为了方便管理，开发中对网关和传感器的函数分开存储。表示层中的网关函数存储文件为 GatewayRegisterAction.java，传感器函数存储文件为 SensorInfoAction.java，业务逻辑层网关函数存储文件和传感器函数存储文件的接口部分文件分别为 GatewayRegisterBiz.java 和 SensorInfoBiz.java，实现部分文件分别为 GatewayRegisterBizImpl.java 和 SensorInfoBizImpl.java；数据访问层网关函数存储文件和传感器函数存储文件的接口部分文件分别为 GatewayRegisterDAO.java 和 SensorInfoDAO.java，实现部分文件分别为 GatewayRegisterDAOImpl.java 和 SensorInfoDAOImpl.java。当用户发出请求时，JSP 根据 struts-sensor.XML 中的相关配置，将请求发送到 Action 层，Action 发送到 Biz 层，Biz 层发送到 DAO 层，实现数据存取。如果用户请求的是存储或修改数据库中的数据，则存储结果会依次经过 DAO、Biz、Action、JSP 前端页面反馈给用户；如果用户请求的是读取数据库内的数据，则数据将由 DAO 层传送给 Biz 层，在此实现逻辑处理、数据运算等操作后将结果返回给 Action 层，最后交由 JSP 页面展现给用户。用户查看传感器信息的系统时序图如图 9-4 所示。

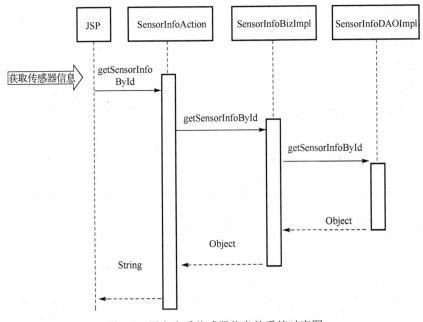

图 9-4　用户查看传感器信息的系统时序图

6. 类与类之间的关系

该监测系统实现了网关（gateway）、传感器（sensor）及温湿度信息的查询、添加、修改、删除功能，因此要实现网关和传感器的 get、add、update、delete 类和方法，并将其合理布局在 Action-Biz-DAO 三层结构中。类与类之间的关系如图 9-5 所示。

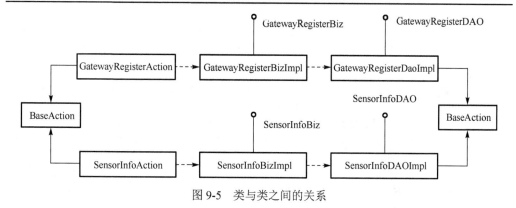

图 9-5　类与类之间的关系

9.3.2　监测数据读取模块

根据传感数据服务器提供的 Http API，温湿度监测系统需要在后台读取 XML 文件，并将数据存储到数据库中。XML 是根据 XSD 文档格式定义生成的，读取较为简单。由于该功能是在后台自动运行，没有显示层实现部分。

1. 业务逻辑层实现

首先将 XML 文件的地址和以日期命名的 Url 路径赋值到 parseXml 参数中，调用 SensorParseXml 类的 parserXml 方法，将 XML 文件中的数据解析至 allMassage 参数中。之后通过查重循环将 XML 文件中的重复数据删除，并将数据返回给 list 参数。调用 sensorInfoDAO.add SensorData 方法，将数据保存至数据库，主要代码如下。

```
for(i=0;i<count;i++){
//获取当日 XML 数据
    parseXml=list.get(i)+sdf.format(new Date())+".xml";
    double temprature=0.000;
    double humidity=0.000;
    double soil_temperature=0.000;
    double soil_humidity=0.000;
    double illumination=0.000;
    double utemprature=0.000;
    double uhumity=0.000;
    double usoil_temperature=0.000;
    double usoil_humidity=0.000;
    double uillumination=0.000;
    Date update_ime=new Date();
    SensorParseXml sensorXml=new SensorParseXml();
    allMassage=(sensorXml.parserXml(parseXml));
    if(allMassage==null ||allMassage.size()==0){
     System.outprintln("没有找到合适的数据，不接收数据");
```

```
    continue;
    }
}
for(int i=0;i<dataCount;i++){
    Map<String,Object> dat=new ConcurrentHashMap<String,Object>();
    Node data =datasList.item(i);
    NodeList dataNodes=data.getChildNodes();
    int dataNodesCount=dataNodes.getLength();
    for(int j=0;j<dataNodesCount;j++){
    Node dataNode=dataNodes.item(j);
    if(dataNode.hashChildNodes()){
    nodeName=dataNode.getNodeName();
    nodeText=dataNode.getTextContent();
    dat.put(nodeName,nodeText);
    }
    }
}
dats.add(dat);
```

2. 数据访问层实现

在读取 XML 文件的业务逻辑层中，调用了网关数据添加、传感器数据添加、网关信息读取等函数，从而实现对数据库的操作。数据访问层相关函数的实现代码如下。

```
public int addSensorData(SensorData sensorData){
    return (Integer) super.addObj(sensorData);
}
public int addGatewayData(GatewayData getwayData){
    return (Integer) super.addObj(getwayData);
}
public List<String> getGatewayListKeyUrl(){
    String hql="SELECT g.gatewayInfoReservered FROM GatewayInfo g GROUP
    BY g.gatewayInfoReservered";
    Query query=new Query(hql);
    return query.list();
}
```

9.3.3　传感器管理模块

1. 表示层实现

平均温湿度查看功能：在 sensor_info_list_2 界面中，getGatewayDataById()函数实现网关内所有传感器温湿度平均数据的获取，并将数据以 "class" 的 CSS 样式展现；该函数需要调用 Action 层中的 getGatewayDataById()函数。

　　传感器列表查看功能：在 sensor_info_list_2 界面中，getSensorInfoByGatewayId()
函数实现网关内所有传感器信息的读取，并将数据结果传送到表"gateway_list"中展
现。该函数需要调用 Action 层中的 getSensorInfoByGatewayId()函数。

　　注册和修改传感器功能：传感器的注册和信息修改功能在 sensor_info_2 界面中实
现。页面加载时，根据传感器信息（Sensor ID）判定该页面是传感器注册页还是信息
修改页，如果是信息修改页，则调用函数 getSensorInfoById()获取传感器信息。之后
分别调用 Action 文件中的函数 addSensorInfo()和 updateSensorInfo()实现传感器注册和
信息修改。

　　删除传感器功能：单击删除传感器按钮，弹出确认对话框，单击确认后，delSensor()
函数调用 Action 层中的 deleteSensorInfo()函数删除传感器，关键代码如下。

```
if(gatewayData!=null&&gatewayData.getGatewayId()!=null&&!"".equals(g
atewayData.getGatewayId())){
gatewayData=sensorInfoBiz.getGatewayDataById(gatewayData);
    if(gatewayData!=null){
        setJSONResponseData(gatewayData);
        return SUCCESS_JSON;
    }else{
        this.setJSONResponseMsg("获取失败");
        return ERROR_JSON;
    }
    }else{
        this.setJSONResponseMsg("获取失败");
        return ERROR_JSON;
    }
}
if(sensorInfo!=null&&sensorInfo.getGatewayId()!=0){
        LIst<SensorInfo>
    list=senmsorInfoBiz.getSensorInfoByGatewayId
        (sensorInfo,page);
        int count =sensorInfoBiz.getSensorInfoNum(sensorInfo);
if(list!=null&&count>0){
        page.setList(list);
        page.setAllCount(count);
        setJSONResponseData(page);
        return SUCCESS_JSON;
}else{
        this.setJSONResponseMsg("获取失败");
        return ERROR_JSON;
    }
    }
```

```
}else{
    this.setJSONResponseMsg("获取失败");
    return ERROR_JSON;
}
    function delSensor(id){
        var url="content/gatewayregister/SensorInfo_deleteSensorInfo";
        arr['sensorInfo.snesorId']=id;
        if(!confirm("确定删除? ")){return;}
        $.post(url,arr,function(data){
            if(data.msg='删除成功'){
                if(currentPage>Math.ceil((allCount-1)/pageSize)){
                    arr.currentPage=currentPage-1;
                }
                getSensorInfoByGatewayId(arr);
            }else{
                alert("删除失败");
            }
},'json');
```

2. 业务逻辑层实现

传感器管理模块的业务逻辑层主要包括 6 个函数，其中 getGatewayDataById()实现获取网关内所有传感器的平均值，getSensorInfoByGatewayId()实现获取网关下的传感器列表，addSensorInfo()实现传感器注册，updateSensorInfo()实现传感器信息更新，deleteSensorInfo()实现传感器删除，getSensorInfoById()实现传感器信息修改页面中传感器信息的获取。该模块的业务逻辑层中，负责数据获取和传感器信息修改的函数未进行复杂的逻辑计算，主要承担向表示层返回处理结果，并调用数据访问层同名函数的功能；负责传感器注册、删除的函数进行了一定运算处理：addSensorInfo()函数添加传感器信息后，又更新了网关数据表中数据；deleteSensorInfo()函数中，对传感器删除后又调用 DAO 层中的 updateGateway()函数更新了网关中传感器 Id 数据，部分关键代码如下。

```
int i=sensorInfoDAO.addSensorInfo(sensorInfo);
if(i>0){
    GatewayInfogatewayInfo2=gatewayRegisterDAO.getGatewayRegister
    (sensorInfo.getGatewayId());
    if(gatewayInfo2!=null){
        if(gatewayInfo2.getSensorIds()!=null&&!"".equals(gateway
        Info2.getSensorIds())){
            gatewayInfo2.setSensorIds(gatewayInfo2.getSensorIds()+
            ","+sensorInfo.getSensorId());
        }else{
```

```
                gatewayInfo2.setSensorIds(i+"");
                }
        if(gatewayInfo2.getSensorCount!=null){
                gatewayInfo2.setSensorCount(gatewayInfo2.getSensor
                Count()+1);
        }else{
                gatewayInfo2.setSensorCount(1);
                }
            gatewayRegisterDao.updateGateway(gatewayInfo2);
        }
        }
        return i;
        sensorInfoDao.updateSensorInfo(sen);
//删除传感器同时更行网关中的传感器id集合和传感器数量
        GatewayInfo
        gatewayInfo=gatewayRegisterDao.getGatewayRegister(sen.
        getGatewayId());
        if(gatewayInfo!=null){
        String[] tempId;
        String ids="";
if(gatewayInfo.getSensorIds()!=null&&!"".equals(gatewayInfo.
getSensorIds())){
            tempId=gatewayInfo.getSensorIds().split(",");
            String id=sen.getSensorId()+"";
            for(int j=0;j<tempId.length;j++){
            if(!id.equals(tempId[j])){
            ids+=tempId[j]+",";
    }
        gatewayInfo.setSensorIds(ids);
        if(gatewayInfo.getSensorCount()!=null&&gatewayInfo.getSensor
        Count()>0)
        gatewayInfo.setSensorCount(gatewayInfo.getSensorCount()-1);
        gatewayRegisterDao.updateGateway(gatewayInfo);
}
```

3. 数据访问层实现

对应业务逻辑层的各个功能，该部分主要包括函数 getGatewayDataById()、getSensorInfoByGatewayId()、getSensorInfoById()、addSensorInfo()、updateSensorInfo()、分别实现传感器平均数据获取、网关内传感器列表获取、传感器信息获取、传感器注册、更新与删除功能。部分关键代码如下。

```
StringBuffer hql=new StringBuffer();
```

```
    hql.append("SELECT   NEW   MAP(g.gatewayDataId  as  gatewayDataId,
g.gatewayId as gatewayId, "+"g.temperature as temperature, g.humidity
as humidity")
    .append(", g.soilTemperature as soilTemperature, g.soilHumidity as
soilHumidity, g.illumination as illumination")
    .append(", g.createTime as createTime, g.updateTime as updateTime,
g.gatewayDataReserved as gatewayDataReserved)")
    .append("FROM GatewayData g WHERE g.gatewayId=")
    .append(gatewayData.getGatewayId());
    hql.append("' ORDER BY g.gatewayDataId desc");
    Query query=new Query(hql.toString());
    query.setFirstResult(0);
    query.setMaxResults(1);
    List<GatewayData>
list=query.addEntity(GatewayData.class).list();
    if(list!=null&&list.size()>0){
        return list.get(0);
    }else{
    return null;
```

9.4　传感器数据服务

9.4.1　传感数据 XML 文件的定义

可扩展标记语言（extensible markup language，XML），用于将电子文件进行结构性标记，包括数据、数据类型等。XML 结构定义（XML schema definition，XSD）是描述 XML 文档结构的语言，并提供验证、多数据类型支持（int、float、date 等）、综合命名空间支持、可扩充数据模型等功能。在无线传感器网络中，网关负责采集温湿度监测数据，之后上传至传感数据服务器。传感数据服务器根据 XML 结构定义的要求，将相关数据存储在 XML 文件中，并通过 API 的形式供智能温室监控系统平台调用。服务器能够根据 XSD 要求和网关上传的数据，自动生成 XML 文件，并将 API 开放给环境监控平台服务器。该 API 是基于 HTTP 的请求协议，符合 REST（representation state transfer）的设计原则。根据以上 XSD 文档，传感数据服务器会自动生成 XML 文件，其中包含网关与传感器序列号、传感器类型、温湿度监测数值、设备状态等数据。XML 文件代码如下所示。

```
<?xml version="1.0" encoding="utf-8" ?>
<ArrayOfDevModeForCustomer>
    <DevModeForCustomer>
    <DevAddr>1</DevAddr>
    <DevHumiName>湿度</DevHumiName>
```

```xml
        <DevHhumiValue>20.0</DevHhumiValue>
        <DevKey>27fd3c7-1a17-43f8-98f4-e77f88296e57</DevKey>
        <DevName>新建 485 设备</DevName>
        <DevStatus>false</DevStatus>
        <DevTemName>温度</DevTemName>
        <DevTempValue>20.0</DevTempValue>
        <DevType>RS485 型设备</DevType>
    </DevModeForCustomer>
    <DevModeForCustomer>
        <DevAddr>10000000#1</DevAddr>
        <DevHumiName>湿度</DevHumiName>
        <DevHhumiValue>20.0</DevHhumiValue>
        <DevKey>a00537de-586d-4f97-b459-4d4bbe450e71</DevKey>
        <DevName>新建网络设备</DevName>
        <DevStatus>false</DevStatus>
        <DevTemName>温度</DevTemName>
        <DevTempValue>20.0</DevTempValue>
        <DevType>网络型设备</DevType>
    </DevModeForCustomer>
</ArrayOfDevModeForCustomer>
```

9.4.2　传感数据 JSON 文件的定义

JSON(Javascript object notation)是一种轻量级的数据交换格式，它基于 ECMAScript 的一个子集。JSON 采用完全独立于语言的文本格式，但是也使用了类似于 C 语言家族的习惯（包括 C、C++、C#、Java、JavaScript、Perl、Python 等）。这些特性使 JSON 成为理想的数据交换语言。易于人们阅读和编写，同时也易于机器解析和生成（一般用于提升网络传输速率）。通过调用环境监控软件平台提供的 API 接口，返回 JSON 格式的数据文件，通过解析 JSON 文件即可获取传感器的数据，JSON 文件的定义格式如下所示。

```json
[
{
    "DevKey":"27fd3c7-1a17-43f8-98f4-e77f88296e57",
    "DevName":"新建 485 设备",
    "DevType":"RS485 型设备",
    "DevAddr":"1",
    "DevTemName":"温度",
    "DevTempValue":"20",
    "DevHumiName":"湿度",
    "DevHhumiValue":"20",
    "DevStatus":"false"
},
```

```
{
  "DevKey":"a00537de-586d-4f97-b459-4d4bbe450e71",
  "DevName":"新建网络设备",
  "DevType":"网络型设备",
  "DevAddr":"10000000#1",
  "DevTemName":"温度",
  "DevTempValue":"20",
  "DevHumiName":"湿度",
  "DevHhumiValue":"20",
  "DevStatus":"false"
}
]
```

传感数据使用 HTTP 的方式对外进行发布。当 API 收到请求时，会尝试返回 HTTP 状态码（HTTP Status Code），常用的状态代码如下。

200 OK：成功处理的请求。

401 未授权：需要提供身份验证凭据，或提供的凭证是无效的。

403 禁止访问：服务器能理解你的请求，但拒绝提供响应，并针对错误消息提供简单解释。

404 未找到：请求的是一个无效的 URL 或该资源不存在问题（例如，没有这个数据串）。

422 无法处理的实体：服务器无法创建一个源，因为 EEML/JSON 是不完整的或无效的（例如，不包含"title"标签等）。

500 内部服务器错误：发生了错误。

503 无服务器响应：可能发生于服务器请求过多时。

如果你从一个 API 请求中得到响应，那么错误信息会在 XML 文件中予以说明。

9.5 智能温室环境监控系统应用实例

9.5.1 系统架构

RS-RJ-W 是济南仁硕电子科技有限公司推出的一款环境温湿度监控平台，可接入该公司的 RS485 型温湿度变送器、以太网型温湿度变送器、WIFI 无线型温湿度变送器和 GPRS 无线型温湿度变送器，组成温湿度监控网络。它具有温湿度采集、记录、报警的功能，可支持平面图数据展示，方便整体监控。若接入该公司短信猫，可以进行短信报警。该平台支持计算机、手机、平板等终端通过网页查看温湿度数据、下载 Excel 电子表格数据供打印，是温湿度监控行业广泛应用的环境监控平台[262]。整体网络拓扑如图 9-6 所示。

使用云监控平台，则设备的设置比较简单的，无需自建服务器，只需要将设备插上网线，配置一下本地网络参数即可。整体网络拓扑如图 9-7 所示。

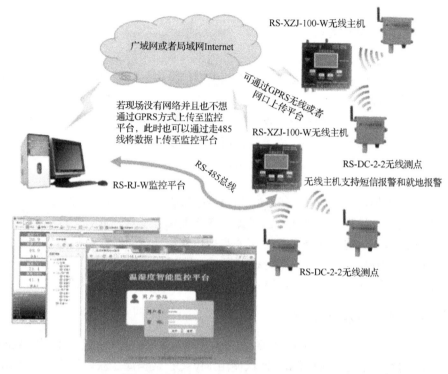

图 9-6　RS-RJ-W 平台的整体网络拓扑图

图 9-7　云监控平台的网络拓扑图

9.5.2　系统的功能特点

（1）温湿度数据采集，实时曲线展示、列表展示、图形显示。

（2）通过 RS485 接口可接入任意型号的温湿度变送器、水浸变送器、断电报警器、烟雾报警器等设备。

（3）可接入以太网型集中器、WiFi 集中器、GPRS 集中器。

（4）温湿度越限图形报警，语音报警内容可更改。

（5）历史数据、报警数据记录与查询。

（6）配短信猫，可实现短信报警支持同时给 1~10 人发告警短信息。

（7）邮件报警，支持给 1~10 个邮箱发告警邮件。

（8）支持导入地形图，停止状态下测点在平面图上任意拖放。

（9）可通过 485 导入设备离线存储的数据，实现通信断开恢复后的数据续传。

（10）支持 Web 方式远程数据分权限查看、数据下载等。

（11）可支持 Access 数据库、MySQL 数据库及 SQL Server 数据库。

9.5.3　软件平台的二次开发

获取历史数据和报警数据记录可直接读取数据表获取，可以使用 Access、SQLServer、MySQL 三种数据库，默认使用 MySQL 数据库。获取设备实时信息可通过 Web 接口，详细见以下说明。

1. 数据库设计

Access：Provider=Microsoft.Jet.OLEDB.4.0;Data Source=EasyMonitor.mdb;Jet OLEDB：Database Password=jnrs

SQLServer：Data Source=.;Initial Catalog=EasyMonitor;Integrated Security=True （SQLserver 提供了 SQL 执行脚本，数据库需自行安装配置）

MySQL: server=127.0.0.1; port=3308; user id=root; Password=666666; database=easy-monitor; persist security info=False; Charset=utf8

历史数据表 tab_HistoryData 表结构如表 9-2。

表 9-2　tab_HistoryData（历史数据表）

DataID	Int	主键 ID
DevKey	nvarchar(50)	设备唯一标识
DevName	nvarchar(50)	设备名称
DevAddress	nvarchar(50)	设备地址号
DevType	nvarchar(50)	RS485/网络型设备
DevLocation	nvarchar(255)	设备位置描述
TransportNumber	nvarchar(255)	预留

续表

DataID	Int	主键 ID
Longitude	nvarchar(255)	预留
Latitude	nvarchar(255)	预留
Speed	nvarchar(255)	预留
TempValue	real	模拟量 1 数值，通常指温度值 20.5
HumiValue	real	模拟量 2 数值，通常指湿度值 40.5
DevValue	real	预留
TempAlarmRange	nvarchar(50)	模拟量 1 报警范围：0～100
HumiAlarmRange	nvarchar(255)	模拟量 2 报警范围：0～100
SaveTime	nvarchar(255)	记录时间
TempUnit	nvarchar(255)	℃

报警记录表 tab_AlarmData 表结构如表 9-3 所示。

表 9-3　报警记录表结构

DataID	Int	主键 ID
DevKey	nvarchar(50)	设备唯一标识
DevName	nvarchar(50)	设备名称
DevAddress	nvarchar(50)	设备地址号
DevType	nvarchar(50)	RS485/网络型设备
DevLocation	nvarchar(255)	设备位置描述
AlarmType	nvarchar(50)	报警类型描述
DataValue	real	报警数值
AlarmRange	nvarchar(50)	报警范围
DateTime	nvarchar(50)	记录时间
HandingMethod	nvarchar(255)	处理方法
HandingUser	nvarchar(255)	处理用户
HandingTime	nvarchar(50)	处理时间

2. 设备实时数据获取

软件对外开放 Web API 接口，接口地址 http://192.168.1.46:9001/Device/API_Get-DevList，其中 192.168.1.46 为软件安装的机器 IP，端口固定 9001，请求方法 GET，返回 XML、JSON 数据格式。然后，对 XML 或者 JSON 格式数据进行解析即可得到设备参数值。

请求 XML 示例：request.ContentType = "application/XML;charset=UTF-8"。

XML 格式示例如下。

```
<ArrayOfDevModeForCustomer>
    <DevModeForCustomer>
    <DevAddr>1</DevAddr>
```

```
        <DevHumiName>湿度</DevHumiName>
        <DevHhumiValue>20.0</DevHhumiValue>
        <DevKey>27fd3c7-1a17-43f8-98f4-e77f88296e57</DevKey>
        <DevName>新建485设备</DevName>
        <DevStatus>false</DevStatus>
        <DevTemName>温度</DevTemName>
        <DevTempValue>20.0</DevTempValue>
        <DevType>RS485型设备</DevType>
        </DevModeForCustomer>
        <DevModeForCustomer>
        <DevAddr>10000000#1</DevAddr>
        <DevHumiName>湿度</DevHumiName>
        <DevHhumiValue>20.0</DevHhumiValue>
        <DevKey>a00537de-586d-4f97-b459-4d4bbe450e71</DevKey>
        <DevName>新建网络设备</DevName>
        <DevStatus>false</DevStatus>
        <DevTemName>温度</DevTemName>
        <DevTempValue>20.0</DevTempValue>
        <DevType>网络型设备</DevType>
        </DevModeForCustomer>
</ArrayOfDevModeForCustomer>
```

请求 JSON 示例：request.ContentType="application/JSON;charset=UTF-8"。
JSON 文件格式如下。

```
    [
    {
        "DevKey":"27fd3c7-1a17-43f8-98f4-e77f88296e57",
        "DevName":"新建485设备",
        "DevType":"RS485型设备",
        "DevAddr":"1",
        "DevTemName":"温度",
        "DevTempValue":"20",
        "DevHumiName":"湿度",
        "DevHhumiValue":"20",
        "DevStatus":"false"
    },
    {
        "DevKey":"a00537de-586d-4f97-b459-4d4bbe450e71",
        "DevName":"新建网络设备",
        "DevType":"网络型设备",
        "DevAddr":"10000000#1",
        "DevTemName":"温度",
```

```
    "DevTempValue":"20",
    "DevHumiName":"湿度",
    "DevHhumiValue":"20",
    "DevStatus":"false"
}
]
```

XML 文件和 JSON 文件拥有相同的字段，字段的含义见表 9-4。

表 9-4　数据字段含义

DevAddr	设备地址号
DevKey	设备唯一标识
DevName	设备名称
DevStatus	设备是否在线
DevType	设备类型
DevTempName	模拟量 1 名称：默认温度
DevTempValue	模拟量 1 数值
DevHumiName	模拟量 2 名称：默认湿度
DevHumiValue	模拟量 2 数值

3. 关键代码实现

Web 前端调用 API 接口获取环境参数数值可以利用 Ajax 技术。Ajax 是一种用于创建快速动态网页的技术。通过在后台与服务器进行少量数据交换，Ajax 可以使网页实现异步更新。这意味着可以在不重新加载整个网页的情况下，对网页的某部分进行更新。

Ajax 技术的核心是XMLHttpRequest对象（简称 XHR），可以通过使用 XHR 对象获取到服务器的数据，然后再通过 DOM 将数据插入到页面中呈现。虽然名字中包含 XML，但 Ajax 通信与数据格式无关，所以，数据格式可以是 XML 或 JSON 等格式。

XMLHttpRequest 对象用于在后台与服务器交换数据，具体作用如下。

（1）在不重新加载页面的情况下更新网页。

（2）在页面已加载后从服务器请求数据。

（3）在页面已加载后从服务器接收数据。

（4）在后台向服务器发送数据。

利用 Ajax 技术解析 JSON 格式文件的实现代码如下。

```
function loadXMLDoc()
    {
    var xmlhttp;
    if (window.XMLHttpRequest)
     {// code for IE7+, Firefox, Chrome, Opera, Safari
```

```
            xmlhttp=new XMLHttpRequest();
            }
        else
            {// code for IE6, IE5
            xmlhttp=new ActiveXObject("Microsoft.XMLHTTP");
            }
        xmlhttp.onreadystatechange=function()
            {
            if (xmlhttp.readyState==4 && xmlhttp.status==200)
                {
                var Dev= xmlhttp.responseText;
                dd=eval(Dev);
                document.getElementById("wendu").innerHTML=dd[0].DevTempValue;
                document.getElementById("shidu").innerHTML=dd[0].DevHumiValue;
                document.getElementById("DevAddr").innerHTML=dd[0].DevAddr;
                document.getElementById("DevType").innerHTML=dd[0].DevType;
                document.getElementById("DevStatus").innerHTML=dd[0].DevStatus;
                }
            }

xmlhttp.open("GET","http://192.168.1.102:9001/Device/API_GetDevList",
true);
    xmlhttp.send();
```

9.6　本 章 小 结

　　利用无线传感器网络实现数据传输是解决温室环境测控系统通信问题的有效方法。本章以智能温室监控系统为例，介绍了无线传感器网络在现代农业中的应用。首先，提出了智能温室监控系统的系统架构，并介绍了整个系统的组成和工作流程；接着，介绍了智能温室环境监控系统中的软硬件设计，重点介绍了智能温室环境监控系统软件平台的 Web 架构，并以温湿度监测数据读取模块和传感器管理模块为代表，介绍了各个模块业务逻辑层和表示层的实现方式；随后，从传感器提供数据服务方面的两种数据格式出发，介绍了传感数据的传输方式和要求；最后，列举一个典型智能温室环境监控系统软件实例，分别从功能概述、功能特点、使用流程等方面介绍了该平台的应用情况，及基于该平台的二次开发实例。

第 10 章　无线传感器网络在智能电网中的应用

10.1　智能电网概述

10.1.1　智能电网的概念

电能是人类生活不可或缺的部分，随着近年来社会的快速发展，对电力系统的要求也越来越高，传统电网已经不能满足日益增长的电能需求。一般来说，传统电力系统的设备成本较高，并需要定期进行系统检修和维护。为了提高电力供应的可靠性，优化资源利用效率，急需一种新兴高效的电力系统，智能电网的兴起正符合这一时代需要。

智能电网就是电网的智能化，也称为"电网 2.0"，它是建立在集成的、高速双向通信网络的基础上，通过先进的传感和测量技术、先进的设备技术、先进的控制方法以及先进的决策支持系统技术的应用，实现电网的可靠、安全、经济、高效、环境友好和使用安全的目标，其主要特征包括自愈、激励和保护用户、抵御攻击、提供满足21 世纪用户需求的电能质量、容许各种不同发电形式的接入、启动电力市场以及资产的优化高效运行。智能电网的基本架构如图 10-1 所示。

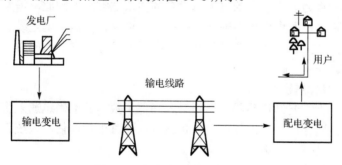

图 10-1　智能电网的基本架构

智能电网的发展在全世界还处于起步阶段，没有一个共同的精确定义。

美国能源部《Grid 2030》关于智能电网的定义：一个完全自动化的电力传输网络，能够监视和控制每个用户和电网节点，保证从电厂到终端用户整个输配电过程中所有节点之间的信息和电能的双向流动。

欧洲技术论坛关于智能电网的定义：一个可整合所有连接到电网用户所有行为的电力传输网络，以有效提供持续、经济和安全的电力。

国家电网中国电力科学研究院关于智能电网的定义：以物理电网为基础（中国的智能电网是以特高压电网为骨干网架、各电压等级电网协调发展的坚强电网为基础），将现代先进的传感测量技术、通信技术、信息技术、计算机技术和控制技术与物理电网高度集成而形成的新型电网。它以充分满足用户对电力的需求和优化资源配置、确保电力供应的安全性、可靠性和经济性、满足环保约束、保证电能质量、适应电力市场化发展等为目的，实现对用户可靠、经济、清洁、互动的电力供应和增值服务。

10.1.2　智能电网的特点

传统电网的主要问题。

（1）安全可靠性不足。

传统电网抵御和防范各种环境条件的能力不足，当遭遇温度变化或自然灾害，如烈日高温及霜冻天气等，容易引发大面积停电，甚至危害人身安全。

（2）清洁性不足。

传统电网多依靠燃煤等传统方式供应电力，伴随着大量温室气体的排放，造成环境的污染和气候变差。

（3）不够高效经济。

传统电网的资源利用率有限，能量在转化及输送过程中有明显损耗。而电网故障时也会影响工业生产，如自动化机组的运行，导致巨大经济损失。

智能电网的几大特点。

（1）先进的电力设备。

单向运转的百万公里以上的电网对设备的要求非常高，因此，需要更加智能化和稳定的电力部件，电网中重要的部件包括：发电机组、高压输电电缆、储能设备、电流限制器、智能开关等。随着超导元件、分布式能源等先进技术的引入，智能电网实现了优化升级。

（2）先进的量测技术。

智能固态仪表、光纤传感器等高新技术确保了数据的准确迅速采集，保证了电网实时状态的稳定监测，运行人员对电网状态可以随时进行评估，系统运行参数和设备运行情况均得到良好的反馈。

（3）先进的通信技术。

随着智能电网建设的不断完善，通信手段也日趋丰富。目前应用广泛的技术包括微波、光缆、卫星等，构建成立体交互式的通信网络。无线通信网络的效率高且不依赖于电网网架等实体设施，正逐渐取代传统的有线通信方式。

（4）先进的决策支持技术。

在采集数据并交互通信后，需要分析数据、诊断和解决可能出现的问题。先进的决策技术能够精简数据、缩短判断时间、执行自动控制的行动；为运行人员提供更多信息和选择。

10.1.3　智能电网中的传感技术

传感技术在当前的智能电网体系中扮演着重要角色，具有相当广阔的发展前景。随着智能电网各类部件的升级及全网信息化，对于数据的获取也提出了更加高标准的要求。由于电力系统的构建趋于复杂，监测系统状态需要更多的电力参数和外部环境参数，因此，传感器领域的研究及拓展必不可少。

在智能电网的运行过程中，传感器通过采集数据得到系统的实时状态，随后智能设备将数据上传至决策支持系统，对其进行评估。根据采集数据参数类型的不同，智能电网中的传感器主要分为三大类：电网用传感器、环境传感器和设备传感器。

电网用传感器主要指电流传感器或电压传感器，用于测量最基本的电网运行参数（电流或电压），并能够将数据转化为电信号或光信号等方式输出。传统的电流传感器是电磁式传感器，随后，更加轻便的电子式传感器被广泛应用，在当前的智能电网中，一种新型的电流传感器——光纤电流传感器得到重点关注，其原理是基于法拉第磁光效应。

环境传感器主要用于外部环境参数的采集，包括温度、湿度、风力、日照强度等因素。电网状态很大程度上受到所处外部环境的影响，例如，在风霜雨雪的侵蚀下，输电线的外绝缘层会缓慢老化，覆冰后的输电线在风力作用下产生振动，也会导致能量的损耗；如今的电力系统中，温度传感器的作用极为重要。

设备传感器主要是反映系统中电力设备的运行状态，相比于电网的运行参数，电力设备的信息参数则要更加繁杂，因此设备传感器的类型也多种多样，要依据具体的设备种类来选择。例如，发电机的主要参数包括：振动、温度、应变；架空线路的参数则多为振动、倾角；变压器的参数有气体成分、空间电荷情况等。

无线传感网络是当前智能电网研究中的热门领域，区别于传统的有线传感网络，无线网络的抗干扰能力、自我调整能力更优秀。通过在发电、输配电各位置安装传感器节点，将采集后的数据进行封装处理，然后上传至统一的数据分析系统，形成多层次立体化的数据管理体系。按照作用的不同，可以将智能电网中的无线传感网络分为数据采集层、通信传输层和决策处理层等几大核心部分。

10.2　光纤传感技术

10.2.1　光纤传感技术的原理

1. 光纤传感器的优点

光纤传感器的应用始于 1977 年，伴随着 20 世纪 60 年代光纤的发明，与光纤相关的通信技术蓬勃发展。1979 年，中国科学家赵梓森研发出国内第一根光纤，称为"中国光纤之父"。光纤传感以光波为载体，光纤为媒质，由于光纤技术具备的一系列优势，光纤传感技术迅速成为科学界关注的焦点，在航空、航海、电力、核能、矿产等领域得到广泛开拓与应用。

相对于传统的传感器，光纤传感器有很多优点。

（1）光纤传感器灵敏度更高。

（2）光波信号易于加载和接收，且不容易为高温、高压、强电磁波、强辐射等外部条件所干扰。

（3）光纤的工作频带宽，动态范围大，可以实现大面积的覆盖。

（4）光纤适合与计算器或智能系统相连接，易于远程评估与控制。

（5）光纤作为一种新型的材质，具有成本低、体积小、重量轻、不易折断、能量损耗少、抗腐蚀等优点。

因此，光纤传感技术一经提出，便受到普遍重视，引起了人们极大的研究兴趣，并在应用中逐渐趋于完善。光纤传感器与传统电磁传感器的对比如表 10-1 所示。智能电网中的大部分电力部件，如电缆、变压器、发电机，均处于高电流、高压、强磁场的环境中，传统的传感器较容易发生运行故障。而光纤传感器具有耐高温高压、绝缘性优秀、抗腐蚀、不易受磁场干扰等优点，已经普遍应用于电力系统的各个部分[263,264]。

表 10-1　光纤传感器与传统电磁传感器的对比

	电磁传感器	光纤传感器
体积、重量	较大	较小
灵敏度、精确度	较低	较高
抗电磁干扰、抗辐射能力	较差	较好
绝缘性能	较差	较好
能量损耗	较高	较低
应用范围	较小	较大

2. 光纤传感技术的原理

在智能电网中，光纤传感器被广泛应用。光纤传感的基本原理是光源发出的光通过入射光纤送至传感元器件，当传感器测量的外界参数（如温度、电流）发生变化时，通过特定的光学效应（如法拉第效应、磁光效应），光纤中传输的光波的某些参量（如强度、波长、频率、相位和偏振态等）也会相应改变。通过观测光波参量的变化规律，即可反映所需外界参数的变化。这一过程称为光波的调制，调制过程如图 10-2 所示。随后，出射光纤将调制后的光信号传输至探测器，经过检测与提取后，得到所需的外界参数信号，这一过程称为解调。调制与解调构成了光纤传感技术的两个核心模块。

图 10-2　光波的调制过程

3. 光纤传感器的分类

依据上述过程，按照传感器调制过程的不同，可将传感器分为两大类：一类为功能型（或传感型）传感器，另一类为非功能型（或传光型）传感器。在非功能性传感器中，光纤仅仅作为传输光波的媒质，信号的调制需要通过外加的敏感原件来执行，调制区位于光纤外部，此类光纤不具备连续性。而功能性传感器的调制区位于光纤内，光纤同时具备"传"和"感"两种功能。连接光源的入射光纤同连接光探测器的出射光纤是连续的。

根据被外界信号调制的光波的物理特征参量的不同，可将光纤传感器分为强度调制型、频率调制型、波长调制型、相位调制型和偏振调制型等五种传感器。根据被测量的物理量分类，则有光纤电流传感器、光纤电压传感器、光纤温度传感器等。

在布设方式上，相比传统的电阻式传感器等，光纤传感器也有着更多元化的选择。传统的传感器多为点式分布，光纤电流传感器和光纤荧光温度传感器采用同样的布设方式。除此之外，还有准分布式的光纤光栅电流传感器，以及多种分布式温度传感器。

10.2.2　全光纤电流传感器

随着近年来电力工业的快速发展，电网运行的容量也随之不断增加，传感器被要求能够测量较高的电流、电压等参量。传统的电流传感器主要是指电磁互感器和电子式互感器。电磁互感器利用电磁感应原理为基础，通过把较高的一次电流转换为较低的二次电流，进行分析测定。然而，在大电流、高电压的条件下，电磁互感器容易发生铁心磁饱和、共振效应、滞后效应等故障，甚至导致严重爆炸性事故，很难适应现今高速发展的智能电网。因此，更加高效安全的光纤电流传感器成为新的选择。

相比传统的电磁式电流传感器，光纤电流传感器具备以下优势。

（1）成本低、体积小、重量轻。

（2）光纤柔软且韧性好，安装时仅需将光纤绕在被测导体部分，简单易行。

（3）光纤具备良好的绝缘性、耐腐蚀性、耐高温性，可在恶劣的环境条件下运行。

（4）没有铁心，不会发生磁饱和现象、共振效应。且传感装置全部由光学器件组成，抗电磁干扰能力较强。

（5）测量范围广，可以实现长频段、大电流、远距离的准确计测。能够与光纤遥测技术相结合。

光纤电流传感器的主要组成部分有传感头、光纤和电子回路。传感头是整个传感器的核心部件，包括起偏器、传感元件和检偏器。根据传感头是否带有电源，可分为有源电流传感器和无源电流传感器两种。

光纤电流传感器是基于法拉第磁光效应而运行的，磁光效应是指将具有磁矩的物质置于磁场中时，其电磁特性会出现改变，此时通过该物质的光波的光学特性也响应发生改变。在光纤电流传感器中，这类具有固定磁矩的物质称为磁光介质。

　　光的本质是一种高频电磁波，光的扰动是其电磁强度随外界发生变化的结果，光波具有偏振性。在传输过程中，光强发生变化，而传播方向保持恒定的光称为线偏振光。任何偏振光都可以通过两束正交的线偏振光来表示。当光源发射出的光经过光纤时，由于被测电流会在光纤周围产生磁场，依据法拉第磁光效应，与磁场方向一致的偏振光偏振角会发生改变，偏振角的大小取决于磁场强度。通过测量偏振面旋转的角度，即可得知磁场的强度。而磁场的强度则反映了被测电流的强度。

　　在光纤电流传感技术中，通常使用光弹性系数较小的传感器件专用光纤。其原因是光波在光纤中传输时，前进的同时会发生反射，导致偏振波的曲线形状出现旋转。因而需要尽量降低光波反射对测量的影响。此外，在最新的传感器研究中，利用在光纤端点放置镜面，让光波在光纤中来回往返，可以补偿偏振波的旋转角度，获得更好的测量效果[265,266]。

　　光纤电流传感器工作时，光源发射的光波经过线性偏光器和偏振分离器，得到两束线性偏振光。两束偏振光通过滤波器，分别成为左旋偏振光和右旋偏振光。两束光波传播至光纤尽头时，被放置在一端的镜面所反射，光波沿与原来相反的方向返回。由于光纤环绕在导线周围，在导线中的电流产生的磁场作用下，光波的相位会发生偏移，导致两束线性偏振光之间出现相位差。光纤中原路返回的光波被光学探测器接收，光学器件能够检测出两束偏振光的相位差大小。根据电磁感应及法拉第磁光效应可知，相位差与导线中的电流呈正比关系。通过相应参量间的数学计算，传感器最终显示出所测电流值。全光纤电流传感器的工作原理如图 10-3 所示。

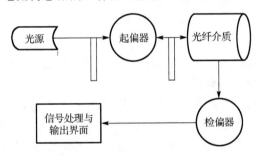

图 10-3　全光纤电流传感器的工作原理

　　设光纤中偏振光的旋转角为 θ，则有

$$\theta = VHL \tag{10-1}$$

其中，V 为磁光材料的费尔德常数，费尔德常数主要受介质类型与光波的频率影响。L 为磁场中光纤的几何长度，H 为光纤所处的磁场强度。对于电流与产生磁场的关系，可用安培环路定律得到

$$H = I(2\pi r) \tag{10-2}$$

其中，I 为通过导线的电力，r 为导线的半径。由以上分析可以看出，偏振光的旋转角与导线中的电流间存在线性关系，电流可以通过对光波信号的分析来测定。

　　影响光纤传感器精确度的一个重要因素是线性双折射问题，在光纤电流传感器中，光波入射到光纤后，将被分解为两束偏振光，两束偏振光由于发生线性双折射，互相之间会存在相位差。线性双折射的幅度越大，造成的测量误差也会越明显。

　　在实际应用中，由于光纤的纤芯形状不可能完全理想，线性双折射的影响将无法避免。此外，导线振动、温度变化等因素同样会增加线性双折射，影响传感器的准确度。因此，如何降低光纤内的线性双折射，是现在光纤电流传感器研究中的核心问题。随着科学研究的深入，一些解决线性双折射的方法陆续被提出。主要方法如下。

　　（1）对光纤进行处理以改变其物理特性，如扭转光纤以降低其几何不规则性，或者对光纤进行退火处理。

　　（2）采用新型材料的光纤，在较新的学术会议上，玻璃单膜光纤被引入公众视线。该种类型的光纤电流传感器，内在的线性双折射效应可以低到忽略不计。

　　（3）将光纤以螺旋状绕在载流导体上，形成传感光纤螺线管，此时，光纤中存在线性双折射的同时，也会发生圆双折射，通过调整光纤绕制的方式，使圆双折射与线性双折射互相抵消，能够有效地提高传感器准确性。光纤的缠绕方式如图 10-4 所示。

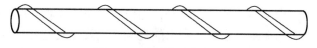

图 10-4　光纤的缠绕方式

　　光纤电流传感器从产生到现在，不断取得重大的技术进展，成为一种相对成熟的传感器技术，其未来的市场前景是十分可观的。国外的许多优秀电力公司，如 ABB、NxtPhase，都拥有完备的光纤传感器制造体系，通过反复的试验检测后，已经投入商业生产。我国的光纤传感器研究起步较晚，相比欧美仍有比较明显的差距，对于线性双折射的抑制也并不明显。可以预见在日后的科学研究及样机生产项目中，还有很多工作需要完善。

10.2.3　光纤电压传感器

　　现如今的高电压、大电流的智能电网系统，不仅对电流测量提出了较高的要求，电压传感器同样需要提升性能与工作范围，以应对与日俱增的电力负荷。光纤传感器作为新兴的传感技术，在电压的计测方面也有着可观的效果。

　　光纤电压传感器的主要原理是基于特定材料中的某些物理效应，主要是存在于晶体中的电光效应，如普克尔斯（Pockels）效应、科尔（Kerr）效应、逆压电效应等。传感器的核心部件有敏感元件以及作为传输导体的光纤。传感器需要利用光敏感元件对光波进行调制，依照敏感元件的类型，可将光纤电压传感器分为功能型和非功能性。光纤电压传感器分类如图 10-5 所示。

　　光纤电压传感器从诞生到现在，已经有几十年的历程。虽然在理论与实际应用中均取得重大飞跃，但依旧有着诸多不足，不能被大量生产使用。其主要问题包括生产成本较高、制造难度较大、恶劣环境下难以保持稳定性等。如何解决这些公认的技术难题，是光纤电压传感器研究的核心内容[267,268]。

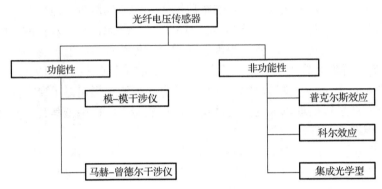

图 10-5　光纤电压传感器分类

1. 功能性光纤电压传感器

对于功能性光纤电压传感器，光纤既作为传输光波的介质，也同时作为调制光波的敏感元件。在光波的调制过程中，利用的是逆压电效应或电致伸缩效应。其原理是当外加电场作用于介质时，使介质在一定方向上出现伸缩变形，光纤的折射率相应改变，光纤内的光波相位也随之发生变化。检测出光的相位变化，就可以反映电压的大小。光的相位变化主要依靠干涉仪来测量。目前比较普遍使用的干涉仪是马赫-曾德尔干涉仪和模-模干涉仪。

马赫-曾德尔干涉仪由许多石英晶体组成，其周围螺旋绕有光纤，利用各部分晶体的电势差相加，可以得到所测电压的大小。在马赫-曾德尔干涉仪中，光波被分为两束，分别沿着信号臂和参考臂传输。其缺点是传感器精度易受外界环境干扰，噪声等因素会导致两臂的信号不同步。尤其在低频率的情况下，噪声的升高会显著影响传感器的分辨率。研究表明，使用电致伸缩元件代替压电换能元件，把信号互相混合形成混频效应，能够有效降低噪声的影响。

实际运行过程中，光纤干涉仪的工作点不容易保持稳定。因而，进行检测时，需要保证信号臂和参考率始终保持正交状态，即两臂传输的光波间相位差为 90°。为了满足两臂的正交条件，要求环境的温度变化不能太大。

相比马赫-曾德尔干涉仪，基于保偏光纤设计的模-模干涉仪拥有更优秀的抗干扰性。其原理是外界电场使压电元件发生伸缩变形，产生径向张力，导致光纤互异偏振膜间的相位差发生改变，相位差与外加电场的大小呈正比关系。影响模-模干涉型传感器精度的主要问题是环境干扰会改变相位，引起电压漂移的现象。一个有效的解决方法是引入反馈电路，将反馈电压加入原电压端，让反向的相位变化抵消相位的误差。

2. 非功能性光纤电压传感器

1）普克尔斯型电压传感器

对于非功能性电压传感器，光纤只起到作为传输介质的作用，光的调制则由晶体完成。最常见的非功能性电压传感器是普克尔斯型传感器，它依靠电光晶体的普克尔斯效应进行工作。当光源经过光纤进入起偏器后，产生两束线偏振光，线偏振光通过位于外电场中的晶体时，由于晶体里的电荷在外电场作用下会发生移动，导致出现双折射现象，两束光的折射率之差与外电场强度成正比，即

$$\delta = n_1 - n_2 = kE \qquad (10\text{-}3)$$

其中，n_1 和 n_2 分别为两束偏振光的主折射率，E 为外电场的强度，k 称为晶体的线性电光系数，反映了两束光折射率之差与外场强之间的线性关系。因此，普克尔斯效应又称为线性电光效应。通过检偏器测出偏振光的折射率变化，即可得知外部电压的大小。

在晶体内存在着光轴，当光束沿着光轴方向入射时，不会被分为两束光，因此，光轴的方向是晶体内一个特殊的方向，需要保证入射光的方向不平行于光轴的方向。某些晶体存在着两个光轴，称为双轴晶体，包括云母、蓝宝石、橄榄石、硫黄等。大部分晶体，如红宝石、石英，光轴只有一个方向，它们称为单轴晶体。在普克尔斯传感器中，选择单轴晶体能够更好地保证分光的成功率，提高传感器可靠性。

普克尔斯型电压传感器分为横向调制和纵向调制两种方式，如图 10-6 所示。横向调制情况下，光波方向与外电场的方向垂直，纵向调制情况下，光波方向与外电场的方向一致，两种方法各有其优缺点。纵向调制传感器的半波电压不受晶体的尺寸影响，可以增加晶体的长度，以提高传感器性能，然而，这种方式的工艺成本较高、生产过程复杂，灵敏度、准确性和测量范围都相对有限，此外，纵向调制需要采用分压的结构，不适合测量高电压的情况。因此，在实际应用中，综合考虑各种因素，采用横向调制更为经济有效。

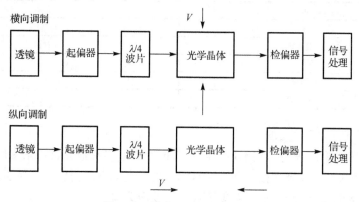

图 10-6　横向调制和纵向调制

　　非功能性传感器中，常用的晶体有硅酸铋（BSO）、铌酸锂（LN）和锗酸铋（BGO）。其中 BGO 晶体质量轻、透过率高、温度稳定性好，既没有自然双折射，也没有旋光性和热电效应，而且易于采集与加工，具有诸多优秀的先天特性，最适合应用于普克尔斯型传感器中，作为敏感元件的材料。目前，以 BGO 晶体为敏感元件的电压传感器已经十分成熟，精度为 1%～2%。

　　光纤电压传感器中的起偏器和检偏器都是利用光学棱镜系统，改变光束的偏振方向。起偏器起到产生偏光干涉和分光的作用，将光源产生的光分成两束垂直的线偏振光。检偏器则将两束光的偏振方向变为一致，使两束光互相产生干涉，从而将相位差的测量转变为光强的测量，降低了测量的难度。然而，光学系统的制作和封装都具备一定困难，如何改进光学棱镜系统，依然是光纤电压传感器研究的一个重要领域。此外，由于 BGO 晶体具备一定的电导率，使其能够吸收一部分的光束，这会影响到传感器的精度，因此，常常使用双光路补偿法来降低这些干扰因素。

　　2）科尔型电压传感器

　　科尔效应也称为平方电光效应，其本质是一种二次电光效应。当外界环境变量作用于某些光学各向同性介质时，介质的光学性质发生改变，产生各向异性特质。光波在介质中发生双折射现象，两束光的折射率之差与外电场强度的平方成正比，即

$$\delta = n_1 - n_2 = kE^2 \tag{10-4}$$

其中，n_1 和 n_2 分别为两束偏振光的主折射率，E 为外电场的强度，k 称为晶体的二次电光系数，反映了两束光折射率之差与外电场值平方之间的线性关系。显然，科尔效应是一种二次电光效应。如果撤销外部电场，科尔效应会迅速消失，所以这种效应也称为电致双折射现象。通过检偏器测出偏振光的折射率变化，可以得知外部电压的大小。常用晶体的二次电光系数如表 10-2 所示。

表 10-2　常用晶体的二次电光系数

物质	电光系统
水	4.7
苯	0.6
二硫化碳	3.2
氯仿	−3.5
硝基苯	220
硝基甲苯	123

　　3）集成光学电压传感器

　　由于光学棱镜系统的一些不足，研究者也着眼于将其他先进技术应用到光纤电压传感器中，例如，集成光学技术和波导技术。集成光学电压传感器开始引起广泛关注。集成光学电压传感器同样是以普克尔斯效应为基础，但更多使用的是光波导器

件，在光波调制方面，则采用平板型无源调制器件。一种常用的集成光学传感器是铌酸锂（LN）晶体型波导传感器，该传感器利用特制天线将被测电场引入调制器，电场作用于光波导器件，从而产生光波信号。通过测量光波信号的强度，可以得出外界电场的强度。

平行板电极传感器是另外一种常见的集成光学传感器，该传感器基于马赫-曾德尔干涉仪改进而成，由于平行板电极系统对高电压的承受能力较强，因而不需利用电容分压的传统方法。传感器工作时，在干涉仪的一个臂上产生逆极化区，通过质子交换技术，使两通道中出现大小相等、方向相反的相移。

集成光学传感器具有承受电压高、灵敏度高、频率响应好等优点。尤其在对于故障发生时的瞬时电压，或是一些高电压系统的测量方面，有着其他传感器不能比拟的良好效果。

10.2.4　光纤光栅传感器

光纤光栅传感器是当前光纤传感器研究领域的一大热门，光纤光栅传感技术是光纤技术中的一个重要分支，其核心是光纤材料的光敏效应。光敏性是指当外界环境条件如温度、光强等发生变化时，光纤的折射率会随之发生相应变化。通过光纤的光敏性，会在光纤内形成空间相位光栅。空间光栅的光学性质主要受温度与应力两个参量的影响，其他物理量则需要转变成温度或应力的变化来进行测量[269]。光纤光栅示意图如图 10-7 所示。

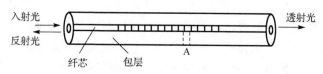

图 10-7　光纤光栅示意图

不同于集成波导光栅，光纤光栅与光纤的耦合度非常好，这有利于形成光纤光栅传感网络。通常按照光栅周期的不同，可将光纤光栅分为短周期光栅（又称反射光栅或 Bragg 光栅）和长周期光栅（又称传输光栅）。两种光纤光栅的工作原理互有差异，短周期光栅测量范围广、操作相对简便，是比较常用的一种。

1. Bragg 光栅传感器

当光波进入 Bragg 光栅时，在满足反射条件的情况下，会发生窄带反射。光纤 Bragg 光的响应峰值波长为

$$\lambda = 2n\Lambda \tag{10-5}$$

其中，λ 为 Bragg 波长，n 为导模的有效折射率，Λ 为光栅周期，即折射率调制幅度大小的平均效应。波长的变化很大程度上受到温度和应力的影响。当应力作用于光纤光栅时，发生周期伸缩及弹光效应，温度的变化则会引起热膨胀效应及热光效应，应力

效应与热效应相互独立，都会导致波长发生漂移。因此，通过检测波长的漂移，即可得知被测物理参量的大小。

将上述的公式两边取微分，可得到波长漂移量$\Delta\lambda$，即

$$\Delta\lambda B = 2n\Delta\Lambda + 2\Lambda\Delta n \tag{10-6}$$

只考虑温度和应力的影响，则式（10-6）可化为

$$\Delta\lambda / \lambda = k_1\Delta T + k_2\Delta\varepsilon \tag{10-7}$$

其中，ΔT 为温度变化量，k_1 称为温度响应灵敏度系数，$\Delta\varepsilon$ 为应力变化量，k_2 称为应力响应灵敏度系数，使用高频率的波长检测设备，可以准确得知波长的变化量。因此，当温度或应力中有一项保持恒定时，即可通过式（10-7）测定另外一项的状态。

对于光纤光栅的写入方法，有许多种划分规则。按照光源的类型，可以分为激光写入和紫外光写入。按照采取的方式，可分为内部写入与外部写入（侧写）。具体的实现方法包括相位掩模法、分波面干涉法、全息曝光法、微透镜阵列法、逐点写入法、聚焦离子束写入法等。其中，相位掩模法不仅写入效率很高，还可以通过改变两束光的夹角来调节光栅周期，实现控制 Bragg 波长的功能，被普遍应用于光纤光栅传感器中。

许多情况下，光栅的 Bragg 波长和带宽不能直接控制，只能预先设置好固定的波长，这很大程度上限制了传感器的灵活度。因而需要借助某些外部手段，即光栅的调谐技术。调节过程中，如果引发波长变化的物理量与波长漂移之间呈线性关系，称为线性调谐，否则，称为非线性调谐。线性调谐的可操作性强，应用较广泛。常见的处理方法包括预处理法、机械调谐、磁调谐、光控调谐和热调谐等。

预处理法主要是指光束预处理和光纤预处理。光束预处理法利用光学仪器来达到调整波长的目的，如使用光学透镜或可调节性的反射镜，改变光束的传播，这些调节方法有一定作用，但稳定性不高。光纤预处理法通过对曝光部位施加应力，曝光后再移除应力，达到改变 Bragg 波长的目的，这种方法具有较好的普适性，但缺点是只能降低波长。机械调节法分为许多具体方法，其原理都是通过施加外力，改变光栅内部分布以调节波长。磁调谐和热调谐等方法，调谐幅度比较有限，且调谐过程不易控制，可应用性不强。

光纤光栅传感器的几大基本组成部分是光源、分光器、光纤光栅和解调器。解调器需要精确检测出 Bragg 波长的微小偏移量，是传感器的关键部分。光谱检测法是实验室中常用的一种解调方法，利用光谱分析仪，通过调节衍射光栅和反射镜来测量波长变化。该方法操作简单，然而精度一般，而且成本较高，不适合大规模的生产应用。更加普遍的一种解调方法是可调谐带通滤波器法，这种方式需要添加额外的光纤光栅作为参考，利用参考光纤光栅的谐振波长来跟踪传感光纤光栅的谐振波长，当两份波长相互匹配时，探测到光强出现峰值，从而反映出被测物理量的变化情况。滤波器法结构简单，不易受外界噪声干扰，已被广泛应用于光纤光栅传感器中。

2. 长周期光纤光栅传感器

Bragg 光纤光栅传感器是一种短周期传感器，另外一种则是长周期光纤光栅传感器。长周期光纤光栅的周期通常为几十至几百微米，这使得其光学性质与 Bragg 光纤光栅存在明显差异。长周期光纤光栅内的耦合是传输基模与同向传输的各包层模之间的耦合，不存在后向反射，属于透射性的滤波器件。周期较长且不存在后向反射导致的光波震荡，使得长周期光纤光栅对温度的反应更为灵敏。由模式耦合理论，耦合后包层的光在传输过程中，会发生向外的散射，导致包层模随时间推移而衰减，由于基模的能量分别耦合到不同的包层模，因此，会出现一系列的损耗峰。满足相位匹配条件时的谐振波长为

$$\lambda = (n_1 - n_2)\Lambda \tag{10-8}$$

其中，λ 为波长，n_1 为纤芯中基模的有效折射率，n_2 为一阶包层模的有效折射率，Λ 为光栅周期。

与较早开始投入研究的 Bragg 光栅相比，目前有关长周期光纤光栅的理论并不足够完善。尤其在光栅的制造方面，长周期光纤光栅的写入方法比较有限，比较普遍的写入方法是 CQ 激光脉冲法，然而这种方法写入的光栅在内部折射率起伏较大，光波因折射产生明显损耗，导致传感器无法保证精确度。

光纤光栅传感器具备光纤类型传感器的主要优点，如传输损耗低（约 0.2dB/km）、耐高温高压、绝缘性能好、轻便、不易折断等。然而其最大的优势是可用于分布式测量，形成光纤光栅传感网络。每一根光纤可以串联多个光纤光栅，实现多传感器复用，这拓展了传感器的应用空间，对于未来智能化系统有着重要价值。常用的复用方式有波分复用（WDM）、时分复用（TDM）和空分复用（SDM）。与此同时，传感器的复用也对相应的解调系统提出了更高的要求，处理复用信号的技术必须同步提升。有研究者提出采用光纤耦合器和成像光谱技术进行解调的方案，可以取得不错的效果。

随着原有技术的完善和新的研究成果的不断涌现，光纤光栅传感技术受到的关注与日俱增，然而，依然存在许多问题限制了其广泛应用。例如，光纤光栅传感器的制造成本高、且生产难度较大。尤其在光纤解调器的技术方面，需要更加精确地监测波长位移的变化，对光学仪器和光源等器件进行改造升级，控制成本并提高运行效率，优化运行可靠性及使用寿命等。只有解决了这些技术领域的难题后，光纤光栅传感器的大规模应用才能真正实现。

10.2.5　分布式光纤传感器

不同于前述的单点式光纤传感器，分布式光纤传感器拥有更广的测量范围。在智能电网系统中，单点式传感器多用于发电、变电、配电等小范围内电气设备，而对于长距离、覆盖面积广阔的输电线，则需要使用分布式光纤传感器，进行温度、应力等物理量的监测。分布式传感器将光纤的传输和传感功能相结合，可以准确反映输电线

路上任何一点的状态信息。由于在远距离输电方面不可替代的作用，分布式光纤传感器是目前在市场化、产业化方面最为成熟的光纤传感器。

当光波在光纤中传播时，会发生散射现象。光纤中的散射主要分为三类：瑞利散射、拉曼散射和布里渊散射，三种散射方式的比较如图 10-8 所示。瑞利散射过程中光强发生变化，但频率不变。频率和光强同时出现变化的是拉曼散射和布里渊散射。利用光时域反射仪（OTDR），检测输电线路各位置产生的后向散射，即可得知外界物理参量的大小。

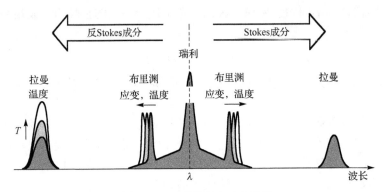

图 10-8　三种散射方式的比较

1. 基于瑞利散射的分布式光纤传感器

瑞利散射是波长远小于入射光的微观粒子所发生的散射，属于弹性光散射，散射光的波长和频率不会发生变化。由于光纤密度的随机浮动，导致折射率在微观上产生局部起伏，光会向各个方向散射。使用光时域反射仪（OTDR），可以检测线路损耗与距离的关系。对于均匀的光纤，后向瑞利散射的光强随着损耗的累加成指数形式衰减，而光强一般只与温度变化有关。光强的计算如下：

$$I = (c\,\mathrm{EB}/\,2)\exp(-2\alpha L) \tag{10-9}$$

其中，c 为光纤中的光速，E 为光脉冲能量，B 为后向散射因子，α 为瑞利散射系数，与温度呈正比关系，L 是光纤的长度。

掺入稀土的光纤材料常常用于这种分布式温度传感器，当温度上升时，光谱吸收带的带宽变大，光纤损耗的空间随之变化。目前，因为光纤中的物质难以掺杂均匀，这种传感器的灵敏度有限。一般只用于光纤的损耗检测和断点检测等领域。

2. 基于拉曼散射的分布式光纤传感器

基于拉曼散射的分布式光纤传感器是目前光纤传感器中较为成熟的一种，被频繁应用于长距离、大范围的系统中进行温度检测。拉曼散射是一种非弹性散射，是入射光与晶体中分子运动相互作用的结果，散射光的频率发生变化。与入射光相互作用的主要是光纤中的光学声子，当入射光吸收声子时，频率升高，当入射光发射声子时，频率降低。拉曼散射会产生斯托克斯分量和反斯托克斯分量，利用两部分的强度与温度的关系，可以实现对温度的传感[270]。

在拉曼散射光中，斯托克斯分量几乎不受温度影响，而反斯托克斯分量的光强随着温度而变化。因此，通过探测两部分光强的比值，可以得知温度的值如下：

$$I / I' = \beta \exp(-hcv / kT) \tag{10-10}$$

其中，I 和 I' 分别为反斯托克斯分量和斯托克斯分量的光强，β 为拉曼散射系数，h 是普朗克常数，c 为真空中的光速，v 是受辐射的光频率，k 为玻尔兹曼常数，T 为热力学温度。

基于拉曼散射的分布式光纤传感器已经有许多成熟的产品，其温度测量精度最高可达 0.1℃，空间分辨率为 3～10m。拉曼散射的缺点是其后向散射强度较小，大约比瑞利散射低三个数量级，因而需要更加高效的探测系统，对传感器元件的要求较高。

3. 基于布里渊散射的分布式光纤传感器

类似于拉曼散射，布里渊散射也属于非弹性散射，其本质是入射光与晶体中声学声子的相互作用。然而，不同于拉曼散射仅仅受温度影响，布里渊散射中光信号的变化受到温度和应力两方面的影响，可以适用的探测领域更广。布里渊散射分为自发布里渊散射和受激布里渊散射。自发布里渊散射通常比较微弱，不易于探测，因而更多应用于传感器的是受激布里渊散射[271]。

在常温状态下，光纤中的粒子存在自发的热运动，在光纤中会形成自发声波场。沿着光纤方向的声波场使光纤密度存在周期性起伏，光纤的折射率也相应发生周期性的变化，从而使布里渊散射的频移发生变化。通过检测光纤一端发射的光的功率变化，即可得知光纤各个位置上的频移量，从而测得温度、应变等物理参数的变化情况，实现传感功能。

10.3　无线传感器网络在智能电网中的应用

10.3.1　光纤传感在智能电网中的应用领域

目前的智能化电力系统中，多种传感技术被投入使用，监测的范围涵盖输电、变电、配电等各个模块，测量的参量有电流、电压、功率、温度、应力、角度、位移等。伴随着光纤传感技术的迅速发展成熟，其科学研究和商业化生产都取得了重大突破，开始被大规模应用于智能电网中[272,273]，光纤传感器在智能电网中的应用情况如表 10-3 所示。

表 10-3　光纤传感器在智能电网中的应用情况

监测对象	传感器类别	监测内容
发电机	光纤光栅传感器 全光纤电流传感器	温度、应力、电流、负载
高压输电线路	分布式电流传感器	温度、应力、振动、倾角
变电站	全光纤电流传感器	电流
电气设备	光纤荧光传感器	温度

1. 发电机的监测

发电机的主要结构包括定子、转子、轴承装置和外壳等。在长时间运转的状态下，发电机的定子和转子之间很容易发生松动，导致绝缘性能变差，过高的负荷也会导致绝缘部分发生磨损和老化，导致绝缘层击穿等故障。此外，过高的负荷会导致发电机发热严重，损伤内部零件。通过在发电机内部安装光纤光栅传感器，监测温度和应力等变化情况，可以有效地对发电机运转情况进行评估。

在电场的作用下，发电机内部容易发生局部放电，例如，定子槽部的放电，以及绝缘层内部的放电。随着绝缘的老化，放电进一步加剧。通过使用全光纤电流传感器，监测发电机的放电情况，能够保证发电机的安全运行，预防潜在的电力系统故障。

新一代的智能电网中，新能源的使用是一大明显特征。作为一种全新的清洁能源，在大范围的地区，风力发电机已经投入电力系统的运行。叶片和齿轮是风力发电机的关键组成部分，为风力机组的稳定运行提供保障。由于叶片和齿轮长期暴露于外界自然环境中，极易受到湿气腐蚀、强风和冰冻等恶劣环境的侵袭，因而存在着巨大的故障隐患。光纤光栅传感器对于应力和负载的测量能够很大程度上为监控系统提供信息，方便监测人员对风力发电系统进行安全评估。

2. 输电线路的监测

输电线路的监测是整个智能电网监测最重要的部分。由于输电线路距离长、覆盖范围广，受外界环境的影响也最为明显。冰雪灾害、雷电、湿气腐蚀、风沙都是潜在的危险因素，为了进行准确预警，需要全面对导线、绝缘层、杆塔、接地设备等部分进行实时监测。分布式光纤传感器的引入很大程度上满足了上述要求，随着光纤复合相、光纤复合架空地线的大范围架设，依靠分布式光纤传感器形成了全方位的传感网络，保证输电线路任何位置的状态都能得到实时反馈。

分布式光纤传感器主要安装在架空线路及其杆塔上，主要测量的物理参量包括温度、应力、振动、倾角等。当低温及雨雪天气使得输电线路表面结冰时，会导致线路表面发生形变，表面的应力随之增大，同时重力的作用导致线路的倾角增加。使用分布式应变传感器可以得到表面应力的变化值，结合分布式温度传感器，考虑热效应的影响，可以估算出线路结冰的情况。分布式振动传感器则主要应用于线路振动的监测，防止在大风天气线路由于强烈振动产生断裂损坏等情况。此外，由于土壤条件和钢铁变形等原因，杆塔的倾斜情况同样会对输电线路造成安全隐患，利用倾角传感器可以有效预防杆塔倒塌的发生。

在众多分布式光纤传感技术中，布里渊分布式传感器可以同时测量温度和应力的变化，且不易受外界电磁场干扰，测量频带宽、动态范围大，非常适合应用于输电线路的监测。如何实现传感器的大规模生产与布设，并将分布式传感网络与线路检修诊断技术结合，形成立体的输电线路监测系统，依然是未来需要突破的难题。

3. 电流监测

电力系统几乎所有的电力设备都需要进行电流监测，防止放电现象或短路的危险。全光纤电流传感器作为一种成熟的产品，具备良好的绝缘性、耐腐蚀性、耐高温性，不会发生磁饱和现象、共振效应，抗电磁干扰能力较强，已经在很多地区得到大规模应用。

20 世纪 80 年代，美国就研制出了 161kV 的全光纤电流传感器，并且成功挂网运行。21 世纪以来，大型电厂如 NxtPhase 和美国 ABB 公司已经推出能够适用于 230kV 电网的产品，并能够有效地对强电流进行监测。

全光纤电流传感器不仅能用于电力设备中电流的测量，也能够与继电保护装置相结合，作为故障发生的预防装置和事故区间的标定装置。随着光纤传感技术的不断成熟发展，光纤电流传感器的应用前景将更加广阔。

4. 温度监测

温度是电网的一个重要运行参数，对于电力系统的高效安全运行具有重要意义。关于高压电缆，发热导致重大安全隐患，有可能损坏线路甚至引发火灾。变压器容量的增大也会导致过热的现象，需要采取循环冷却系统进行散热。目前的变压器多采取油循环方案，因而对于变压器箱内油温的监测至关重要。发电机与高压开关柜等大型电力设备同样需要对温度进行监测，大功率的发电机组中，由于转子的转动产生大量热量，在散热不充分的情况下，有可能烧坏机器。相比传统的温度传感器，光纤传感器具有耐高温的优势，可以直接接触电力设备进行测量，因而适用于电力系统的温度监测。

高电压、大电流的输电线路中，电缆存在着接头处阻抗过高、绝缘层老化以及表面放电等问题，导致电缆局部过热，伴随着可燃气体的产生，在高温干燥的条件下，容易发生火灾等安全问题。早期的电力系统中，常用的传感技术包括示温蜡片、红外温度仪等，然而这些设备准确度有限、不能连续测量，且不能与远程监测系统相连接。分布式光纤传感器和准分布式的光纤光栅传感器能够实现实时逐点的温度监测，并与远程系统互相通信，保证输电线路的稳定工作。

10.3.2　基于 Zigbee 技术的传感网

　　分布式光纤传感网络的一大缺点是布线难度较大，成本较高，采用无线网络进行信号传输，可以取得更经济高效的效果。无线网络技术具有高效的数据采集、迅速的通信交互和先进的分析决策支持，能够很大程度上对传感系统进行优化。电力系统中常用的无线网络技术包括 GPRS 技术、Zigbee 技术和 IPV6 技术等。Zigbee 无线网络具备低成本、低功耗、免执照频段等优点，是一个很好的选择。

　　无线传感网络包含众多的传感器节点，用于数据的采集与传输。在光纤光栅传感器中，调制后的光信号通过光纤进入解调器，转化为电信号，经过低通滤波器后，转化为数字信号，输送至数字信号处理器。数字信号处理器分析信号中的信息，得到电力系统中各物理参量的状态值，由 Zigbee 无线网络传送至分析决策系统，实现电路状态的监测[274,275]。智能电网中，基于 Zigbee 技术的传感网结构如图 10-9 所示。

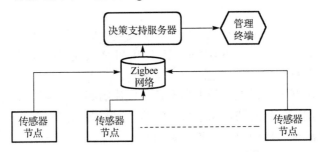

图 10-9　基于 Zigbee 技术的传感网结构

　　传感器是传感网络的最基本单元，光纤光栅传感器体积小、重量轻、易安装，且易于互相串联，实现传感器的复用，因此采用光纤光栅传感器进行数据采集。传感器直接安装在输电线路上，每个 Zigbee 网络管理器可以检测多个传感器节点。传感器节点包括传感器和相应的信号处理系统，信号处理系统主要是指 A/D 转换器和 DSP，以及相关的外围电路。由于电网的波动和各种高频信号的干扰，要求 A/D 采样的速度较高，因此多采用多通道高速并行接口的 A/D 转换器，可以保证数据信号的完整性和高效率传输。

　　Zigbee 网络管理器主要的作用是接收传感器节点采集到的数字信号，并将其通过高速网络实时传递到上层决策服务器。Zigbee 网络由协调器、路由器和终端组成，协调器可以选择多个信道，产生交互的 Zigbee 局域网，完成数据传送。决策支持服务器负责处理上传的数据，服务器与 Zigbee 网络管理器之间主要通过以太网连接。

　　在实际的电网传感系统设计中，由于网络覆盖面积大，传感器节点众多，需要对Zigbee 网络进行优化，通常采用片状或网状的网络结构。将节点分为主节点和子节点，每个主节点管理多个子节点，提高信号处理效率。

　　将无线网络技术应用于智能电网传感，其核心是实现数据的交互通信和统一管理，通过先进的信号处理系统对电路参数进行整合与评估，实时掌握电网的运行动态。随着科技发展的脚步越来越快，现代社会已进入信息时代，轻型化、智能化的无线传感网络将会获得更大的发展空间。

10.4　本　章　小　结

智能电网作为新一代的信息化电网，拥有高效、安全、节能、环保等优点，更好地满足了社会发展的需要。本章首先介绍了智能电网的概念及发展现状，接着对智能电网中常用的光纤传感技术进行了详细介绍，最后介绍了无线传感器网络在智能电网中的应用情况。

参 考 文 献

[1] 李腊元, 李春林. 计算机网络技术. 北京: 国防工业出版社, 2004: 32-102.

[2] 任丰原, 黄海宁, 林闯. 无线传感器网络. 软件学报, 2003, 14(7): 1282-1291.

[3] 周贤伟, 覃伯平, 徐福华. 无线传感器网络与安全. 北京: 国防工业出版社, 2007: 2-68.

[4] Akyildiz I F, Su W, Sankarasubramaniam Y, et al. A survey on sensor networks. IEEE Communications Magazine, 2002, 40(8): 102-114.

[5] 宋文, 王兵, 周应宾, 等. 无线传感器网络技术与应用. 北京: 电子工业出版社, 2007: 1-5.

[6] 李建中, 李金宝, 石胜飞. 传感器网络及其数据管理的概念、问题与进展. 软件学报, 2003, 14(10): 1717-1727.

[7] Raghunathan V, Schurgers C, Park S, et al. Energy-aware wireless microsensor networks. IEEE Signal Processing Magazine, 2002, 19(2): 40-50.

[8] Maxim A B, Mohammad R, Yan Y, et al. Call and response: Experiments in sampling the environment//Proceedings of the 2nd International Conference on Embedded Networked Sensor Systems (SenSys), Baltimore, 2004: 25-38.

[9] Szewczyk R, Mainwaring A, Polastre J, et al. An analysis of a large scale habitat monitoring application// Proceedings of the 2nd International Conference on Embedded Networked Sensor Systems (SenSys), Baltimore, 2004: 214-226.

[10] ALERT. http: //www. altersystems. org/, 2008.

[11] Great Duck Island. http: //www. greatduckisland. net/, 2008.

[12] Huang J H, Amjad S, Mishra S. CenWits: A sensor-based loosely coupled search and rescue system using witnesses//Proceedings of the 3rd International Conference on Embedded Networked Sensor Systems (SenSys), New York, 2005: 180-191.

[13] Timmons N F, Scanlon W G. Analysis of the performance of IEEE 802.15.4 for medical sensor body area networking//Proceedings of the 1st Annual IEEE Communications Society Conference on Sensor and Ad Hoc Communications and Networks, Santa Clara, 2004: 16-24.

[14] Sensor Webs. http: //sensorwebs. jpl. nasa. gov/, 2008.

[15] Noury N, Herve T, Rialle V, et al. Monitoring behavior in home using a smart fall sensor// Proceedings of the IEEE-EMBS Special Topic Conference on Microtechnologies in Medicine and Biology, Lyon, 2000: 607-610.

[16] Srinivasan S, Latchman H, Shea J, et al. Airborne traffic surveillance systems-video surveillance of highway traffic//Proceedings of the ACM 2nd International Workshop on Video Surveillance and Sensor Networks, New York, 2004: 131-135.

[17] Xu N, Sumlt R, Krishna K C, et al. A wireless sensor network for structural monitoring//Proceedings of the 2nd International Conference on Embedded Networked Sensor Systems (SenSys), Baltimore, 2004: 13-24.

[18] Niculescu D, Americ N L. Communication paradigms for sensor networks. IEEE Communications Magazine, 2005, 43(3): 116-122.

[19] 孙利民, 李建中, 陈渝, 等. 无线传感器网络. 北京: 清华大学出版社, 2005: 4-52.

[20] Hartwell J A, Messier G G, Davies R J. Optimizing physical layer energy consumption for wireless sensor networks//Proceedings of the IEEE Vehicular Technology Conference, Dublin, 2007: 76-79.

[21] Zhong Z G, Hu A Q, Wang D. Physical layer design of wireless sensor network nodes. Journal of Southeast University (English Edition), 2006, 22(1): 21-25.

[22] International Standard ISO/IEC ANSI/IEEE Std 802.11. Wireless LAN Medium Access Control(MAC) and Physical Layer(PHY) Specifications. USA: LAN MAN Standards Committee of the IEEE Inc., 1999.

[23] Zhong L, Shah R, Guo C, et al. An ultra-low power and distributed access protocol for broadband wireless sensor networks//IEEE Broadband Wireless Summit, Las Vegas, 2001.

[24] Ye W, Heidemann J, Estrin D. An energy-efficient MAC protocol for wireless sensor networks// Proceedings of the International Annual Joint Conference IEEE Computer and Communication Societies(INFOCOM 2002), New York, 2002: 1567-1576.

[25] Van D T, Langendoen K. An adaptive energy-efficient MAC protocol for wireless sensor networks//Proceedings of the 1st International Conference on Embedded Networked Sensor Systems, Los Angeles, 2003: 171-180.

[26] Jamieson K, Balakrishnan H, Tay Y C. Sift: A MAC protocol for event-driven wireless sensor networks//Proceedings of the 3rd European Workshop on Wireless Sensor Networks (EWSN 2006), Zurich, 2003: 260-275.

[27] Arisha K, Youssef M, Younis M. Energy-aware TDMA-based MAC for sensor networks //Proceedings of IEEE Workshop on Integrated Management of Power Aware Communications, Computing and Networking, New York, 2002: 924-935.

[28] Rajendran V, Obraczka K, Garcia-Luna-Aceves J J. Energy-efficient, collision-free medium access control for wireless sensor networks. Wireless Networks, 2006, 12(1): 63-78.

[29] 唐勇, 周明天, 张欣. 无线传感器网络路由协议研究进展. 软件学报, 2006, 17(3): 410-421.

[30] Al-Karaki J N, Kamal A E. Routing techniques in wireless sensor networks: A survey. IEEE Wireless Communications, 2004, 11(6): 6-28.

[31] Mao Y Y, Frank R K, Baoehun L, et al. A factor graph approach to link loss monitoring in wireless sensor networks. IEEE Journal on Selected Areas in Communications, 2005, 23(4): 820-829.

[32] 李建中, 高宏. 无线传感器网络的研究进展. 计算机研究与发展, 2008, 45(1): 1-15.

[33] Tilak S, Abu-Ghazaleh N B, HeinZelman W. A taxonomy of wireless micro-sensor network

communication models. ACM Mobile Computing and Communications Review, 2002, 6(2): 27-36.

[34] 于海滨, 曾鹏, 王忠锋, 等. 分布式 WSN 通信协议研究. 通信学报, 2004, 25(10): 102-110.

[35] Shih E, Cho S, Ickes N, et al. Physical layer driven protocol and algorithm design for energy-efficient wireless sensor networks//Proceedings of the Annual International Conference on Mobile Computing and Networking (MOBICOM), Rome, 2001: 272-286.

[36] Woo A, Culler D. A transmission control scheme for media access in sensor networks//Proceedings of the ACM Annual International Conference on Mobile Computing and Networking(MOBICOM), Rome, 2001: 221-235.

[37] Elson J, Girod L, Estrin D. Fine-grained network time synchronization using reference broadcasts// Proceedings of the 5th Symposium on Operating Systems Design and Implementation, Boston, 2002: 147-163.

[38] Elson J, Römer K. Wireless sensor networks: A new regime for time synchronization. Computer Communication Review, 2003, 33(1): 149-154.

[39] Sichitui M L, Veerarittiphan C. Simple accurate time synchronization for wireless sensor networks// IEEE Wireless Communication and Networking Conference(WCNC2003), New Orleans, 2003: 1266-1273.

[40] Girod L, Estrin D. Robust range estimation using acoustic and multimodal sensing//IEEE International Conference on Intelligent Robots and Systems, Maui, 2001: 1312-1320.

[41] Bahl P, Padmanabhan V N. RADAR: An in-building RF-based user location and tracking system// IEEE International Conference on Computer Communications(INFOCOM 2000), Tel-Aviv, 2000: 775-784.

[42] Savvides A, Han C C, Srivastava M B. Dynamic fine grained localization in ad hoc sensor networks// Proceedings of the 7th Annual ACM/IEEE International Conference on Mobile Computing and Networking, Rome, 2001: 166-179.

[43] Nicolescu D, Nath B. Ad hoc positioning system using AoA//Proceedings of the 22nd Annual Joint Conference on the IEEE Computer and Communications Societies, San Francisco, 2003: 1734-1743.

[44] He T, Huang C, Blum B M, et al. Range-free localization schemes for large scale sensor networks// Proceedings of the 9th Annual International Conference on Mobile Computing and Networking, Maryland, 2003: 81-95.

[45] Bulusun N, Heidemann J, Estrin D. GPS-less low-cost outdoor localization for very small devices. IEEE Personal Communications, 2000, 7(5): 27-34.

[46] Niculescu D, Nath B. Ad hoc positioning system//Proceedings of the 7th Annual International Conference on Mobile Computing and Networks, Rome, 2001: 2926-2931.

[47] Nagpal R, Shrobe H, Bachrach J. Organizing a global coordinate system from local information on an ad hoc sensor network//Proceedings of the 2nd International Workshop on Information Processing in Sensor Networks, Palo Alto, 2003: 333-348.

[48] Wood A, Stankovic J. Denial of service in sensor networks. IEEE Computer, 2002, 35(10): 54-62.

[49] Eschenauer L, Gligor V. A key-management scheme for distributed sensor networks//Proceedings of the 9th ACM Conference on Computer and Communication Security, Washington, 2002: 41-47.

[50] Chan H, Perrig A, Song D. Random key predistribution schemes for sensor networks//Proceedings of the IEEE Symposium on Research in Security and Privacy, Berkeley, 2003: 197-213.

[51] Deng J, Han R, Mishra S. A performance evaluation of intrusion tolerant routing in wireless sensor networks//Proceedings of the 2nd IEEE International Workshop on Information Processing in Sensor Networks, Palo Alto, 2003: 349-364.

[52] Srdjan C, Jean P H. Secure positioning of wireless devices with application to sensor networks// Proceedings of the IEEE International Conference on Computer Communications(INFOCOM 2005), Miami, 2005: 1917-1928.

[53] Wei Y W, Yu Z, Guan Y. Location verification algorithms for wireless sensor networks// Proceedings of the 27th International Conference on Distributed Computing Systems, Toronto, 2007: 70-78.

[54] Liu F, Cheng X Z, Chen D C. Insider attacker detection in wireless sensor networks// Proceedings of the 26th IEEE International Conference on Computer Communications(INFOCOM 2007), Anchorage, 2007: 1937-1945.

[55] Karlof C, Wagner D. Secure routing in wireless sensor networks: Attacks and countermeasures. Ad Hoc Networks, 2003, 1(2): 293-315.

[56] Hu Y C, Perrig A, Johnson D B. Packet leashes: A defense against wormhole attacks in wireless ad hoc networks//Proceedings of the 27th IEEE International Conference on Computer Communications (INFOCOM 2003), San Francisco, 2003: 1976-1986.

[57] Krishnamachari L, Estrin D, Wicker S. The impact of data aggregation in wireless sensor networks// Proceedings of the 22nd International Conference on Distributed Computing Systems Workshops, Vienna, 2002: 575-578.

[58] Chalermek I, Deborah E, Ramesh G, et al. Impact of network density on data aggregation in wireless sensor networks//Proceedings of the International Conference on Distributed Computing Systems, Vienna, 2002: 457-458.

[59] Ding M, Cheng X, Xue G. Aggregation tree construction in sensor networks//Proceedings of the IEEE 58th Vehicular Technology Conference, Orlando, 2003: 2167-2172.

[60] Utz R, Andre B, Cormac J S. Determination of aggregation points in wireless sensor networks// Proceedings of the 30th Euromicro Conference, Rennes, 2004: 503-510.

[61] Wan J, Yuan D M, Xu X H. A review of routing protocols in wireless sensor networks// Proceedings of the International Conference on Wireless Communications, Networking and Mobile Computing, Dalian, 2008: 1-4.

[62] Khan I F, Javed M Y. A survey on routing protocols and challenge of holes in wireless sensor

networks//Proceedings of the International Conference on Advanced Computer Theory and Engineering, Phuket, 2008: 161-165.

[63] Akkaya K, Younis M. A survey of routing protocols in wireless sensor networks. Ad Hoc Networks, 2005, 3(3): 325-349.

[64] Haas Z J, Halpern J Y, Li L. Gossip-based ad hoc routing//Proceedings of the IEEE INFOCOM, New York, 2002: 1707-1716.

[65] Kulik J, Heinzelman W R, Balakrishnan H. Negotiation based protocols for disseminating information in wireless sensor networks. Wireless Networks, 2002, 8(2): 169-185.

[66] Intanagonwiwat C, Govindan R, Estrin D, et al. Directed diffusion for wireless sensor networking. IEEE/ACM Transactions on Networking, 2003, 11(1): 2-16.

[67] Braginsky D, Estrin D. Rumor routing algorithm for sensor networks// Proceedings of the 1st Workshop on Sensor Networks and Applications, Atlanta, 2002: 22-31.

[68] Schurgers C, Srivastava M B. Energy efficient routing in wireless sensor networks//MILCOM Proceedings Communications for Network-Centric Operations: Creating the Information Force, McLean, 2001: 357-361.

[69] Karp B, Kung H. GPSR: Greedy perimeter stateless routing for wireless networks//Proceedings of the 6th Annual International Conference on Mobile Computing and Networking, Boston, 2000: 243-254.

[70] Yu Y, Govindan R, Estrin D. Geographical and Energy-Aware Routing: A Recursive Data Dissemination Protocol for Wireless Sensor Networks. Los Angeles: University of California, 2001.

[71] Heinzelman W, Chandrakasan A, Balakrishnan H. Energy-efficient communication protocol for wireless microsensor networks//Proceedings of the 33rd Annual International Conference on System Sciences, Maui, 2000: 3005-3014.

[72] Heinzelman W, Chandrakasan A, Balakrisan H. An application specific protocol architecture for wireless microsensor networks. IEEE Transactions on Wireless Networking, 2002, 1(4): 660-670.

[73] Lindsey S, Raghavendra C S. PEGASIS: Power-efficient gathering in sensor information systems// Proceedings of the IEEE Aerospace Conference, Montana, 2002: 1125-1130.

[74] Younis O, Fahmy S. HEED: A hybrid, energy-efficient, distributed clustering approach for ad-hoc sensor networks. IEEE Transactions on Mobile Computing, 2004, 3(4): 660-669.

[75] Manjeshwar A, Agrawal D P. TEEN: A protocol for enhanced efficiency in wireless sensor networks// Proceedings of the 15th Parallel and Distributed Processing Symposium, San Francisco, 2001: 2009-2015.

[76] Ye F, Luo H, Cheng J, et al. A two-tier data dissemination model for large-scale wireless sensor networks//Proceedings of the 8th Annual International Conference on Mobile Computing and Networking, Atlanta, 2002: 147-159.

[77] Ye M, Li C F, Chen G H, et al. EECS: An energy efficient clustering scheme in wireless sensor networks//Proceedings of 24th IEEE International Performance Computing and Communications

Conference(IPCCC), Phoenix, 2005: 535-540.

[78] 李成法, 陈贵海, 叶懋, 等. 一种基于非均匀分簇的无线传感器网络路由协议. 计算机学报, 2007, 30(1): 27-36.

[79] Sohrabi K, Gao J, Ailawadhi V, et al. Protocols for self-organization of a wireless sensor network. IEEE Personal Communications, 2000, 7(5): 16-27.

[80] Tian H, Stankovic J A, Lu C Y, et al. SPEED: A stateless protocol for real-time communication in sensor networks//Proceedings of the International Conference on Distributed Computing Systems, Los Alamitos, 2003: 46-55.

[81] Felemban E, Lee C G, Ekici E. MMSPEED: Multipath multi-speed protocol for QoS guarantee of reliability and timeliness in wireless sensor networks. IEEE Transactions on Mobile Computing, 2006, 5(6): 737-753.

[82] Akkaya K, Younis M. An energy-aware QoS routing protocol for wireless sensor networks// Proceedings of the 23rd International Conference on Distributed Computing Systems Workshops, Providence, 2003: 710-715.

[83] Deb B, Bhatnagar S, Nath B. ReInForM: Reliable information forwarding using multiple paths in sensor networks//Proceedings of the 28th Annual IEEE International Conference Local Computer Networks, Bonn, 2003: 406-415.

[84] 沈波, 张世永, 钟亦平. 无线传感器网络分簇路由协议. 软件学报, 2006, 17(7): 1587-1600.

[85] Lian J, Naik K, Agnew G. Data capacity improvement of wireless sensor networks using non-uniform sensor distribution. International Journal of Distributed Sensor Networks, 2006, 2(2): 121-145.

[86] Lian J, Naik K, Agnew G, et al. Modelling and enhancing the data capacity of wireless sensor networks. IEEE Monograph on Sensor Network Operations, 2004: 1-30.

[87] Stephan O, Ivan S. Design guidelines for maximizing lifetime and avoiding energy holes in sensor networks with uniform distribution and uniform reporting//Proceedings of the 25th IEEE International Conference on Computer Communications, Barcelona, 2006: 2505-2516.

[88] 吴小兵, 陈贵海. 无线传感器网络中节点非均匀分布的能量空洞问题. 计算机学报, 2008, 31(2): 1-9.

[89] Wang W, Srinivasan V, Chua K. Using mobile relays to prolong the lifetime of wireless sensor networks//Proceedings of the 11th Annual International Conference on Mobile Computing and Networking, Cologne, 2005: 270-283.

[90] Luo J, Hubaux J P. Joint mobility and routing for lifetime elongation in wireless sensor networks// Proceedings of IEEE INFOCOM, Miami, 2005: 1735-1746.

[91] Soro S, Heinzelman W B. Prolonging the lifetime of wireless sensor networks via unequal clustering// Proceedings of the 19th IEEE International Parallel and Distributed Processing Symposium, Denver, 2005: 236-242.

[92] Liu M, Cao J N, Chen G H, et al. EADEEG: An energy-aware data gathering protocol for wireless

sensor networks. Journal of Software, 2007, 18(5): 1092-1109.

[93] Braden R, Clark D, Shenker S. Integrated services in the internet architecture: An overview. http: //rfc. arogo. net/rfc1633. html, 1994.

[94] Shenker S, Partridge C, Guerin K. Specification of guaranteed quality of service. http: //rfc. arogo. net/rfc2212. html, 1997.

[95] 马华东, 陶丹. 多媒体传感器网络及其研究进展. 软件学报, 2006, 17(9): 2013-2028.

[96] Cucchiara R. Multimedia surveillance systems//Proceedings of the ACM VSSN, New York, 2005: 1-10.

[97] Ma H D, Liu Y H. Correlation based video processing in video sensor networks//Proceedings of the IEEE Wireless Networks, Communications and Mobile Computing, Maui, 2005: 987-992.

[98] Tao D, Ma H D, Liu Y H. Energy-efficient cooperative image processing in video sensor networks//Proceedings of 2005 Pacific-Rim Conference on Multimedia, Berlin, 2005: 572-583.

[99] 孙岩, 马华东. 无线多媒体传感器网络 QoS 保障问题. 电子学报, 2008, 36(7): 1412-1420.

[100] Dorigo M, Maniezzo V, Colorni A. The Ant System: An Autocatalytic Optimizing Process. Technical Report, 1991.

[101] Colorni A, Dorigo M, Maniezzo V. Distributed optimization by ant colonies//Proceedings of European Conference on Artificial Life, Paris, 1991: 134-142.

[102] Dorigo M, Gambardella L M. Ant colony system: A cooperative learning approach to the traveling salesman problem. IEEE Transactions on Evolutionary Computation, 1997, 1(1): 53-66.

[103] Guo J L, Wu Y, Liu W. An ant optimization algorithm with evolutionary operator for traveling salesman problem//Proceedings of the 6th International Conference on Intelligent Systems Design and Applications, Jinan, 2006: 385-389.

[104] 徐晓华, 陈崚. 一种自适应的蚂蚁聚类算法. 软件学报, 2006, 17(9): 1884-1889.

[105] 朱庆保, 杨志军. 基于变异和动态信息素更新的蚁群优化算法. 软件学报, 2004, 15(2): 186-191.

[106] Tsai C F, Tsai C W, Tseng C C. A novel and efficient ant-based algorithm for solving traveling salesman problem//Proceedings of the IEEE International Conference on Systems, Man and Cybernetics, Yasmine Hammamet, 2002: 320-325.

[107] 孙力娟, 王良俊, 王汝传. 改进的蚁群算法及其在 TSP 中的应用研究. 通信学报, 2004, 25(10): 111-116.

[108] Stützle T, Hoos H. MAX-MIN ant system and local search for the traveling salesman problem// Proceedings of IEEE International Conference on Evolutionary Computation, Indianapolis, 1997: 309-314.

[109] Bullnheimer B, Hartl R F, Strauss C. A new rank-based version of the ant system: A computational study. Central European Journal for Operations Research and Economics, 1999, 7(1): 25-38.

[110] 李士勇, 陈永强, 李研. 蚁群算法及其应用. 哈尔滨: 哈尔滨工业大学出版社, 2004: 29-52.

[111] Caro G D, Dorigo M. AntNet: Distributed stigmergetic control for communications networks. Journal of Artificial Intelligence Research, 1998, 9: 317-365.

[112] Lu Y, Zhao G Z, Su F J. Adaptive ant-based dynamic routing algorithm//Proceedings of the 5th World Congress on Intelligent Control and Automation, Hangzhou, 2004: 2694-2697.

[113] 孙岩, 马华东, 刘亮. 一种基于蚁群优化的多媒体传感器网络服务感知路由算法. 电子学报, 2007, 35(4): 705-711.

[114] Hussein O, Saadawi T. Ant routing algorithm for mobile ad-hoc networks(ARAMA)//Proceedings of the 22nd IEEE International Performance, Computing, and Communications Conference, Phoenix, 2003: 281-290.

[115] Okdem S, Karaboga D. Routing in wireless sensor networks using ant colony optimization// Proceedings of the 1st NASA/ ESA Conference on Adaptive Hardware and Systems, Istanbul, 2006: 401-404.

[116] Ding N, Liu P X. Data gathering communication in wireless sensor networks using ant colony optimization//Proceedings of the IEEE International Conference on Intelligent Robots and Systems, Shenyang, 2004: 822-827.

[117] Wen Y F, Chen Y Q, Pan M. Adaptive ant-based routing in wireless sensor networks using Energy*Delay metrics. Journal of Zhejiang University: Science A, 2008, 9(4): 531-538.

[118] Cai W Y, Jin X Y, Zhang Y, et al. ACO based QoS routing algorithm for wireless sensor networks// Proceedings of the 3rd International Conference on Ubiquitous Intelligence and Computing, Wuhan, 2006: 419-428.

[119] Peng S H, Simon X Y, Stefano G, et al. An adaptive QoS and energy-aware routing algorithm for wireless sensor networks//Proceedings of the IEEE International Conference on Information and Automation, Zhangjiajie, 2008: 577-583.

[120] 李腊元, 李春林. 动态 QoS 多播路由协议. 电子学报, 2003, 31(9): 1345-1350.

[121] Fenner W. Internet Group Management Protocol. 2ed. http: //www. ietf. org/rfc/rfc2236. txt, 1997.

[122] Waitzman D, Partridge C, Deering S. Distance Vector Multicast Routing Protocol. http: // www. ietf. org/rfc/rfcl075. txt, 1998.

[123] Moy J. Multicast routing extensions for OSPF. Communications of the ACM, 1994, 17(8): 61-66.

[124] Stephen D, Deborah L E, Dino F, et al. The PIM architecture for wide-area multicast routing. IEEE/ACM Transactions on Networking, 1996, 4(2): 153-162.

[125] Ballardie A. Core Based Trees (CBT) Multicast Routing Architecture. http: //www. ietf. org/rfc/ rfc2201. txt, 1997.

[126] Royer E M, PerkinsC E. Multicast operation of the ad-hoc on-demand distance vector routing protocol//Proceedings of the 5th ACM/IEEE International Conference MobiCom, Seattle, 1999: 207-218.

[127] Wu C W, Tay Y C, Toh C K. Ad hoc multicast routing protocol utilizing increasing id-numbers

(AMRIS) functional specification. Internet draft, 1998.

[128] Ji L, Seott C M. A lightweight adaptive multicast algorithm//Global Telecommunications Conference, Sydney, 1998: 1036-1042.

[129] Toh C K, Guillermo G, Santithorn B. ABAM: On-demand associativity-based multicast routing for ad hoc mobile networks//Proceedings of IEEE Vehicular Technology Conference, Boston, 2000: 987-993.

[130] Jetcheva J G, Johnson D B. Adaptive demand-driven multicast routing in multi-hop wireless ad hoc networks//Proceedings of the ACM International Symposium on Mobile Ad Hoc Networking and Computing, Long Beach, 2001: 33-44.

[131] Chen K, Nahrstedt K. Effective location-guided tree construction algorithms for small group multicast in MANET//Proceedings of IEEE INFOCOM, New York, 2002: 1180-1189.

[132] LeeS J, Su W, Gerla M. On-demand multicast routing protocol in multihop wireless mobile networks. Mobile Networks and Applications, 2002, 7(6): 441-453.

[133] Gareia-Luna-Aeeves J J, Madruga C E. The core-assisted mesh protocol. IEEE Journal on Selected Areas in Communications, 1999, 17(8): 1380-1394.

[134] Chiang C, Gerla M, Zhang L. Forwarding group multicast protocol(FGMP) for multihop mobile wireless networks. Journal of Cluster Computing, 1998, l(2): 187-196.

[135] Hong X, Gerla M, Pei G, et al. A group mobility model for ad hoc wireless networks//Proceedings of the ACM International Workshop on Modeling and Simulation of Wireless and Mobile Systems (MSWIM), Seattle, 1999: 1023-1032.

[136] Xie J S, Talpade R R, McAuley A, et al. AMRoute: Ad hoc multicast routing protocol. Mobile Networks and Applications, 2002, 7(6): 429-439.

[137] Sinha P, Sivakumar R, Bharghavan V. MCEDAR: Multicast core-extraction distributed ad hoc routing//IEEE Wireless Communications and Networking Conference, New Orleans, 1999: 1313-1317.

[138] Ji L, Corson M S. Differential destination multicast-a MANET multicast routing protocol for small groups//Proceedings of IEEE INFOCOM, Anchorage, 2001: 1192-1201.

[139] Yang M, Han P, Yu B, et al. A light-weight multicast schema for wireless sensor network with multi-sinks//International Conference on Wireless Communications, Networking and Mobile Computing (WICOM), Wuhan, 2006: 1-4.

[140] Peng S L, Li S S, Chen L, et al. SenCast: Scalable multicast in wireless sensor networks// Proceedings of the 22nd IEEE International Symposium on Parallel and Distributed Processing, Miami, 2008: 1-9.

[141] Cao Q, He T, AbdelZaher T. uCast: Unified connectionless multicast for energy efficient content distribution in sensor networks. IEEE Transactions on Parallel and Distributed Systems, 2007, 18(2): 240-250.

[142] Sánchez J A, Pedro M R, Jennifer L, et al. Bandwidth-efficient geographic multicast routing protocol for wireless sensor networks. IEEE Sensors Journal, 2007, 7(5): 627-636.

[143] Okura A, Ihara T, Miura A. BAM: Branch aggregation multicast for wireless sensor networks// Proceedings of the 2nd IEEE International Conference on Mobile Ad-Hoc and Sensor Systems, Washington, 2005: 354-363.

[144] Basagni S, Chlamtac I, Syrotiuk V R. Location aware, dependable multicast for mobile ad hoc networks. Computer Networks, 2001, 36(5): 659-670.

[145] Edgar M P. Graphical Evolutions: An Introduction to the Theory of Random Graphs. New York: John Wiley & Sons Inc., 1985: 6-177.

[146] Zhao G, Liu X, Kumar A. Destination clustering geographic multicast for wireless sensor networks// Proceedings of the International Conference on Parallel Processing Workshops, Xi'an, 2007: 47-53.

[147] Mauve M, Füßler H, Widmer J, et al. Position-based multicast routing for mobile ad-hoc networks. MobiHoc, 2003, 7(3): 53-55.

[148] Transier M, Füßler H, Widmer J, et al. Scalable position-based multicast for mobile ad-hoc networks//Proceedings of the 1st International Workshop on Broadband Wireless Multimedia, San Jose, 2004.

[149] Wu S, Candan K S. GMP: Distributed geographic multicast routing in wireless sensor networks// Proceedings of the 26th IEEE International Conference on Distributed Computing Systems, Lisboa, 2006: 49-57.

[150] Hwang F K, Richards D S, Winter P. The steiner tree problem. Annals of Discrete Mathematics, 1992, 53: 3-10.

[151] 王建新, 赵湘宁, 刘辉宇. 一种基于两跳邻居信息的贪婪地理路由算法. 电子学报, 2008, 36(10): 1903-1909.

[152] Barabósi A L. Linked: The New Science of Networks. Massachusetts: Perseus Publishing, 2002.

[153] Watts D J. The new science of networks. Annual Review of Sociology, 2004, 30: 243-270.

[154] 汪小帆, 李翔, 陈关荣. 复杂网络理论及其应用. 北京: 清华大学出版社, 2006.

[155] Cohen R, Havlin S. Scale-free networks are ultrasmall. Physical Review Letters, 2003, 90(5): 1-4.

[156] Fronczak A, Fronczak P, Holyst J A. Mean-field theory for clustering coefficients in barabósi albert networks. Physical Review E, 2003, 68(4): 046126.

[157] Albert R, Barabósi A L. Statistical mechanics of complex networks. Review of Modern Physics, 2002, 74: 47-97.

[158] Dorogovtsev S N, Mendes J F F. Evolution of networks. Journal of Advanced Physics, 2002, 51: 1079-1187.

[159] Watts D J, Strogatz S H. Collective dynamics of "small-world" networks. Nature, 1998, 393(6684): 440-442.

[160] Barabósi A L, Albert R. Emergence of scaling in random networks. Science, 1999, 286(5439): 509-512.

[161] Newman M E J. The structure and function of complex networks. SIAM Review, 2003, 45:

167-256.

[162] Erdòs P, Rény A. On the evolution of random graphs. Publication of the Mathematical Institute of the Hungarian Academy of Science, 1960, 5: 17-60.

[163] Bollobás B. Random Graphs. New York: Academic Press, 2001.

[164] Newman M E J, Watts D J. Renormalization group analysis of the small-world network model. Physics Letters A, 1999, 263: 341-346.

[165] 刘明. 无线传感器网络的资源异构及能效管理研究. 武汉: 华中科技大学, 2009.

[166] Helmy A. Small worlds in wireless networks. IEEE Communication Letters, 2003, 7(10): 490-492.

[167] Chitradurga R, Helmy A. Analysis of wired short cuts in wireless sensor networks//Proceedings of the IEEE/ACS International Conference on Pervasive Services, Beirut, 2004: 167-176.

[168] Sharma G, Mazumdar R. Hybrid sensor networks: A small-world//Proceedings of the 6th ACM International Symposium on Mobile Ad Hoc Networking and Computing, New York, 2005: 366-377.

[169] Hawick K A, James H A. Small-world effects in wireless agent sensor networks. International Journal of Wireless and Mobile Computing, 2010, 4(3): 155-164.

[170] Cavakcabti D, Agrawal D, Kelner J, et al. Exploiting the small-world effect to increase connectivity in wireless ad hoc networks//Proceedings of the 11th IEEE International Conference on Telecommunications, Fortaleza, 2004: 387-393.

[171] 苏威积, 赵海, 张文波, 等. 基于嵌入式技术的传感器网络无尺度路由算法. 计算机工程, 2006, 32(14): 87-88.

[172] Sun H J, Wu J J. Evolution of network form node division and generation. Chinese Physics, 2007, 16(6): 1581-1585.

[173] Alert R, Jeong H, Barabasi A L. Error and attack tolerance of complex networks. Nature, 2000, 406: 377-382.

[174] Wood A D, Stankovic J A. Denial of service in sensor network. IEEE Computer, 2002, 35(10): 54-62.

[175] 孟安波, 陈鹏. 基于小世界效应的异构传感器网络构造研究. 计算机与数字工程, 2008, 36(9): 97-101.

[176] Vogt H. Small world and the security of ubiquitous computing//Proceedings of the 6th IEEE International Symposium on a World of Wireless Mobile and Multimedia Networks, Washington, 2005: 593-597.

[177] Mark Y, Nandakishore K, Harkirat S, et al. Exploiting heterogeneity in sensor networks//Proceedings of the IEEE International Conference on Computer Communication, Miami, 2005: 877-890.

[178] 卿利, 朱清新, 王明文. 异构传感器网络的分布式能量有效成簇算法. 软件学报, 2006, 17(3): 481-489.

[179] Cavalcanti D, Agrawal D, Kelner J, et al. Exploiting the small-world effect to increase connectivity in wireless ad hoc networks. ICT, Fortaleza, 2004: 387-393.

[180] Helmy A. Mobility-assisted resolution of queries in large-scale mobile sensor networks (MARQ). Computer Networks Journal-elsevier Science-special Issue on Wireless Sensor Networks, 2003, 43(4): 437-458.

[181] Hawick K A, James H A. Small-world effects in wireless agent sensor networks. Technical Report, CSTN2, 2004, 5: 1-10.

[182] Jiang C J, Chen C E, Wei J, et al. Construct small worlds in wireless networks using data mules// Proceedings of the IEEE International Conference on Sensor Networks, Ubiquitous, and Trustworthy Computing, Taichung, 2008: 27-35.

[183] 王向辉, 张国印, 谢晓芹. 多级能量异构传感器网络的负载均衡成簇算法. 计算机研究与发展, 2008, 45(3): 392-399.

[184] Cerpa A, Elson J, Estrin D, et al. Habitat monitoring: Application driver for wireless communications technology//Proceedings of ACM SIGCOMM Computer Communication Review, New York, 2001: 20-41.

[185] Wang H, Estrin D, Girod L. Preprocesssing in a tiered sensor network for habitat monitoring. EURASIP Journal on Applied Signal Processing, 2003, 4: 392-401.

[186] 胡福林, 肖海军. 无线网络中的一种基于小世界模型的路由协议. 计算机工程与学, 2008, 30(8): 30-35.

[187] Helmy A. Analysis of wired short cuts in wireless sensor networks// Proceedings of the IEEE/ACS International Conference on Pervasive Services, 2004, 1: 167-177.

[188] 俞黎阳, 王能, 张卫. 异构无线传感器网络中异构节点的部署与优化. 计算机科学, 2008, 35(19): 47-51.

[189] 陈志平, 徐宗本. 计算机数学——计算复杂性理论与 NPC、NP 难问题的求解. 北京: 科学出版社, 2001.

[190] Hochbaum D S. Approximation algorithms for NP-Hard problems. Boston: PWS Publishing Company, 1995.

[191] Younis O, Fahmy S. Heed: A hybrid, energy-efficient, distributed clustering approach for ad-hoc sensor networks. IEEE Transactions on Mobile Computing, 2004, 3(4): 366-379.

[192] Smaragdakis G, Matta I, Bestavros A. SEP: A stable election protocol for clustered heterogeneous wireless sensor network//Proceedings of the 2nd International Workshop on Sensor and Actor Network Protocols and Applications, Boston, 2004: 1-11.

[193] Duarte-Melo E J, Liu M. Analysis of energy consumption and lifetime of heterogeneous wireless sensor networks//Proceedings of the IEEE GLOBECOM, Taipei, 2002: 21-25.

[194] Liu M, Ye J, Zheng S J. An energy balancing mechanism based on additional cluster heads in wireless sensor networks. Journal of Information and Computational Science, 2008, 5(4):

1805-1812.

[195] 刘琳, 于海斌. 异构无线传感器网络中簇首的优化部署策略. 通信学报, 2010, 31(10): 229-237.

[196] Oyman E I, Ersoy C. Multiple sink network design problem in large scale wireless sensor networks//Proceedings of the IEEE International Conference on Communications, Paris, 2004: 3663-3667.

[197] Liu J S, Lin C H R. Energy-efficiency clustering protocol in wireless sensor networks. Ad Hoc Networks, 2005, 3(3): 371-388.

[198] Ma Y, Dalal S, Alwan M, et al. Rop: A resource oriented protocol for heterogeneous sensor networks//Proceedings of the 13th VT/MPRG Wireless Personal Communications, Blacksburg, 2003: 59-70.

[199] Mahatre V, Rosenberg C, Kofman D, et al. A minimum cost heterogeneous sensor network with a lifetime constraint. IEEE Transactions on Mobile Computing, 2005, 4(1): 4-15.

[200] 刘明, 伍燕平, 于明远. 具有小世界效应的无线传感器网络构造方法研究. 电子测量技术, 2007, 30(4): 37-39.

[201] Wang Q, Xu K, Hassanein H, et al. Minimum cost guaranteed lifetime design for heterogeneous wireless networks//Proceedings of the IEEE IPCCC, Phoenix, 2005: 599-604.

[202] Akyildiz L F, Su W L, Sankarasubramaniam Y, et al. A survey on sensor networks. IEEE Communication Magazine, 2002, 40(8): 102-114.

[203] Bhaskar K, Deborah E, Stephen W. Impact of data aggregation in wireless sensor networks// Proceedings of the 22nd International Conference on Distributed Computing Systems, Vienna, 2002: 575-578.

[204] 罗红. 无线传感器网络数据汇聚路由问题的研究. 北京: 北京邮电大学, 2006.

[205] Shrivastava N, Buragohain C, Suri S, et al. Medians and beyond: New aggregation techniques for sensor networks//Proceedings of ACM Sensys, Baltimore, 2004: 239-249.

[206] Ilyas M, Mahgoub I. Handbook of Sensor Networks: Compact of Wireless and Wired Sensing Systems. Boca Raton: CCR Press, 2005.

[207] 高迪. 基于事件驱动的无线传感器网络数据融合算法. 北京: 北京邮电大学, 2008.

[208] Hall D L, Linas J. Handbook of Multisensor Data Fusion. Boca Raton: CRC Press, 2001.

[209] Intanagonwiwat C, Estrin D, Govindan R, et al. Impact of network density on data aggregation in wireless sensor networks//Proceedings of 22nd International Conference on Distributed Computing Systems, Vienna, 2002: 457-458.

[210] He T, Blum B M, Stankovic J A, et al. AIDA: Adaptive application independent data aggregation in wireless sensor networks. ACM Transactions on Embedded Computing Systems, 2004, 3(2): 426-457.

[211] Krishnamachari B, Estrin D, Wicker S. Modeling data-centric routing in wireless sensor networks// Proceedings of IEEE INFOCOM, New York, 2002: 2-14.

[212] Lindsey S, Raghavendra C S, Sivalingam K M. Data in sensor networks using the energy *delay metric//Proceedings of International Paralled and Distributed Processing Symposium, San Francisco,

2001: 2001-2008.

[213] Chou J, Petrovic D, Ramchandran K. A distributed and adaptive signal processing approach to reducing energy consumption in sensor networks//Proceedings of IEEE INFOCOM, 2003, 2: 1054-1062.

[214] Scaglione A, Servetto S D. On the interdependence of routing and data compression in multi-hop sensor networks. Wireless Networks, 2005, 11(2): 149-160.

[215] Richenbach P V, Wattenhofer R. Gathering correlated data in sensor networks// Proceedings of the Joint Workshop on Foundations of Mobile Computing, Philadelphia, 2004: 60-66.

[216] Raghavachari B, Khuller S, Young N. Balancing minimum spanning and shortest path trees// Proceedings of the 4th ACM-SIAM Symposium on Discrete Algorithm, Austin, 1993: 243-250.

[217] Goel A, Munagala K. Balancing steiner trees and shortest path trees online//Proceedings of the 11th ACM-SIAM Symposium on Discrete Algorithms, San Francisco, 2000: 562-563.

[218] Cristescu R, Beferull L B, Vetterli M. On network correlated data gathering//Proceedings of IEEE INFOCOM, Hong Kong, 2004: 2571-2582.

[219] Goel A, Estrin D. Simultaneous optimization for concave costs: Single sink aggregation or single source buz-at-bulk//Proceedings of ACM SIAM Symposium on Discrete Algorithms, Boston, 2003: 499-505.

[220] Kalpakis K, Dasgupta K, Namjoshi P. Maximum lifetime data gathering and aggregation in wireless sensor networks. IEEE Computer Networks, 2003, 42: 697-716.

[221] Buragohain C, Agrawal D, Suri S. Power aware routing for sensor databases//Proceedings of IEEE INFOCOM, Miami, 2005: 1747-1757.

[222] Luo H, Luo J, Liu Y H, et al. Adaptive data fusion for energy efficient routing in wireless sensor networks. IEEE Transactions on Computers, 2006, 55(10): 1286-1299.

[223] Wang A, Heinzelman W B, Sinha A. Energy scalable protocols for battery-operated microsensor networks. The Journal of VLSI Signal Processing, 2001, 29(3): 223-237.

[224] Luo H, Liu Y H, Das S K. Routing correlated data with fusion cost in wireless sensor networks. IEEE Transactions on Mobile Computing, 2006, 5(11): 1620-1632.

[225] Madden S, Hellerstein J, Hong W. TinyDB: In-network query processing in TinyOS. Intel Research, IRB-TR-02-014, 2002.

[226] Shrivastava N, Buragohain C, Suri S. Medians and beyond: New aggregation techniques for sensor networks//Proceedings of ACM Sensys, Baltimore, 2004: 239-249.

[227] Cong J, Kahng A B, Robins G, et al. Provably good algorithms for performance-driven global routing. IEEE Transactions on Computer Aided Design, 1992, 11(6): 739-752.

[228] 徐俊明. 图论及其应用. 合肥: 中国科学技术大学出版社, 2004.

[229] 李伟, 朱学峰. 基于第二代小波变换的图像融合方法及性能评价. 自动化学报, 2007, 33(8): 817-822.

[230] Majid R, Rajan J. An overview of the JPEG2000 still image compression standard. Signal Processing, Image Communication, 2002, 17: 3-48.

[231] Adams M D, Kossentini F. Reversible integer-to-integer wavelet transforms for image compression: Performance evaluation and analysis. IEEE Transactions on Image Processing, 2000, 9(6): 1010-1024.

[232] 曾剑芬, 马争鸣. 提升格式与 JPEG2000. 中山大学学报(自然科学版), 2002, 41(1): 32-34.

[233] 周四望, 林亚平, 张建明, 等. 传感器网络中基于环模型的小波数据压缩算法. 软件学报, 2007, 18(3): 669-680.

[234] 张建明, 林亚平, 周四望, 等. 传感器网络中误差有界的小波数据压缩算法. 软件学报, 2010, 21(6): 1364-1377.

[235] Ciancio A, Ortega A. A distributed wavelet compression algorithm for wireless sensor networks using lifting//Proceedings of the International Conference on Acoustics, Speech, and Signal Processing, Piscataway, 2004: 633-636.

[236] Guo G H, Chang W C. Distributed source coding in wireless sensor networks//Proceedings of the 2nd International Conference on Quality of Service in Heterogeneous Wired/Wireless Networks, Melbourne, 2005: 56-62.

[237] 朱铁军, 林亚平, 周四望, 等. 无线传感器网络中基于小波的自适应多模数据压缩算法. 通信学报, 2009, 30(3): 47-53.

[238] Carman D W, Kruus P S, Matt B J. Constraints and Approaches for Distributed Sensor Network Security. NAI Labs Technical Report, 2000.

[239] Lindsey S, Raghavendra C, Sivalingam K M. Data gathering algorithms in sensor networks using energy metrics. IEEE Transactions on Parallel and Distributed Systems, 2002, 13(9): 924-935.

[240] Sweldens W. The lifting scheme: A construction of 2nd generation wavelets. SIAM Journal on Mathematical Analysis, 1997, 29(2): 511-546.

[241] Daubechies I, Sweldens W. Factoring wavelet transforms into lifting steps. Journal of Fourier Analysis and Applications, 1998, 4(3): 247-269.

[242] Austin T, Larson E, Ernst D. Simple Scalar: An infrastructure for computer system modeling. Computer, 2002, 35(2): 59-67.

[243] 宋文, 方旭明. 基于动态规划法的无线 Mesh 网络 QoS 路由算法和性能评价. 电子与信息学报, 2007, 29(12): 3001-3005.

[244] 王永才, 赵千川, 郑大钟. 传感器网络中能量最优化的聚类轮换算法. 控制与决策, 2006, 21(4): 400-404.

[245] 刘浩, 赵尔敦. 无线传感器网络中传输范围调整的动态规划算法. 计算机工程与应用, 2006, 36: 94-96.

[246] Ilyas M U, Radha H. Increasing network lifetime of an IEEE 802.15.4 wireless sensor network by energy efficient routing//Proceedings of IEEE International Conference on Communications, Istanbul, 2006: 3978-3983.

[247] 姜衍智. 动态规划原理及应用. 西安: 西安交通大学出版社, 1988.

[248] 余华, 孙艳红, 车银超, 等. 无线传感器网络在现代农业中的应用. 安徽农业科学, 2010, 4:

2172-2174.

[249] 高峰, 卢尚琼, 徐青香, 等. 无线传感器网络在设施农业中的应用进展. 浙江林学院学报, 2010, 5: 762-769.

[250] 蔡镔, 袁超, 顿文涛, 等. 无线传感器网络在农业生产中的应用研究. 江西农业学报, 2010, 9: 149-151.

[251] 孙玉文, 沈明霞, 陆明洲, 等. 无线传感器网络在农业中的应用研究现状与展望. 浙江农业学报, 2011, 3: 639-644.

[252] 李震, 洪添胜. 无线传感器网络技术在精细农业中的应用进展. 湖南农业大学学报(自然科学版), 2011, 5: 576-580.

[253] 乔晓军, 张馨, 王成, 等. 无线传感器网络在农业中的应用. 农业工程学报, 2005, S2: 232-234.

[254] 张伟. 面向精细农业的无线传感器网络关键技术研究. 杭州: 浙江大学, 2013.

[255] 邓美琛. 无线传感器网络在设施农业中的应用研究. 上海: 东华大学, 2014.

[256] 章浩. 无线传感器网络中节点定位及其在农业上的应用. 镇江: 江苏大学, 2007.

[257] 李士军, 温竹, 宫鹤, 等. 无线传感器网络在农业中的应用进展. 浙江农业学报, 2014, 6: 1715-1720.

[258] 路顺涛. 无线传感器网络技术在设施农业中的研究与应用. 南京: 南京农业大学, 2012.

[259] 张明阳. 无线传感器网络在水质监测中的应用研究. 合肥: 合肥工业大学, 2013.

[260] 刘航, 廖桂平, 杨帆. 无线传感器网络在农业生产中的应用. 农业网络信息, 2008, 11: 16-17.

[261] 尚明华, 黎香兰, 王风云, 等. 无线传感器网络及其在设施农业监控中的应用. 山东农业科学, 2012, 9: 13-16.

[262] 济南仁硕电子科技有限公司. 温湿度监控平台使用说明, 2012.

[263] 陈连凯, 来文青, 王军, 等. 光纤传感技术在智能电网中的应用. 自动化与仪器仪表, 2013, 3: 110-111.

[264] 关巍. 光纤传感技术在智能电网中的应用. 电气技术, 2014, 3: 115-119.

[265] 邓隐北, 彭晓华. 光纤电流传感器的工作原理及应用. 上海电力, 2008, 6: 550-552.

[266] 孙敦艳. 光纤电流传感器研究. 南京: 南京理工大学, 2009: 2-35.

[267] 李长胜, 崔翔, 李宝树, 等. 光纤电压传感器研究综述. 高电压技术, 2000, 26(2): 40-43.

[268] 赵永鹏, 吴重庆. 光纤电压传感器的研究现状及应用. 仪表技术与传感器, 1997, 11: 8-12.

[269] 戎小戈, 章献民. 光纤光栅传感器原理及应用. 武汉科技学院学报, 2003, 16(3): 42-45.

[270] 刘文. 基于拉曼散射的分布式光纤温度传感系统的研究. 武汉: 华中科技大学, 2005: 3-55.

[271] 李晓娟, 杨志. 布里渊分布式光纤传感技术的分类及发展. 电力系统通信, 2011, 32(2): 35-39.

[272] 宿筱. 基于无线传感网络的电网谐波监测系统设计. 应用能源技术, 2013, 10: 48-50.

[273] 蓝绍平, 陈建斌, 朱杭杰, 等. 无线传感网络在智能电网中的应用展望. 科技展望, 2014, (12): 42.

[274] 朱节中. Zigbee 在电力系统温度测量中的应用. 微计算机信息, 2009, 25(11): 81-83.

[275] 陈树勇, 宋书芳, 李兰欣, 等. 智能电网技术综述. 电网技术, 2009, 33(8): 1-7.